Temporäre Automatisierung von Werkzeugmaschinen

Temporary Automation of Machine Tools

Von der Fakultät für Maschinenwesen
der Rheinisch-Westfälischen Technischen Hochschule Aachen
zur Erlangung des akademischen Grades eines
Doktors der Ingenieurwissenschaften
genehmigte Dissertation

vorgelegt von

Philipp Blanke

Berichter:

Univ.-Prof. Dr.-Ing. Christian Brecher
Univ.-Prof. Dr.-Ing. Jörg Krüger

Tag der mündlichen Prüfung: 23. September 2025

ERGEBNISSE AUS DER PRODUKTIONSTECHNIK

Philipp Blanke

Temporäre Automatisierung von Werkzeugmaschinen

Herausgeber:
Prof. Dr.-Ing. Dipl.-Wirt. Ing. G. Schuh
Prof. Dr.-Ing. C. Brecher
Prof. Dr.-Ing. R. H. Schmitt

Band 22/2025

WZL | RWTH AACHEN UNIVERSITY

Fraunhofer IPT

Bibliografische Information der Deutschen Nationalbibliothek
Die Deutsche Nationalbibliothek verzeichnet diese Publikation in der Deutschen Nationalbibliografie; detaillierte bibliografische Daten sind im Internet über https://portal.dnb.de abrufbar.

Philipp Blanke:

Temporäre Automatisierung von Werkzeugmaschinen

1. Auflage, 2025

Gedruckt auf holz- und säurefreiem Papier, 100% chlorfrei gebleicht.

Wissenschaftsverlag des Instituts für Industriekommunikation und Fachmedien
an der RWTH Aachen
Steinbachstr. 25, 52074 Aachen, Deutschland
Internet: www.apprimus-verlag.de, E-Mail: info@apprimus-verlag.de

Druck: CPI Druckdienstleistungen GmbH
Ferdinand-Jühlke-Straße 7 | 99095 Erfurt | Deutschland

ISBN 978-3-98555-314-3

Vorwort

Die vorliegende Arbeit entstand während meiner Tätigkeit als wissenschaftlicher Mitarbeiter am Werkzeugmaschinenlabor (WZL) der Rheinisch-Westfälischen Technischen Hochschule Aachen.

Zunächst möchte ich mich bei Herrn Prof. Dr.-Ing. Christian Brecher für das entgegengebrachte Vertrauen und die Möglichkeit zur Promotion in der Abteilung Automatisierung und Steuerungstechnik bedanken. Mein Dank gilt außerdem Herrn Prof. Dr.-Ing. Jörg Krüger vom Institut für Werkzeugmaschinen und Fabrikbetrieb der Technischen Universität Berlin für die Übernahme des Koreferats sowie Herrn Prof. Dr.-Ing. Johannes Henrich Schleifenbaum vom Lehrstuhl für Digitale Additive Produktion für den Vorsitz der Prüfungskommission.

Darüber hinaus danke ich allen Kolleginnen und Kollegen am WZL, insbesondere in der Abteilung für Automatisierung und Steuerungstechnik, herzlich. Die intensive und lehrreiche Zeit, geprägt von einem abwechslungsreichen Alltag zwischen Forschung und Industrie, hat mir wertvolle Erfahrungen und Einblicke in unterschiedlichste Branchen und Technologien ermöglicht und maßgeblich zu meiner persönlichen und fachlichen Weiterentwicklung beigetragen. Meinen Oberingenieuren, insbesondere Dr. Simon Storms, danke ich für das stetige Vertrauen, die Unterstützung und die Freiheit, eigene Ideen zu verfolgen. In den vergangenen Jahren wurde ich dabei stets von engagierten Abschlussarbeitern und studentischen Hilfskräften unterstützt. Besonders hervorheben möchte ich Petar Tesic, Shubham Sharma und Brolin Anthony, die durch ihr Engagement vielfach zum Erfolg beigetragen haben. Für die gemeinsamen Aktivitäten während und außerhalb der Arbeit danke ich zudem Christian Fimmers, Dr. Lukas Gründel, Simon Pieske, Steffen Wurm, Manuel Belke sowie Dr. Melanie Padberg.

Meinen beiden ehemaligen Mitbewohnern und Freunden seit dem ersten Semester, Alex und Tammo, danke ich für ihre Unterstützung und die zahlreichen gemeinsamen Aktivitäten außerhalb von Forschung und Arbeit.

Ein besonderer Dank gilt auch meinen Eltern, Uwe und Regina Blanke, die mir diesen Lebensweg überhaupt erst ermöglicht haben, sowie meinem Bruder Martin. Ohne eure Unterstützung und euren fortwährenden Rückhalt während des Studiums und der Promotion hätte ich diesen Meilenstein sicher nicht erreicht.

Mein größter Dank gilt aber meiner Freundin Josi, die ich am Institut kennenlernen durfte. Nur durch deine unermüdliche Unterstützung und dein Verständnis für die vielen Wochenenden am Institut war es mir möglich, diese Arbeit zu vollenden. Dafür danke ich dir von ganzem Herzen.

Aachen, im September 2025 Philipp Blanke

Kurzzusammenfassung

Die mannlose Fertigung ist die Vision vieler produzierender Unternehmen, besonders bei monotonen, repetitiven Tätigkeiten besteht der Wunsch nach Automation. Zu diesen Tätigkeiten gehört auch die Beschickung von Werkzeugmaschinen. Trotz zahlreicher Vorteile weisen spanende Bearbeitungsprozesse kleiner und mittlerer Unternehmen nur einen geringen Automatisierungsgrad auf. Aufgrund von immer kürzer werdenden Produktlebenszyklen, geringen Stückzahlen und steigenden Lohnkosten wächst zeitgleich der Bedarf nach flexiblen Automatisierungslösungen. Eine potenzielle Lösung zur Steigerung des Automatisierungsgrades stellt die temporäre Automatisierung dar. Diese bricht die bisher starre Verbindung zwischen Automation und Werkzeugmaschine auf und stellt eine neue Form der Automatisierung dar. Sie ermöglicht eine ortsflexible, situationsabhängige Beschickung unterschiedlicher Werkzeugmaschinen. Allerdings führt die dazu erforderliche Flexibilität gleichzeitig zu einer erhöhten Komplexität des Gesamtsystems, bestehend aus Werkzeugmaschine, Automation, Prozess und Produkt, die es zu beherrschen gilt.

Die vorliegende Arbeit greift dieses Thema auf und hat zum Ziel, die Herausforderungen der temporären Automatisierung systematisch zu analysieren und basierend auf den aktuell verfügbaren Standards, Normen und Technologien eine Referenzarchitektur für die temporäre Automatisierung abzuleiten, auf deren Basis Unternehmen befähigt werden, die automatisierte Beschickung selbstständig durchzuführen. In diesem Zusammenhang liegt ein besonderer Fokus auf der Minimierung der Zeit für die Inbetriebnahme.

Ausgehend von einer durchgeführten Anforderungsanalyse ist basierend auf der IOS 23704 eine Referenzarchitektur konzeptioniert worden, die sowohl die Automation als auch die Werkzeugmaschine als smartes, cyberphysisches Produktionssystem einordnet, die zum Zweck der Beschickung dynamisch miteinander interagieren müssen. Die Grundlage bildet ein auf dem Kommunikationsstandard OPC UA entwickeltes Konzept, das die Nutzung von Maschinen im Brownfield ebenso wie im Greenfield vorsieht. Für die Minimierung der Zeit für die Inbetriebnahme ist die Hypothese verfolgt worden, dass durch die Verkettung der Informationen entlang der Lebenszyklusphasen die benötigte Zeit deutlich reduziert werden kann. Am Beispiel von zwei Fertigungsaufträgen wird aufgezeigt, welche Informationen in welcher Form genutzt werden und wie diese die Inbetriebnahme beschleunigen können. Um die verbleibenden Restunsicherheiten hinsichtlich des optimalen Ablaufes und der Kollisionsfreiheit zu minimieren, ist eine Methode entstanden, die durch eine dynamisch erstellte Umgebungskarte die programmierten Abläufe optimiert. Abschließend ist im Rahmen von Demonstrationsszenarien die Referenzimplementierung evaluiert und mit den initial aufgestellten Anforderungen verglichen worden.

Brief Summary

Autonomous production is the vision of many manufacturing companies. There is a high demand for automation, especially for monotonous and repetitive tasks. These activities also include the loading of machine tools. Despite numerous advantages, small and medium-sized companies have only a low degree of automation in their machining processes. At the same time, the demand for flexible automation solutions is growing due to ever shorter product life cycles, small batch sizes and rising labour costs. Temporary automation is one potential solution for increasing the degree of automation. This breaks the previously rigid connection between automation and the machine tool and represents a new form of automation. It enables location-flexible, situation-dependent loading of different machine tools. However, the flexibility required for this simultaneously leads to an increased complexity of the overall system, consisting of machine tool, automation, process and product, which must be controlled.

The present work addresses this topic and aims to systematically analyse the challenges of temporary automation and, based on the currently available standards, norms and technologies, to derive a reference architecture for temporary automation that will enable companies to carry out automated loading independently. In this context, a particular focus is on minimising the time required for commissioning.

Based on a requirements analysis, a reference architecture has been designed that is based on IOS 23704 and classifies both the automation and the machine tool as a smart, cyber-physical production system that must interact dynamically with each other for the purpose of loading. The basis for this is a concept developed on the OPC UA communication standard, which allows for the use of machines in both brownfield and greenfield applications. To minimise the time required for commissioning, the hypothesis has been pursued that the time required can be significantly reduced by linking the information along the life cycle phases. Using the example of two production orders, it is shown which information is used in which form and how this can accelerate commissioning. In order to minimise the remaining uncertainties regarding the optimal process and the avoidance of collisions, a method has been developed that optimises the programmed processes by using a dynamically created map of the environment. Finally, the reference implementation has been evaluated in the context of demonstration scenarios and compared with the initially established requirements.

I. Inhaltsverzeichnis

Table of contents

II. Formelzeichen und Abkürzungsverzeichnis

Formula Symbols and Abbreviations

Formelzeichen	Einheit	Beschreibung
B	m	Breite der Octomap
c_0	m/s	Lichtgeschwindigkeit
d	m	Abstand zum Objekt
E_{init}	bit	Initiale Entropie (Informationstheorie) der Octomap
H	m	Höhe der Octomap
$J_{current}$	-	Aktuelle Gelenkposition des Roboters
J_i	-	Gelenkposition an Position i
m_{res}	m	Auflösung der Octomap
T	m	Tiefe der Octomap
t_{dect}	s	Zeitpunkt des Detektierens des Lichtstrahls
t_{emit}	s	Zeitpunkt des Emittierens des Lichtstrahls
α	-	Gewichtung zwischen kurzer Bewegung und hohem Informationsgewinn
M	-	Menge der möglichen Aussichtspunkte
Y_i	-	Menge aller durchs Raytracing getroffenen Voxel an der Position i

Abkürzung	Beschreibung
AAS	Asset Administration Shell (dt. Verwaltungsschale)
AiF	Arbeitsgemeinschaft industrieller Forschungsvereinigungen „Otto-von-Guericke“ e.V.
AMCW	Amplitude-Modulated Continuous-Wave
AMQP	Advanced Message Queuing Protocol
AV	Arbeitsvorbereitung
BDE	Betriebsdatenerfassung
CAD	Computer-Aided Design
CAE	Computer-Aided Engineering
CAM	Computer-Aided Manufacturing
CAQ	Computer-Aided Quality Assurance

Abkürzung	Beschreibung
CAx	Computer-Aided Technologies
CIM	Computer Integrated Manufacturing
CoAP	Constrained Application Protocol
Cobot	Kollaborativer Roboter
CPCM	Cyber-physically controlled machine tool
CPCT	Cyber-physically controlled machine tending system
CPS	Cyberphysisches System
CPSMT	Cyber-physically smart machine tool
CPSTS	Cyber-physically smart machine tending system
C-Space	Configuration Space
CSSM	Cyber supporting system for smart machine tool
CSST	Cyber supporting system for machine tending system
DNC	Distributed Numerical Control
ERP	Enterprise Resource Planning
FTP	File Transfer Protocol
FTS	Fahrerloses Transportsystem
HFF	Hauptforschungsfrage
HL	Hierarchy Levels
HTTP	Hypertext Transfer Protocol
IBN	Inbetriebnahme
ICP	Iterative Closest Point
IFR	International Federation of Robotics
IPW	In Process Workpiece
IR	Industrieroboter
KI	Künstliche Intelligenz
KMU	Kleine und mittlere Unternehmen
LIDAR	Light Detection and Ranging
LZP	Lebenszyklusphasen
MDE	Maschinendatenerfassung
MES	Manufacturing Execution System
MQTT	Message Queuing Telemetry Transport
MRK	Mensch-Roboter-Kollaboration
MTS	Manufacturing Execution System

Abkürzung	Beschreibung
NBV	Next Best View
NC	Numerical Control
NFC	Near Field Communication
OEE	Overall Equipment Effectiveness
OMPL	Open Motion Planning Library
OPC UA	Open Platform Communications Unified Architecture
OPC UA CS	OPC UA Companion Specification
PKI	Public Key Infrastructure
PoE	Power over Ethernet
PRM	Probabilistic Road Map
REST	Representational State Transfer
RFID	Radio-Frequency Identification
RoI	Region of Interest
ROS	Robot Operating System
RRT	Rapidly-exploring Random Tree
SFCS	Shop Floor Control System
SFDS	Shop Floor Device System
SLAM	Simultaneous Localization and Mapping
SRDF	Semantic Robot Description Format
STOMP	Stochastic Trajectory Optimization for Motion Planning
TCP	Transmission Control Protocol
TF	Teilforschungsfrage
ToF	Time of Flight
UDP	User Datagram Protocol
UIS	Unified Interface System
URDF	Unified Robot Description Format
VDMA	Verband Deutscher Maschinen- und Anlagenbau
WDF	Wahrscheinlichkeitsdichtefunktion
WOP	Werkstattorientierte Programmierung
WZL	Werkzeugmaschinenlabor WZL der RWTH Aachen
WZM	Werkzeugmaschine
XML	Extensible Markup Language
XMPP	Extensible Messaging and Presence Protocol

III. Abbildungsverzeichnis

List of Figures

IV. Tabellenverzeichnis

List of Tables

1 Einleitung

Introduction

Während in den 1990er-Jahren großflächig industrielle Fertigungskapazitäten ins Ausland verlagert wurden, findet aktuell ein Reshoring, das heißt eine Rückverlagerung von Produktionsstätten aus Schwellenländern in die Industriestaaten, statt [MADE22]. Dieser Trend ist durch die COVID19-Pandemie und die daraus resultierenden Unsicherheiten und Lieferschwierigkeiten noch einmal zusätzlich verstärkt worden. Zeitgleich steigen die Lohnkosten in Deutschland [STAT23]. Um den Produktionsstandort Deutschland weiterhin im internationalen Vergleich attraktiv und konkurrenzfähig zu halten, erfolgt eine zunehmende Automatisierung und Digitalisierung in der Produktion. Ende 2020 waren fast 2,7 Millionen Roboter weltweit im Einsatz. Dies entspricht einem Anstieg von rund 85 % in den Jahren 2014 bis 2019 [IFR20]. Aktuelle Prognosen zeigen darüber hinaus, dass sich dieser Trend fortsetzt [IFR 23a].

Trotz des Anstiegs an installierten Robotern weltweit weisen spanende Bearbeitungsprozesse kleiner und mittlerer Unternehmen (KMU) mit variantenreichem Produktspektrum derzeit nur einen geringen Automatisierungsgrad auf [INGA20], obwohl dieser zu einer Produktivitätssteigerung, einer verbesserten Termintreue sowie geringeren Nacharbeits- und Ausschussmengen führen kann [KINK09; KROE15]. Verkürzte Produktlebenszyklen und geringe Stückzahlen NC-bearbeiteter Teile sowie spezifische Anforderungen (Mitarbeiterausfall, mannlose dritte Schicht) erfordern eine häufige Anpassung von Bearbeitungsprozessen und damit ein hohes Maß an Flexibilität der verwendeten Ressourcen – auch während der produktiv genutzten Hauptzeit. Daher erfolgt die Maschinenbeschickung zurzeit weitestgehend manuell durch den Maschinenbediener [HERF18].

Für die Serienproduktion existieren zwar Ansätze, die die Auslegung und Einrichtung von roboterunterstützten Produktionsprozessen (Handling, Bearbeitung) offline in die Planungsphase vorziehen [BREC14], diese sind jedoch mit einem hohen manuellen Modellierungsaufwand des Maschinenverhaltens verbunden. Daher sind sie für Kleinserien aufgrund der Varianz und der in KMU häufig fehlenden Personalressourcen nicht effizient umsetzbar. Hilfsprozesse wie z. B. roboterbasiertes Handling, Entgrat- oder Prüfschritte werden bislang nur unzureichend in der werkzeugmaschinenzentrierten CAD-CAM-NC-Kette berücksichtigt. Darüber hinaus erlaubt der reine Offline-Ansatz mangels geeigneter Interaktionsschnittstellen keine nachträgliche (Online-)Anpassung von Roboterprogrammen durch den Maschinenbediener und erzeugt somit – insbesondere für KMU – technologische Anwendungshürden.

Nicht zuletzt ist die Anschaffung von Automatisierungslösungen mit einem hohen Investitionsrisiko verbunden, da eine Refinanzierung durch Aufträge mit geringen Stückzahlen meist schwerfällt [FRAN14]. Der Einsatz von kollaborativen Robotern (Cobots) und die damit einhergehenden vergleichsweise geringen Anschaffungskosten machen diese zunehmend für KMUs interessant. Einfache Programmabläufe, wie z. B. Pick-und-Place Szenarien lassen sich schnell programmieren. Komplexere Szenarien, wie die temporäre Automatisierung von Werkzeugmaschinen (WZM), bei der die starre Verbindung zwischen WZM und Automation aufgelöst wird, stellen jedoch eine Herausforderung dar, da nicht nur der Roboter, sondern das gesamte Ökosystem bestehend aus WZM, Produkt, Prozess, Mensch und wirtschaftlichen Randfaktoren, wie Rentabilität und Produktivität, betrachtet werden muss.

Neben den grundsätzlichen Voraussetzungen, über die der Maschinenpark beispielweise in Form von standardisierten Schnittstellen oder Möglichkeiten zum automatischen Öffnen und Schließen von Tür oder Spannfutter verfügen muss, stellt die Zeit für die Inbetriebnahme (IBN) einen entscheidenden Faktor zwischen Automatisierung und Mensch dar. Obwohl immer mehr Unternehmen digitale Prozessketten für die Erzeugung von NC-Programmen einsetzen, werden die dort erzeugten Informationen selten für die IBN der Automation genutzt. Dabei bieten sie großes Potenzial, die benötigte Zeit für die IBN deutlich zu reduzieren. Eine weitere nicht zu unterschätzende Herausforderung bei der IBN ist die kollisionsfreie Programmierung der Abläufe. Eine Optimierung und Überprüfung hinsichtlich dieser Kriterien ist aufgrund der unbekannten und sich häufig ändernden Umgebung nur eingeschränkt möglich.

Vor diesem Hintergrund ist das Ziel dieser Arbeit die Konzeption und Implementierung einer Referenzarchitektur für die temporäre Automatisierung von WZM, auf deren Basis Mitarbeitende in die Lage versetzt werden, den Be- und Entladeprozess selbstständig und ohne die Hilfe von Integratoren zu automatisieren. Neben der grundsätzlichen Konzeption des Gesamtsystems steht insbesondere die IBN im Fokus dieser Arbeit. Durch die Verkettung der Informationen aus den verschiedenen Lebenszyklusphasen (LZP) und eine Methodik zur Minimierung der dargestellten Restunsicherheiten soll die benötigte Zeit minimiert, aber ebenso das Risiko für Kollisionen gesenkt werden.

Ausgehend von einer Anforderungsanalyse in Kapitel 4, die sowohl eine Studie unter fertigenden KMU als auch Workshops mit potenziellen Endanwendern umfasst, folgt die Konzeptionierung der Referenzarchitektur in Kapitel 5. Diese orientiert sich an den bestehenden Normen und Standards und erweitert diese für den Anwendungsfall selektiv. Im besonderen Fokus steht hierbei die Kommunikationsschnittstelle zwischen der Automation und der WZM sowie die Verkettung der Informationen entlang der LZP. Kapitel 6 beschäftigt sich daran anschließend mit der Minimierung der vorhandenen Restunsicherheiten und präsentiert eine Methodik zur dynamischen Erstellung von Umgebungskarten, womit geplante Abläufe optimiert und abgesichert werden können. In Kapitel 7 wird die konzeptionierte Referenzarchitektur in eine Implementierung übertragen und am Beispiel von zwei Szenarien evaluiert. Die Ergebnisse hiervon dienen als Basis für den Vergleich mit den initial aufgestellten Anforderungen. Abgeschlossen wird die Arbeit mit einer Zusammenfassung und einem Ausblick auf weiterführende Fragestellungen.

1 Introduction

While large-scale industrial production capacities were relocated abroad in the 1990s, a reshoring is currently taking place, i.e. a relocation of production facilities from emerging markets back to industrialised countries. This trend has been further intensified by the COVID-19 pandemic and the resulting uncertainties and supply difficulties. At the same time, wage costs in Germany are rising [MADE22]. In order to keep Germany attractive and competitive as a production location in international comparison, automation and digitalisation in production are increasing. At the end of 2020, almost 2.7 million robots were in use worldwide. This corresponds to an increase of around 85% in the years 2014 to 2019 [IFR20]. Current forecasts also show that this trend will continue [IFR 23a].

Despite the increase in the number of robots installed worldwide, the metal-cutting processes used by small and medium-sized enterprises (SMEs) with a wide range of products currently exhibit only a low degree of automation, although this can lead to an increase in productivity, improved adherence to delivery dates and lower quantities of rework and scrap. Shorter product life cycles and smaller quantities of NC-machined parts, as well as specific requirements (employee absence, unmanned third shift) necessitate frequent adaptation of machining processes and thus a high degree of flexibility of the resources used – even during the main time used productively. Therefore, machine loading is currently done mostly manually by the machine operator [HERF18]

For series production, there are approaches that propose moving the design and set-up of robot-assisted production processes (handling, machining) offline to the planning phase [BREC14], but these are associated with a high manual modelling effort for the machine behaviour. As a result, they cannot be efficiently implemented for small series due to the variance and the lack of human resources in SMEs. Auxiliary processes such as robot-based handling, deburring or testing steps have so far been insufficiently considered in the machine tool-centred CAD-CAM-NC chain. Furthermore, the pure offline approach does not allow for any subsequent (online) adaptation of robot programs by the machine operator due to a lack of suitable interaction interfaces, thus creating technological application hurdles, especially for SMEs.

Last but not least, the purchase of automation solutions is associated with a high investment risk, since refinancing through orders with small quantities is usually difficult [FRAN14]. The use of collaborative robots (cobots) and the comparatively low acquisition costs that come with them are making them increasingly interesting for SMEs. Simple program sequences, such as pick-and-place scenarios, can be programmed quickly. However, more complex scenarios, such as the temporary automation of machine tools (WZM), in which the permanent connection between the WZM and automation is dissolved, pose a challenge, since not only the robot, but the entire ecosystem consisting of WZM, product, process, humans and economic factors such as profitability and productivity must be considered.

In addition to the basic requirements that the machine park must meet, for example in the form of standardised interfaces or options for automatically opening and closing doors or chucks, the time required for commissioning (IBN) is a decisive factor between automation and humans. Although more and more companies are using digital process chains to generate NC programs, the information generated there is rarely used for the IBN of automation. However, they offer great potential for significantly reducing the time required for commissioning. Another challenge in commissioning that should not be underestimated is the collision-free programming of processes. Optimisation and verification with regard to these criteria is only possible to a limited extent due to the unknown and frequently changing environment.

In this context, the aim of this work is to design and implement a reference architecture for the temporary automation of machine tools, on the basis of which employees are able to automate the loading and unloading process independently and without the help of integrators. In addition to the fundamental conception of the overall system, the focus of this work is particularly on the commissioning. By linking the information from the various life cycle phases (LZP) and a methodology for minimising the residual uncertainties presented, the time required should be minimised, but the risk of collisions should also be reduced.

Based on a requirements analysis in Chapter 4, which includes both a study among manufacturing SMEs and workshops with potential end users, the reference architecture is designed in Chapter 5. This is based on existing norms and standards and selectively extends them for the use case. The communication interface between the automation and the machine tool, as well as the linking of information along the LZP, are the particular focus here. Chapter 6 then deals with the minimisation of the existing residual uncertainties and presents a methodology for the dynamic creation of environment maps, which can be used to optimise and secure planned processes. In Chapter 7, the conceptualised reference architecture is transferred into an implementation and evaluated using two scenarios as examples. The results of this evaluation serve as a basis for comparison with the initially established requirements. The work is concluded with a summary and an outlook on further research questions.

2 Stand der Technik in Forschung und Industrie

State of the art in research and industry

Seit Beginn der industriellen Produktion besteht ein kontinuierliches Interesse daran, die Produktivität zu steigern und zugleich die Produktionskosten zu senken. Ermöglicht wird dies vielmals durch eine Steigerung des Automatisierungsgrades. Diese Entwicklung lässt sich auch auf die WZM projizieren. Kapitel 2.1 greift das Thema auf und erläutert die Arten der Automatisierung von WZM (Kapitel 2.1.1). Hierbei stellt die temporäre Automatisierung eine neue Ausprägung der Automatisierung dar. Jedoch gehen mit dieser neuen Form auch neue Herausforderung einher, die in Kapitel 2.1.2 erläutert werden. Abgeschlossen wird das Kapitel mit einem Überblick über das methodische Vorgehen bei der Entwicklung von Automatisierungslösungen (Kapitel 2.1.3), die von einer zunehmenden Verkettung der Gewerke und LZP geprägt sind. Diese digitale Durchgängigkeit findet sich auch in der Fertigung (Kapitel 2.2) wieder, wozu der Einsatz von CAx-System (Kapitel 2.2.1) und die angestrebte Flexibilität und Interoperabilität auf dem Shopfloor (Kapitel 2.2.2) zählen. Neben der Digitalisierung ist die kontinuierliche Weiterentwicklung von Industrierobotern (Kapitel 2.3) ein wesentlicher Faktor für den steigenden Automatisierungsgrad, der zu neuen Formen der Zusammenarbeit, wie der Mensch-Roboter-Kollaboration (Kapitel 2.3.1), geführt hat. Auch die Art der Programmierung (Kapitel 2.3.2) und die Planung der Bewegungen (Kapitel 2.3.3) haben sich stetig weiterentwickelt. Das Resultat daraus ist eine neue Art von Roboter- und Simulationsframeworks (Kapitel 2.3.4), die sich durch Modularität und Offenheit auszeichnen oder sich auf die Orchestrierung von Assets (Kapitel 2.3.5) fokussiert haben. Trotz technischer Innovationen stellt die situative Wahrnehmung in neuen, unbekannten Umgebungen für einen Roboter immer noch eine nicht zu unterschätzende Herausforderung dar, weshalb in Kapitel 2.4 Methoden für die dynamische Erstellung von Umgebungskarten vorgestellt werden. Diese Karten bilden die Grundlage für eine kollisionsfreie Bahnplanung und IBN.

2.1 Grundlagen der Automatisierung von Werkzeugmaschinen

Fundamentals of machine tool automation

Über die letzten Jahrzehnte hat sich die Automatisierung bei WZM kontinuierlich weiterentwickelt. Während zu Beginn der Fokus auf der Automatisierung der maschineninternen Prozesse, z. B. dem Werkzeugwechsel, lag, verlagerte sich das Interesse mit der Zeit auf die Verkettung der einzelnen Prozessschritte. Heutzutage spielt die Flexibilität eine immer größere Rolle. Verkürzte Produktlebenszyklen und geringere Stückzahlen NC-bearbeiteter Teile sowie spezifische Anforderungen (Mitarbeiterausfall, mannlose dritte Schicht) erfordern eine häufige Anpassung von Bearbeitungsprozessen und damit ein hohes Maß an Flexibilität der eingesetzten Ressourcen.

2.1.1 Arten der Automatisierung

Types of automation

Nach DIN IEC 60050-351 ist ein automatisierter Prozess im Allgemeinen dadurch geprägt, dass dieser unter festgelegten Bedingungen ohne menschliches Eingreifen abläuft oder arbeitet [DIN 14]. Auf Basis der unterschiedlichen Anforderungen an die Automatisierung von WZM haben sich eine Vielzahl von unterschiedlichen Formen gebildet. In der Folge decken die einzelnen Formen unterschiedliche Einsatzzwecke ab und verfügen über unterschiedliche Eigenschaften. Nach BRECHER sind Produktivität und Flexibilität in diesem Zusammenhang konträre Forderungen [BREC19c]. Während Universalmaschinen eine hohe Flexibilität bei gleichzeitig geringer Produktivität bieten, zeichnen sich Transferstraßen durch eine hohe Produktivität aus, sind jedoch aufgrund ihres starren Aufbaus unflexibel. **Bild 2.1** verdeutlicht dies, indem sowohl Einzelmaschinen als auch Mehrmaschinensysteme hinsichtlich dieser Kriterien eingeordnet werden.

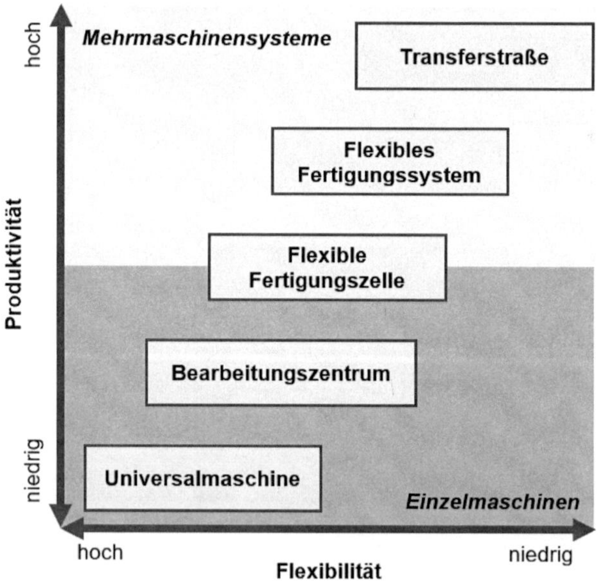

Bild 2.1: Produktivität und Flexibilität verschiedener Fertigungssysteme nach [BREC19c]

Productivity and flexibility of different manufacturing systems according to [BREC19c]

Der grundlegende Aufbau von Mehrmaschinensystemen hängt stark von der eingesetzten Fertigungsform, den Prozessschritten und dem gewünschten Durchsatz ab, sodass die Grenzen zwischen den verschiedenen Formen verschwimmen können.

Deshalb werden nachfolgend die Begriffe „Bearbeitungszentrum“, „flexible Fertigungszelle“ und „flexibles Fertigungssystem“ unter Betrachtung des Materialflusses (Werkstück und Werkzeug) und der Anzahl verketteter Maschinen noch einmal gesondert voneinander abgegrenzt, vgl. Tabelle 2.1. Den Ausgangspunkt bildet das Bearbeitungszentrum, das aus einer NC-Maschine besteht, in der der Werkzeugwechsel bereits automatisiert erfolgt [PERO09]. Der Werkstückwechsel erfolgt im Gegensatz zur flexiblen Fertigungszelle jedoch meist noch händisch. Wird das Bearbeitungszentrum nun um einen Werkstück- oder Palettenspeicher sowie Be- und Entladeeinrichtungen ergänzt, handelt es sich um eine flexible Fertigungszelle [WITT12]. Wenn daraufhin mehrere Bearbeitungszentren über ein rechnergestütztes Transportsystem miteinander verkettet werden, entsteht ein flexibles Fertigungssystem, das versucht, die gegensätzlichen Eigenschaften von Flexibilität und Produktivität zu vereinen [BREC19c; UHLM18].

Um den Werkstückwechsel möglichst effizient zu gestalten, sind verschiedene Konzepte entwickelt worden. Dies ist zum einen das Werkstück-Handling. Hierbei wird das Werkstück durch einen Portalroboter von oben oder durch einen Knickarm-Roboter seitlich in der WZM platziert und anschließend automatisch eingespannt. Der Roboter ist in der Regel mit einem Doppelgreifer ausgestattet, sodass das Fertigteil in einem Zug entnommen werden kann, wenn ein neues Rohteil zugeführt wird [BREC19c]. Eine Sonderform stellt der Stangenlader dar, der eine vollautomatisierte Zuführung von Stangenmaterial in eine Drehmaschine ermöglicht. Eine Alternative für den Werkstückwechsel ist das Paletten-Handling, wobei ein oder mehrere Werkstücke fest auf einer Palette fixiert werden und die Palette ausgetauscht wird [WITT12]. Abhängig von der Art der Verkettung und der Größe handelt es sich entweder um Rundspeicher- oder um Linearspeichersysteme, in denen Paletten zwischengelagert werden können.

2.1.2 Herausforderungen bei der temporären Automatisierung

Challenges in flexible automation

Wie in Abschnitt 2.1.1 erläutert, haben sich verschiedene Formen der Automatisierung herauskristallisiert und in der Praxis bewährt. Im Folgenden wird der Fokus verstärkt auf die temporäre Automatisierung und die damit verbundenen Herausforderungen gesetzt. Hierzu wird zuerst der Begriff der temporären Automatisierung für den weiteren Verlauf der Arbeit definiert, bevor im zweiten Teil die verschiedenen Herausforderungen näher betrachtet werden.

Die temporäre Automatisierung stellt eine Erweiterung der zuvor definierten flexiblen Fertigungszelle dar, bei der das Bearbeitungszentrum durch eine Handhabungseinrichtung ergänzt wird, um einen automatisierten Werkstückwechsel zu ermöglichen. Bei der temporären Automatisierung liegt der Fokus darauf, die bisher starre Verbindung zwischen der Automation und der WZM aufzubrechen, sodass es möglich ist, verschiedene WZM von verschiedenen Herstellern temporär, das heißt je nach Auftragslage, zu automatisieren. Hierdurch soll insbesondere der Automatisierungsgrad bei KMUs gesteigert werden, da sich eine Automatisierung für eine einzelne WZM aufgrund des variantenreichen Produktspektrums und des schwankenden Produktionsvolumens häufig nicht wirtschaftlich abbilden lässt. Zusammenfassend vergleicht Tabelle 2.1 die temporäre Automatisierung mit den drei zuvor vorgestellten Fertigungssystemen und klassifiziert sie entsprechend ihrer Eigenschaften (Werkstückwechsel, Verkettung, Anzahl an Maschinen).

Tabelle 2.1: Vergleich verschiedener Fertigungssysteme mit der temporären Automatisierung

Comparison of different manufacturing systems with temporary automation

	Bearbeitungszentrum	Temporäre Automatisierung	Flexible Fertigungszelle	Flexibles Fertigungssystem
Werkstückwechsel	Manuell	Automatisch	Automatisch	Automatisch
Verkettung	-	Ortsflexibel	Starr	Starr
Anzahl an Maschinen	1	1	1	> 1

Aufgrund der nicht mehr vorhandenen starren Verkettung zwischen Maschine und Automation erhöht sich bei der temporären Automatisierung auch die Komplexität. **Bild 2.2** teilt diese Komplexität in vier Bereiche (Werkzeugmaschine, Werkstückhandling, Mensch und wirtschaftliche Rahmenbedingungen) auf, die im nachfolgenden Abschnitt im Detail erläutert werden.

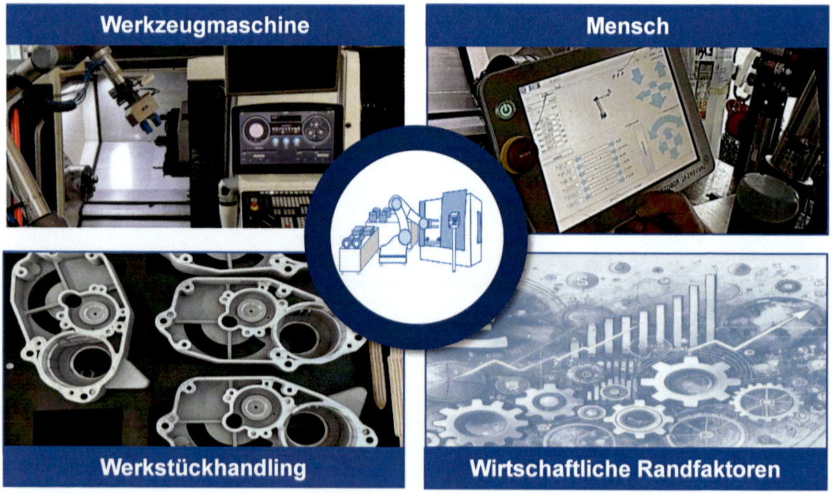

Bild 2.2: Komplexität bei der temporären Automatisierung

Complexity for the temporary automation

Werkzeugmaschine

Ausgehend von der Unternehmensgröße und dem Investitionsvolumen in den letzten Jahren sind die Voraussetzungen für eine temporäre Automatisierung unterschiedlich. Da die automatisierte Beschickung von WZM bis vor wenigen Jahren nur für die Massenproduktion relevant war, verfügen heute nur wenige der in den Unternehmen eingesetzten WZM über die notwendige Ausstattung für eine schnelle und einfache Automatisierung. Zudem muss berücksichtigt werden, dass laut einem Bericht des Verbands Deutscher Maschinen- und Anlagenbau (VDMA) das Durchschnittsalter der Maschinen bei zehn Jahren liegt [VDMA19]. Darüber hinaus ist davon auszugehen, dass das Durchschnittsalter von WZM in KMU noch höher ist. Fehlende Kommunikationsschnittstellen erschweren hier die Automatisierung zusätzlich.

Daher muss zuerst der Automatisierungsgrad der WZM eruiert werden. Zu den wesentlichen Elementen zählen hierbei das Spannfutter und die Tür. Beide Elemente sollten sich im besten Fall automatisch öffnen und schließen lassen. Dies bedeutet, dass sie sich durch maschineninterne oder externe Signale ansteuern lassen. Sollte dies nicht der Fall sein, stellen entweder der Hersteller oder andere Unternehmen Lösungen zum Nachrüsten bereit, z. B. CNC AutoDoor BV für das automatische Öffnen der Tür [AUTO24]. Analog zur manuellen Bedienung der Maschine ist auch die Nutzung des Roboters für diese Tätigkeit möglich. Dies wirkt sich jedoch in der Regel negativ auf die Taktzeit und die Prozesssicherheit aus, sodass es zwar nicht empfehlenswert, aber je nach Maschinenzustand notwendig ist.

Parallel zur Hardwareausstattung muss analysiert werden, auf welche Art und Weise mit der WZM interagiert werden kann, das bedeutet, über welche Schnittstelle und Kommunikationsprotokolle Signale und Informationen mit der WZM ausgetauscht werden können. Neben der Ansteuerung der oben genannten Peripheriegeräte müssen unter anderem auch Safety-Signale, Statusinformationen oder Freigaben für das Be-/Entladen übermittelt werden. Aktuell existiert mit der ISO 21919-1 zwar ein Standard auf Basis von I/O Signalen [ISO19], unabhängig davon haben viele Hersteller aber eigene Protokolle entwickelt. Beispielsweise wirbt DMG Mori mit einer „Automationsschnittstelle gemäß DMG MORI Standard“ [DMG 24a]; Heller spricht von einer „standardisierte(n) Maschinenschnittstelle“, ohne diese näher zu erläutern [GEBR22]. Häufig basieren diese auf Feldbusprotokollen, wie Profibus oder Profinet, zudem werden Ethernet/IP, Hardwired I/O oder Fanuc I/O-link in der Praxis eingesetzt [CELL22]. Jedoch handelt es sich hierbei nicht um Plug&Play-fähige Kommunikationsstandards, wie es für die temporäre Automatisierung notwendig wäre. OPC UA ist beispielsweise ein solcher Standard (vgl. Kapitel 2.2.2), hier fehlen allerdings bisher standardisierte Informationsmodelle. Im Vergleich zur Produktionstechnik existieren in der Kunststofftechnik mit der Euromap 67 und der Euromap 79 zwei Standards auf Basis von fest verdrahten Signalen oder OPC UA für die Beladung von Spritzgussmaschinen [SCHM21b].

Werkstückhandling

Als Werkstückhandling werden der Prozess vom Greifen des Werkstücks bis zur Positionierung in der WZM und der Prozess von der WZM zur Ablagepositionen bezeichnet. Aus den am Einsatzort gegebenen Rahmenbedingungen (Platzangebot, Entfernung zwischen Werkstückspeicher und Aufspannung sowie Gewicht der Werkstücke) ergeben sich erste Anforderungen für das eingesetzte Handhabungsgerät, z. B. beim Roboter die benötigte Größe des Arbeitsraums und die Traglast.

Die entscheidende Rolle spielt jedoch das Werkstück. Abhängig von den Außenmaßen, dem Gewicht, dem Material, der Form und dem Ablageort ergeben sich unterschiedliche Anforderungen an den Greifer bzw. die Greifstrategie. BÉLANGER-BARRETTE unterteilt hierzu die in der Praxis vorkommenden Szenarien hinsichtlich zwei Kriterien [BÉLA14]. Dies ist zum einen der Abstand zwischen den Werkstücken und zum anderen deren Anordnung, entweder geordnet in einem Muster nebeneinander oder chaotisch. Die sich daraus ergebenden Szenarien werden in **Bild 2.3** dargestellt und bezüglich der Komplexität der benötigten Greifstrategie und der Anforderungen an den Greifer bzw. die Greiffinger eingeordnet. So stellt die geordnete Ablage mit ausreichendem Abstand zwischen den einzelnen Werkstücken den einfachsten Fall dar, wohingegen rechts oben der „Griff in der Kiste“, die Königsdisziplin der Robotik, dargestellt wird [KONR23].

Bild 2.3: Komplexität beim Werkstückhandling
Complexity of workpiece handling

Erschwerend kommt bei der Beschickung von WZM hinzu, dass die Position und Orientierung des Werkstückes in der Aufspannung einbezogen werden müssen, da das

NC-Programm hierauf abgestimmt ist, was dazu führt, dass dies bereits beim Greifen beachtet werden muss. Ansonsten muss das Werkstück umgegriffen werden, was sich negativ auf die Taktzeit auswirkt. Zusätzlich müssen qualitätsrelevante Bereiche oder Funktionsflächen berücksichtigt werden und dürfen nicht durch den Greifvorgang beschädigt werden. In Summe führt dies dazu, dass die Entwicklung einer erfolgreichen Greifstrategie inklusive Greifer ein iterativer und zeitaufwendiger Prozess ist [HONA17]. Von neuen Greifkonzepten, über das (automatische) Design von Greiffinger bis hin zur (simulationsgestützten) Verifikation von Greifvorgängen existieren zahlreiche Ansätze in der Literatur [HATT22; GEBA23; METZ19; RAMA22]. Um diese in der Praxis einsetzbar zu machen, müssen sie jedoch ganzheitlich entwickelt werden [PETR22].

Mensch

Aktuell erfolgen Aufbau und IBN der Automatisierungslösung häufig durch einen externen Integrator. Im Zuge der temporären Automatisierung muss der Maschineneinrichter dazu befähigt werden, die IBN selbstständig ohne einen Experten durchzuführen, da situativ immer andere WZM automatisiert werden sollen. Hierfür muss dieser zum einen entsprechend geschult und zum anderen durch ein Assistenzsystem proaktiv unterstützt werden, denn insbesondere die Zeit bis zur erfolgreichen Inbetriebnahme ist ein entscheidender Faktor bei der Rentabilität der Lösung. Zwar ist die Programmierung von Robotern, insbesondere von Cobots, immer einfacher geworden. Dennoch verfügt der Bediener im Allgemeinen über wenig Erfahrung im Umgang mit Robotern bzw. Automatisierungslösungen. Daher muss auch ein Mechanismus existieren, der sicherstellt, dass die programmierten Abläufe kollisionsfrei sind und in der Folge keine Schäden an Menschen, Maschine oder Roboter entstehen.

Wirtschaftliche Rahmenbedingungen

Neben den Herausforderungen in der operativen Umsetzung muss sich die Automatisierungslösung für das Unternehmen aus wirtschaftlicher Sicht lohnen. Die temporäre Automatisierung ermöglicht hierbei eine Steigerung der Produktivität, indem beispielsweise temporäre Mitarbeiterausfälle kompensiert werden können oder eine dritte mannlose Schicht möglich ist. Insbesondere ist die Entlastung von Mitarbeitenden von monotonen, körperlich anstrengenden Tätigkeiten, wie die Be- und Entladung einer Maschine, vor dem Hintergrund des aktuellen Fachkräftemangels nicht zu unterschätzen. Dabei müssen auf der anderen Seite neben den initialen Investitionskosten auch die laufenden Kosten für den Betrieb, Wartung und Schulung der Mitarbeitenden betrachtet werden, sodass die Rentabilität nicht immer direkt gegeben ist. Zusätzlich ist der Mensch flexibler als ein Roboter und kann sich somit schneller an neue Situationen anpassen. Das bedeutet, dass die Zeit für die IBN deutlich kürzer ist und die Maschine schneller produktiv arbeitet. Jedoch ist der Roboter insgesamt effektiver, da er rund um die Uhr ohne Pause arbeiten kann und geringere Kosten verursacht. Somit spielt auch die Auftragsgröße eine Rolle bei der Entscheidungsfindung, welche Maschine für welche Aufträge temporär automatisiert werden sollte.

2.1.3 Vorgehen und Methoden bei der Automatisierung

Procedure and methods for automation

Von der Idee bis zum Betrieb einer automatisierten fertigungstechnischen Anlage wurden mehrere Vorgehensweisen und Methoden etabliert und sind auf Basis der wirtschaftlichen und technischen Rahmenbedingungen kontinuierlich weiterentwickelt worden. Nicht zuletzt verstärken die immer kürzer werdenden Produktlebenszyklen die Komplexität beim Engineering solcher Produktionsanlagen, sodass eine enge Verzahnung mit der Produktentwicklung unausweichlich ist. Im Folgenden wird daher ein Überblick über aktuelle Normen und Ergebnisse aus Ausschüssen gegeben, die sich entweder mit dem Engineering von Produktionsanalgen oder der Entwicklung von mechatronischen Systemen auseinandersetzen.

VDI/VDE 3695 – Engineering von Anlagen

Abhängig vom Umfang der Automatisierung und den Anforderungen des Unternehmens kann eine Automation mit einer oder mehreren WZM als fertigungstechnische Produktionsanlage betrachtet werden. Das Engineering hiervon erfordert ein Zusammenspiel von verschiedenen Gewerken. Klassisch sind dies Maschinenbau, Elektrotechnik und Automatisierungstechnik. Für den Erfolg und einer termingerechten Realisierung ist maßgeblich die reibungslose Zusammenarbeit zwischen diesen entscheidend, denn je früher ein Fehler in der Entwicklung erkannt wird, desto günstiger kann dieser behoben werden [VDI 20]. Nach der Zehnerregel aus dem Qualitätsmanagement steigen die Kosten für einen Fehler um den Faktor zehn, je später dieser auftritt [SCHM15]. Wie gut diese Zusammenarbeit war, zeigt sich erst, wenn die Ergebnisse der einzelnen Gewerke das erste Mal zusammengeführt und die geplanten Funktionalitäten stückweise in Betrieb genommen und geprüft werden [VDI 20].

In der VDI/VDE 3695 wird davon ausgegangen, dass es sich hierbei stets um eigenständige Projekte handelt, die in den vier aufeinanderfolgenden Phasen „Akquisition", „Planung", „Realisierung" und „Inbetriebnahme" durchgeführt werden (vgl. **Bild 2.4**). [VDI 20]

Bild 2.4: Projektbezogene Phasen im Engineering von Anlagen nach [VDI 20]
Project-related phases in the engineering of industrial plants according to [VDI 20]

VDI 4499 – Digitale Fabrik

Während die VDI/VDE 3695 das Engineering einer bestimmten Anlage in den Vordergrund stellt, wurde mit der VDI 4499 eine Richtlinie geschaffen, die eine „ganzheitliche Planung, Evaluierung und laufende Verbesserung aller wesentlichen Strukturen, Prozesse und Ressourcen der realen Fabrik in Verbindung mit dem Produkt“ zum Ziel hat [VDI 08]. Erreicht werden soll dies durch ein durchgängiges Datenmanagement. Hierzu wird unter dem Begriff „Digitale Fabrik“ das Zusammenspiel von digitalen Modellen, Methoden und Werkzeugen verstanden. Das Ziel besteht darin, alle am Prozess beteiligten Akutere miteinander zu vernetzen und dafür zu sorgen, dass alle Involvierten auf der gleichen Datenbasis arbeiten, um kostentreibende Revisionsschleifen zu vermeiden. Verdeutlicht wird dieses noch einmal in **Bild 2.5**, das das Zusammenspiel des Produktionssystems in den verschiedenen Lebenszyklusphasen (LZP) mit den zur Verfügung stehenden Werkzeugen der digitalen Fabrik zeigt.

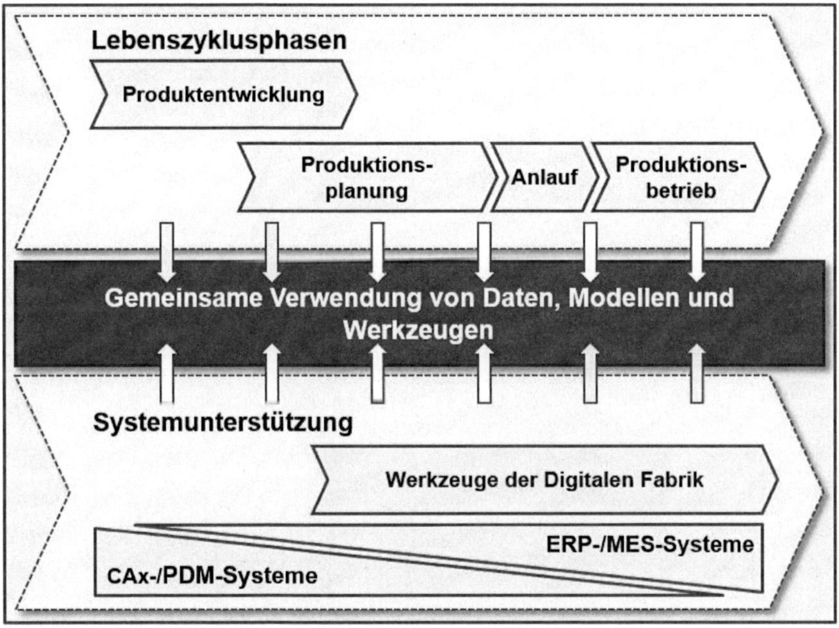

Bild 2.5: Digitale Fabrik als integrierendes System über die wichtigsten Lebenszyklusphasen des Produktionssystems [VDI 08]

The digital factory as an integrating system over the main life cycle phases of the production system [VDI 08]

Durch die angestrebte Parallelisierung der Tätigkeiten soll die Planungs- und Inbetriebnahmephase verkürzt werden, sodass ein schnellerer Produktionsanlauf möglich wird [VDI 11]. Unterstützt wird dies durch Methoden der virtuellen IBN, bei denen basierend auf Simulationsmodellen bereits frühzeitig einzelne Elemente der Anlage programmiert und getestet werden und so das Risiko von kostentreibenden Revisionsschleifen gesenkt werden kann [VDI 16]. Den Vorteilen stehen auch Mehraufwände wie Software-Lizenzen oder die Aufwände für die Erstellung der Simulationsmodelle gegenüber [RIED20]. Speziell für KMUs mit mangelnden finanziellen und personellen Ressourcen kann dies eine Herausforderung darstellen [PUNT17].

VDI/VDE 2206 – Entwicklung mechatronischer und cyberphysischer Systeme

In den zuvor betrachteten Normen wird die Automatisierung stets als Teil der fertigungstechnischen Anlage gesehen. Jedoch kann die Automatisierungslösung auch ein in sich geschlossenes System sein. Für dessen Entwicklung lässt sich die VDI/VDE 2206 (V-Modell) heranziehen.

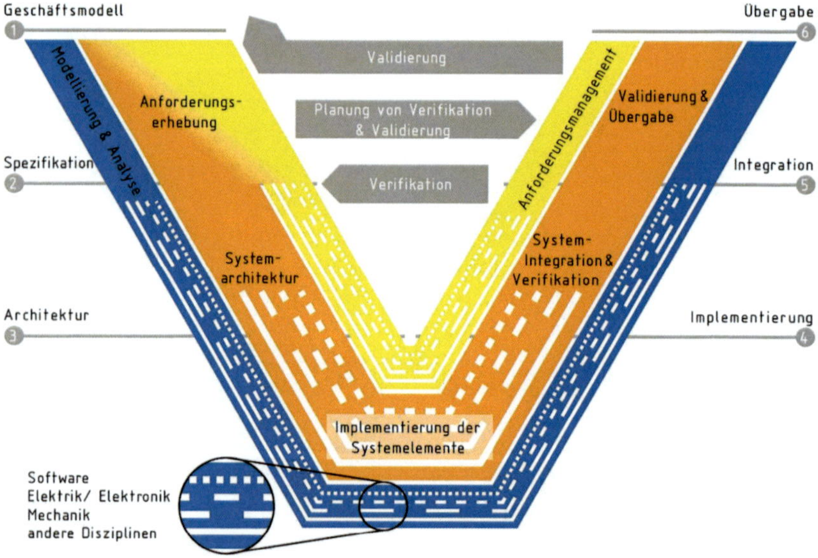

Bild 2.6: V-Modell für die Entwicklung mechatronischer und cyberphysischer Systeme nach [VDI 21]

V-Model for the development of mechatronic and cyberphysical systems according to [VDI 21]

Die ursprüngliche Idee des V-Models entstammt dem Softwareentwickler BOEHM und teilt ähnlich wie das Wasserfallmodell die Entwicklung in einzelne Phasen auf, wobei der entscheidende Punkt ist, dass jeder Entwicklungsphase eine Testphase zugeordnet wird [BOEH84]. Bildlich wird dies durch das „V“ repräsentiert. Auf der linken Seite des „V“ erfolgt eine Dekomposition des Systems in immer kleinere Bestandteile mit einem steigenden Detailierungsgrad, bevor es in der Spitze des „V“ in der Implementierungsphase endet. Dem gegenüberstehend werden auf der rechten Seite die einzelnen Teile stückweise zum Gesamtsystem ineinander integriert und immer wieder durch die zuvor aufgestellten Anforderungen verifiziert und validiert.

Die ursprüngliche Richtlinie VDI 2206:2004 aus dem Jahr 2004 fokussierte sich auf die Entwicklung mechatronischer Systeme, die aufgrund von technischen und organisatorischen Veränderungen 2016 um cyberphysische Systeme ergänzt und damit überarbeitet wurden [VDI 21]. **Bild 2.6** zeigt das aktualisierte Modell. Im direkten Vergleich fällt der neue Strang für das Anforderungsmanagement auf. Zudem sollen die gepunkteten, gestrichelten und durchgezogenen Linien noch einmal die starke Vernetzung zwischen den Disziplinen betonen [VDI 21].

2.2 Digitalisierung der Fertigung

Digitalisation in production

Die Digitalisierung der Fertigung wird häufig mit dem Begriff Industrie 4.0 gleichgesetzt, der 2011 im Zuge der Hannover-Messe erstmals öffentlich beworben wurde und seitdem Teil der Handlungsempfehlungen der Bundesregierung ist. Als Ordnungsrahmen gilt vielfach noch das durch die Plattform Industrie 4.0 in Zusammenarbeit mit Forschung und Industrie entwickelte Referenzarchitekturmodell Industrie 4.0 (RAMI4.0), um aktuelle Entwicklungen im Kontext Industrie 4.0 zu klassifizieren und in dem komplexen Ökosystem einzuordnen [HEID19]. Aufgrund von geopolitischen Entwicklungen, dem weltweiten Klimawandel und nicht zuletzt der COVID-19-Pandemie hat sich das Leitbild für Industrie 4.0 weiterentwickelt. Die aktuell starren, fest definierten Wertschöpfungsketten sollen durch flexible, hochdynamische und weltweit vernetzte Wertschöpfungsnetzwerke abgelöst werden [BUND19]. Aus dieser Forderung ergeben sich neue Handlungsfelder hinsichtlich Interoperabilität, Souveränität und Nachhaltigkeit, wobei die Interoperabilität von besonderer Bedeutung für diese Arbeit ist. Unter Interoperabilität wird „die Fähigkeit, mit Dritten nahtlos zusammenzuarbeiten, Informationen auszutauschen, zu kooperieren und Dienste zur Verfügung zu stellen" verstanden [DORS17].

Für die technische Umsetzung sind die Entwicklung und das Nutzen von offenen Standards unausweichlich. Im Zuge dessen konkurrieren verschiedene grundlegende Konzepte miteinander. Dies ist zum einen die Verwaltungsschale, die die digitale Repräsentation eines beliebigen Assets über seinen gesamten Lebenszyklus darstellt [FIMM23]. Die Interoperabilität wird hierbei durch den Einsatz von standardisierten Teilmodellen erreicht. AutomationML vereint zum anderen verschiedene Standards in sich und wird vorwiegend als Dateiaustauschformat im Engineering eingesetzt [DRAT08]. Der Kommunikationsstandard OPC UA wiederum wird für die horizontale und vertikale Verknüpfung von Assets in ihrer aktiven Phase genutzt und basiert auf standardisierten Informationsmodellen [BREC19b]. Im Rahmen eines Diskussionspapiers, das von den Verbänden AutomationML e.V., IDTA, OPC Foundation und VDMA veröffentlicht wurde, wird dieser Interessenkonflikt aufgegriffen und erläutert, wie durch die Verknüpfung von existierenden Standards Doppeltstandards vermieden werden können und das übergeordnete Ziel der Interoperabilität gefördert werden kann [DRAT23]. Nachfolgend wird sowohl auf die Verkettung der Prozesse entlang der Wertschöpfungskette als auch auf die Verkettung von Assets auf dem Shopfloor eingegangen.

2.2.1 Einsatz von CAx-Systemen

Use of CAx systems

Vor dem Hintergrund der Digitalisierung werden in der Fertigung immer mehr Prozesse entlang der Wertschöpfungskette digitalisiert und miteinander verknüpft [MARX21]. Die Ziele hierbei bestehen darin, die manuelle und damit fehleranfällige Datenübertragung zu vermeiden, die nahtlose Vernetzung zwischen den Systemen zu ermöglichen und übergeordnet die Produktivität zu erhöhen [MARX21]. Für die Unterstützung werden in jedem Schritt der Wertschöpfung computerunterstützende Systeme, sogenannte CAx-Systeme, übergeordnet unter dem Begriff CIM zusammengefasst, eingesetzt, wobei das x als Platzhalter für eine bestimmte Anwendung steht [HEHE11].

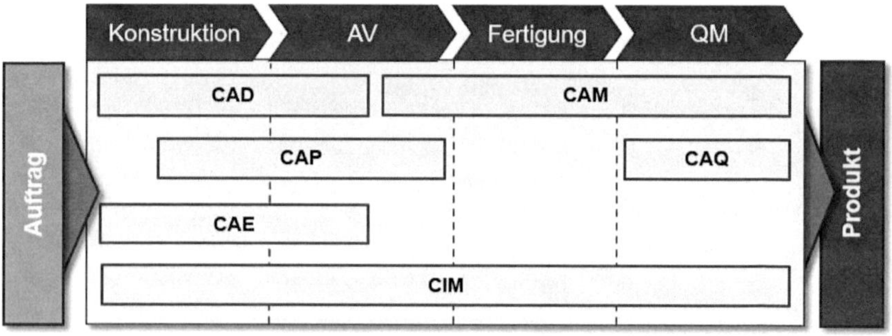

Bild 2.7: Einsatz von CAx-Systemen in der (Lohn-)Fertigung angelehnt an [BOOS18]
Use of CAx systems in manufacturing according to [BOOS18]

Ausgehend von dem digitalen Betrieb von Werkzeugmaschinen nach VDI4499 [VDI 11], der CAx-Prozesskette im Werkzeugbau [BOOS18] und den Einsatzgebieten von CAx-Systemen nach Hehenberger [HEHE11] werden in **Bild 2.7** die Einsatzmöglichkeiten von CAx-Systemen in der (Lohn-)Fertigung dargestellt. In der Konstruktionsphase ist der Einsatz von Computer-Aided-Design (CAD) mittlerweile Standard. Zunehmend wird in dieser Phase zusätzlich Computer Aided Engineering (CAE) eingesetzt, das bei der Auslegung und der Simulation von Komponenten unterstützt. In der Arbeitsvorbereitung (AV) werden die CAD-Dateien, Informationen zum Fertigungsauftrag (Stückzahl, Liefertermin, ...) und möglicherweise vorhandene Ergebnisse aus der Simulation zur Planung und Vorbereitung der Fertigung genutzt. Im Rahmen der rechnergestützten Fertigung (CAM) findet die Pfadplanung, die Werkzeug- und die Maschinenauswahl statt. Das Ergebnis ist ein maschinenspezifisches NC-Programm, das im

Rahmen der Fertigung genutzt wird. Ferner kann das CAM-System neben der Erstellung der NC-Programme auch für die anschließende Programmierung von Messmaschinen genutzt werden. Mittels Computer-Aided-Quality (CAQ) werden qualitätssichernde Maßnahmen zusammengefasst.

Während zu Beginn der Austausch von Daten zwischen den CAx-Systemen aufgrund von inkompatiblen Dateiformaten zu zeit- und ressourcenintensivem Nacharbeiten geführt hat, setzen sich zunehmend standardisierte Dateiformate wie STEP (ISO 10303)-242 [ISO22a] durch [TROL11]. Dies zeigt auch eine Umfrage im Werkzeugbau, wo mehr als 80 Prozent der befragten Unternehmen das Format bei sich einsetzen [BOOS18]. BRECHER weist darauf hin, dass es unabhängig vom Format bei der Übertragung von Geometrien zwischen CAD und CAM zu Problemen kommen kann, beispielsweise aufgrund einer unterschiedlichen Genauigkeit beider Systeme [BREC21b].

Alternativ wird vielfach der Einsatz von Verwaltungsschalen für die Übertragung von Daten zwischen Unternehmen und IT-Systemen diskutiert, vor allem im Kontext von GAIA-X bzw. Manufacturing-X [PLAT24]. Aufgrund fehlender Teilmodelle ist ein internes Referenzieren auf bekannte Dateiformate zwar möglich, jedoch agiert die Verwaltungsschale dann mehr als Hülle für die Übertragung, als für die Interoperabilität zwischen den Systemen zu sorgen. Das entsprechende Teilmodel „Provision of 3D Models", das zum Ziel hat, herstellerunabhängig 3D-Modelle abzubilden, ist noch in der Entwicklung [IDTA24].

2.2.2 Interoperabilität auf dem Shopfloor

Interoperability on the shop floor

Ein wesentlicher Enabler für die Vernetzung auf dem Shopfloor ist die Interoperabilität auf dem Shopfloor, für die temporäre Automatisierung insbesondere das Zusammenspiel von WZM und Automation. In Kapitel 2.1.2 ist bereits auf die vielfältigen Kommunikationsprotokolle in diesem Zusammenspiel eingegangen worden und dass ein herstellerübergreifender Standard fehlt.

DIEDRICH ET AL. unterteilen die Interoperabilität von cyberphysischen Systemen (CPS) in vier aufeinander aufbauende Stufen [DIED22]. Die unterste Ebene bildet die technische Interoperabilität, die angelehnt an das OSI-Referenzmodell den rudimentären Datenaustausch zwischen zwei Akteuren ermöglicht. Die folgende Ebene der syntaktischen Interoperabilität beschäftigt sich mit der Syntax und der Struktur der Nachrichten, während die dritte Ebene sich auf die semantische Interoperabilität fokussiert, sodass die Akteure die ausgetauschten Nachrichten auch verstehen und interpretieren können. In der obersten Ebene geht es um die organisatorische Interoperabilität, das heißt darum, wie verschiedene CPS auf organisatorischer Ebene zusammenarbeiten, was nachfolgend nicht im Fokus steht und daher ausgeklammert wird. **Bild 2.8** greift diese Einteilung auf und versucht, die eingesetzten Protokolle hinsichtlich ihrer Interoperabilität zu klassifizieren.

Es zeigt sich, dass OPC UA und die Verwaltungsschale alle drei Ebenen der Interoperabilität abdecken können. Jedoch sind aktive Verwaltungsschalen, insbesondere die dafür benötige I4.0-Sprache, noch großenteils in der Standardisierung, weshalb nachfolgend auf OPC UA fokussiert wird.

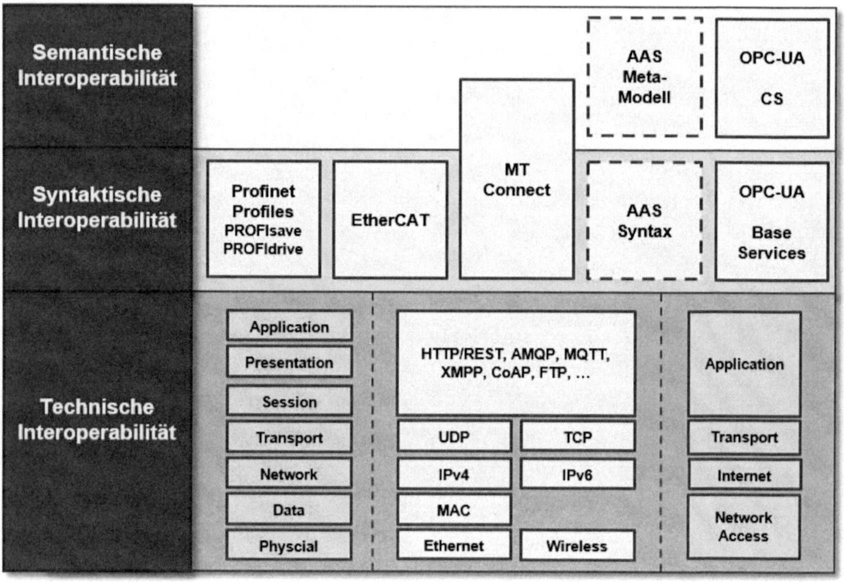

Bild 2.8: Klassifizierung von Kommunikationsprotokollen hinsichtlich ihrer Interoperabilität
Classification of communication protocols regarding their interoperability

OPC Unified Architecture (OPC UA)

Das 2009 von der OPC Foundation als Nachfolger für OPC veröffentlichte Kommunikationsprotokoll OPC UA, das mittlerweile in die internationale Norm IEC 62541 überführt ist, gilt als Schlüsseltechnologie für die Vernetzung von Assets auf dem Shopfloor [ENST11]. Entgegen seinem Vorgänger baut es auf einer mehrschichtigen serviceorientierten Architektur auf und ist plattformunabhängig [MAHN09].

Den Kern bilden die semantischen Informationsmodelle, die aus beliebig vielen Elementen, sogenannten Nodes, bestehen und frei mit anderen verknüpft werden können, sodass beliebig komplexe Datenstrukturen abgebildet werden können [MAHN09]. Grundlage bildet hierfür das OPC UA Meta-Modell, das einen grundlegenden Rahmen und eine Reihe von Datentypen definiert. Die freie Modellierung stellt zeitgleich die größte Herausforderung in Bezug auf die Interoperabilität dar. Zwar sind durch MAHNKE ET. AL., SCHLEIPEN ET. AL., und FRIEDL ET AL. Modellierungsempfehlungen veröffentlicht, die Lösung liegt aber in der Standardisierung in der Form von OPC UA Companion Spezifikationen (OPC UA CS) [MAHN09; SCHL18; FRIE20].

Im Kontext der WZM existiert mit der OPC 4050-1 eine OPC UA CS, die sich mit der Überwachung von WZM und der grundsätzlichen Bereitstellung von Informationen an überlagerte IT-System beschäftigt [OPC 24a]. Aktuell liegt der Fokus aber nicht auf der Maschinenbeschickung, wobei eine veröffentlichte Pressemitteilung vermuten lässt, dass dies für die Zukunft geplant ist [VERE22]. Neben dem Informationsaustausch müssen im Zuge der Zusammenarbeit auch sicherheitsrelevante Daten ausgetauscht werden. OPC UA Safety (Teil 15) erweitert den bestehenden Standard, sodass dies möglich wird und die Anforderungen gemäß IEC 61508 und IEC 61784-3 erfüllt werden [OPC 24b]. Hierfür werden Überwachungsnummern (Monitoring Number), Timeouts, eine Reihe von IDs und ein zyklischer Redundanzcode zur Erkennung beliebiger Kommunikationsfehler in den darunterliegenden Protokollen verwendet, unabhängig davon, ob es sich um eine feste oder drahtlose Verbindung handelt.

2.3 Industrieroboter

Industrial robot

Ein bewährtes Mittel zur Steigerung des Automatisierungsgrads ist der Einsatz von Industrierobotern (IR). Dies spiegelt sich auch in dem Bericht der International Federation of Robotics (IFR) aus dem Jahr 2023 wider, die ein Rekordjahr hinsichtlich weltweit installierter Roboter vermelden konnte. So sind im Jahr 2022 553.052 Stück in Betrieb genommen worden, was gegenüber 2020 eine Steigerung von 42 % darstellt [IFR 23b]. Im europäischen Vergleich konnte Deutschland seine Spitzenposition mit 25.636 Einheiten verteidigen, was bedeutet, dass jeder dritte neu installierte IR in Europa in Deutschland eingesetzt wird [IFR 23b]. Die Einsatzmöglichkeiten von IR sind dabei vielseitig und unterschiedlich. So werden sie in der Montage und Fertigung zum Schweißen, Fügen oder Lackieren eingesetzt, wobei mehr als die Hälfte aller eingesetzten Industrieroboter für klassische Handhabungsprozesse, zum Palettieren, Verpacken oder Sortieren, verwendet werden [POTT19].

Nach der veralteten und mittlerweile auch zurückgezogenen VDI-Richtlinie 2860 sind Industrieroboter „universell einsetzbare Bewegungsautomaten mit mehreren Achsen, deren Bewegungen hinsichtlich Bewegungsfolge und Wegen bzw. Winkeln frei (d.h. ohne mechanischen bzw. menschlichen Eingriff) programmierbar und gegebenenfalls sensorgeführt sind“ [VDI 82]. Die DIN EN ISO 10218-1 hingegen definiert den Industrieroboter als einen „automatisch [gesteuerten], frei [programmierbaren] Mehrzweck-Manipulator, der in drei oder mehr Achsen programmierbar ist und zur Verwendung in der Automatisierungstechnik entweder an einem festen Ort oder beweglich angeordnet sein kann“ [ISO12]. Im Vergleich stützt sich die VDI-Richtlinie stärker auf den kinematischen Aufbau, wobei die ISO-Norm die Ortsflexibilität betont. In Summe ergänzen sich die Definitionen jedoch und widersprechen sich nicht.

2.3.1 Mensch-Roboter-Kollaboration

Human-robot collaboration

Die Mensch-Roboter-Kollaboration (MRK) beschreibt eine besondere Art der Zusammenarbeit zwischen Mensch und Roboter, die durch räumliche Nähe und gemeinsames Arbeiten an einer Aufgabe geprägt ist [BEND20]. Möglich gemacht hat dies die Entwicklung von kollaborativen Robotern (Cobot), die sich durch ihre leichte Bauweise und spezielle Sensorik auszeichnen. Bekannte Vertreter sind Universal Robot, Kuka, und Fanuc. In der Folge ist keine räumliche Trennung zwischen Mensch und Roboter mehr erforderlich, sodass beide zusammen an einer Aufgabe arbeiten können [OSTE14]. Dies bedeutet, dass Roboter und Mensch jeweils einen Teil der Aufgaben übernehmen, wobei der Roboter durch seine Genauigkeit, Kraft und Ausdauer und der Mensch durch seine Flexibilität, Intuition und seine Kreativität punkten [SCHL12]. Durch die Zusammenarbeit lassen sich komplexe und anspruchsvolle Arbeitsschritte leichter automatisieren [MATT13]. Die optimale Aufteilung der Aufgaben im Rahmen der Zusammenarbeit zwischen Mensch und Roboter ist Teil zahlreicher Arbeiten [SCHM21a; GRÄß21; STOR23].

	Kapselung	Koexistenz	Synchronisiert	Kooperation	Kollaboration
Arbeitsschritte	Sequentiell				gleichzeitig
Arbeitsraum	Getrennte Arbeitsräume		Gemeinsamer Kollaborationsraum – zeitliche Trennung	Gemeinsamer Kollaborationsraum	
Arbeitsaufgabe	Keine Kopplung der Aufgabe		Gekoppelte Aufgaben		Gemeinsame Aufgabe
Physischer Kontakt	Nicht möglich		Möglich, nicht notwendig		Möglich, häufig erwünscht
Mindestanforderungen gemäß DIN EN ISO 10218-1	Automatikbetrieb mit trennender Schutzeinrichtung	Sicherheitsüberwachter Halt	Geschwindigkeits- und Abstandsüberwachung		
			Leistungs- und Kraftbegrenzung		
			Bahngeschwindigkeit		Handführung
Geschwindigkeit	Maximale Geschwindigkeit	Begrenzte Geschwindigkeit			

Bild 2.9: Interaktionsformen und -arten von MRK-Systemen und deren Merkmale [PETZ21]

Forms and types of interaction of HRC systems and their characteristics [PETZ21]

Nach SCHRÖTER lässt sich die Art der Interaktion durch den Grad der zeitlichen und räumlichen Trennung der Arbeitsräume unterscheiden, vgl. **Bild 2.9** [SCHR18]. Während klassische Roboteranwendungen durch einen Schutzzaun geprägt sind und somit keine Interaktion zulassen, finden die Arbeiten bei der Koexistenz in separaten Arbeitsräumen ohne Trennung nacheinander statt. Bei der zeitlich synchronisierten Zusammenarbeit existiert ein gemeinsamer Kollaborationsraum, der nur von einem Partner gleichzeitig betreten werden darf und zur Übergabe von Werkstücken genutzt werden kann, während bei der Kooperation und Kollaboration die zeitliche Trennung aufgehoben ist und beide in einem gemeinsamen Arbeitsraum interagieren. Im Bereich der Kooperation erfolgen die Arbeitsschritte immer noch sequentiell, wogegen bei der Kollaboration gemeinsam an einer Aufgabe gearbeitet werden kann [WILH16].

Durch die zunehmende Interaktion zwischen Mensch und Roboter erhöht sich auch das Risiko von Verletzungen, weshalb die DIN EN ISO 10218 Richtlinien zur Gefährdungsminimierung im Umgang mit dem Cobot beschreibt [ISO12]. **Bild 2.9** listet zu jeder Interaktionsform die Mindestanforderungen gemäß dieser Norm auf. Mit steigender Interaktion werden die Anforderungen höher, immer mit dem Ziel, die Gefahr einer Kollision oder Verletzung auf ein Minimum zu reduzieren. Dies wirkt sich in der Folge negativ auf die Geschwindigkeit und damit auf die Taktzeit aus. Beispielsweise wird in [LEFR22] eine Reduzierung um den Faktor vier bei der Geschwindigkeit bei der Sortierung von Paketen gegenüber eines IR genannt. FAST-BERGLUND ET. AL. führen ebenfalls die Sicherheit als Hemmnis für viele MRK-Anwendungen an [FAST16].

2.3.2 Programmierverfahren

Programming methods

Unabhängig von der Art des Roboters wird bei der Programmierung eine vorgegebene Automatisierungsaufgabe, z. B. das Palettieren von Kisten, in ein Roboterprogramm überführt. Im Zuge dessen wird eine Sequenz von Bewegungsabläufen und Aktionen des Roboters definiert, die die Lösung der gestellten Aufgabe zum Ziel hat [UHLM20]. Für die Erstellung dieses Programms können verschiedene Verfahren eingesetzt werden, die je nach Anwendungsfall Vor- und Nachteile bieten. Ein Ansatz ist die Unterteilung in roboter-, aufgaben-, führungs- und benutzerzentrierte Programmierung [GRAD19]. BRECHER hingegen gliedert diese anhand des Orts der Programmierung und unterscheidet somit zwischen Online-, Offline- und Hybridverfahren [BREC21a]. **Bild 2.10** gibt hierzu einen Überblick über die bekanntesten Verfahren und deren Einordnung, die im nachfolgenden Abschnitt detaillierter erläutert werden.

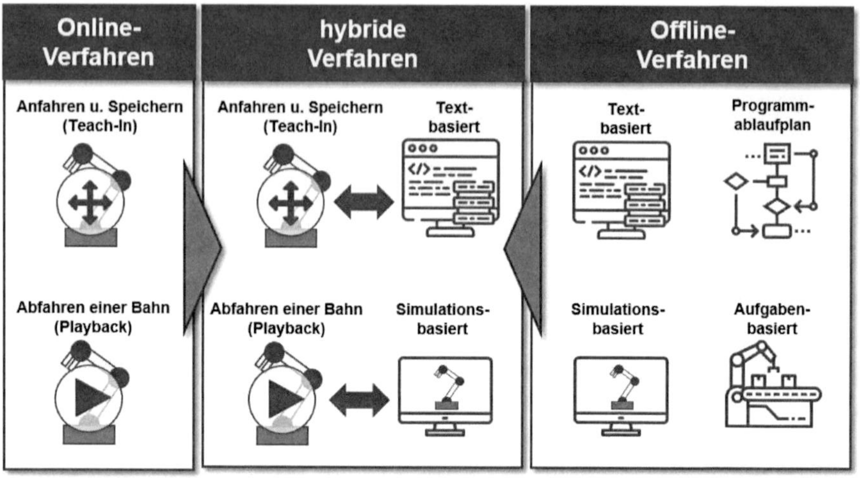

Bild 2.10: Programmierverfahren eines IR nach [BREC21a]
Programming methods of a robot based on [BREC21a]

Online-Verfahren

Bei der Onlineprogrammierung wird das Programm direkt am Roboter vor Ort erstellt. Dies ermöglicht eine schnelle, unkomplizierte Programmierung, da alle Randbedingungen, beispielsweise Greifpositionen oder Kollisionsobjekte, direkt bei der Erstellung berücksichtigt werden können. Jedoch steht der Roboter während dieser Zeit nicht operativ zur Verfügung, was sich negativ auf die Gesamtanlageneffektivität (OEE) der Anlage auswirkt. Zu den am häufigsten eingesetzten Methoden in dieser Kategorie gehören das Teach-In- und das Playback-Verfahren.

Bei dem Teach-In-Verfahren bewegt der Programmierer den Endeffektor entweder über die Bedienkonsole oder durch händisches Führen des Roboterarms an die gewünschte Pose und speichert diese ab [UHLM20]. Anschließend können neben den Parametern, wie Art der Bewegung oder der Geschwindigkeit, weitere Befehle, wie das Öffnen des Greifers, ergänzt und so stückweise zu einer Bewegungssequenz verbunden werden [FRIE10].

Die Vorgehensweise des Playback-Verfahrens ähnelt dem Teach-In-Verfahren, jedoch werden bei der Roboterführung nicht nur die einzelne Koordinaten gespeichert, sondern die gesamte Bahnbewegung in einem festen Takt (0,05 bis 0,5 s) durch die Steuerung [BREC21a]. Diese Methode eignet sich besonders für Aufgaben, bei denen nicht nur an speziellen Punkten mit dem Werkstück interagiert wird (z. B. Pick & Place), sondern auch während der Bewegung des Roboterarms (z. B. Lackieraufgaben) [FRIE10].

Während sich an den grundsätzlichen Verfahren wenig geändert hat, haben sich in der Praxis mittlerweile werkstattorientierte Programmiersysteme (WOP) und Assistenzsysteme etabliert, die über den klassischen Funktionsumfang einer Robotersteuerung hinausgehen und durch neuartige Bedienkonzepte (Touchscreens, Spracherkennung, Gestensteuerung usw.) die Programmierung deutlich intuitiver und für unerfahrene Programmierer auch zugänglicher machen [BREC21a]. So lassen sich mittlerweile Programme durch das einfache Zusammenziehen von einzelnen Bausteinen per Drag&Drop erstellen.

Offline-Verfahren

Im Gegensatz zur Onlineprogrammierung kann bei der Offlineprogrammierung auf den direkten Zugriff des Roboters verzichtet werden, sodass der Produktionsprozess nicht unterbrochen werden muss. Dabei sind die Offline-Verfahren deutlich komplexer und setzen ein gutes räumliches Vorstellungsvermögen voraus [BREC21a]. Bei der textuellen roboterorientierten Programmierung erfolgt das Erstellen des Roboterprogramms rein durch Texteingabe, ursprünglich in roboterspezifischer Programmiersprache, wie z. B. der KRL bei Kuka, zunehmend in höheren Programmiersprachen, wie C++. In der Praxis kommt die ursprüngliche Form immer seltener vor [UHLM20]. Vielmehr findet eine Kombination mit der simulationsgestützten Programmierung statt, in der durch ein Simulationsmodell der Ablauf dreidimensional dargestellt und getestet werden kann. In Kontext der digitalen Fabrik (vgl. 2.1.2) entstammen die dafür benötigten CAD-Dateien aus der Produktentwicklung und Produktionsplanung. Für kleinere Automatisierungslösungen ist die Erstellung der Modelle jedoch mit nicht zu vernachlässigen Aufwänden verbunden, insbesondere diese stets aktuell zu halten und den hohen Toleranzanforderungen zu genügen [BLAN19].

Eine Alternative zu der roboterorientierten Programmierung ist die aufgabenorientierte Programmierung, bei der nicht explizit die Roboterbahn programmiert, sondern diese unter Zuhilfenahme von zusätzlichen Sensoren flexibel bestimmt wird [BLAN19]. Insbesondere aktuelle Entwicklungen im Bereich der Künstlichen Intelligenz (KI), wie das große Sprachmodell (Large Language Model) PaLM-E, zeigen das mögliche Potenzial für flexible Roboteranwendungen auf [DRIE23].

Hybride Verfahren

Die hybriden Verfahren stellen eine Kombination der beiden zuvor vorgestellten Verfahren dar, um die Vorteile dieser zu kombinieren. Dabei werden der grobe Bewegungsablauf und die benötigte Logik im Vorfeld unter Zuhilfenahme von Simulationsmodellen programmiert und getestet. Spezifische Posen und Parameter werden anschließend vor Ort ergänzt und angepasst [BREC21a; UHLM20].

2.3.3 Bewegungsplanung

Motion Planning

Unter dem Begriff Bewegungsplanung (engl. Motion planning) oder auch Bahnplanung (engl. Trajectory planning) versteht LAVALLE einen Algorithmus, der eine zuvor definierte Aufgabenbeschreibung des Menschen in einen Bewegungsablauf übersetzt bzw. eine kollisionsfreie Bewegung für einen Roboter von einer initialen Pose zu einer Zielpose findet [LAVA09]. An die Bewegung des Roboters können noch zusätzliche Bedingungen wie Gelenk- oder Geschwindigkeitsbegrenzungen geknüpft werden, die die Komplexität des Algorithmus steigern, sodass die Lösung dieses Problems als NP-Hard gilt [ERIC13].

Um den Planungsprozess zu vereinfachen, wurde bereits 1990 von LOZANO-PÉREZ der sogenannte „Configuration Space" (C-Space) eingeführt, in dem unabhängig von den Freiheitgraden des Roboters jede mögliche Achskonfiguration in einen Punkt des C-Space transformiert wird [LOZA90]. Die Dimension dieses C-Space entspricht dabei der Anzahl an Freiheitsgraden des Roboters. Analog hierzu werden alle möglichen Kollisionsobjekte im Arbeitsbereich auch in den C-Space transformiert [SICI16]. **Bild 2.11** zeigt beispielshaft den Arbeitsraum und den korrespondieren C-Space eines Roboters mit zwei Gelenken samt Hindernissen. In Rot ist die Startpose und in Blau die Endpose dargestellt. Die schwarze Linie im C-Space symbolisiert die kollisionsfreie Bahn zwischen den Punkten. Jeder Punkt auf der Linie kann mittels Rückwärtstransformation in eine Gelenkpose übersetzt werden, wodurch die entsprechende Bewegung in der Realität physisch ausgeführt werden kann.

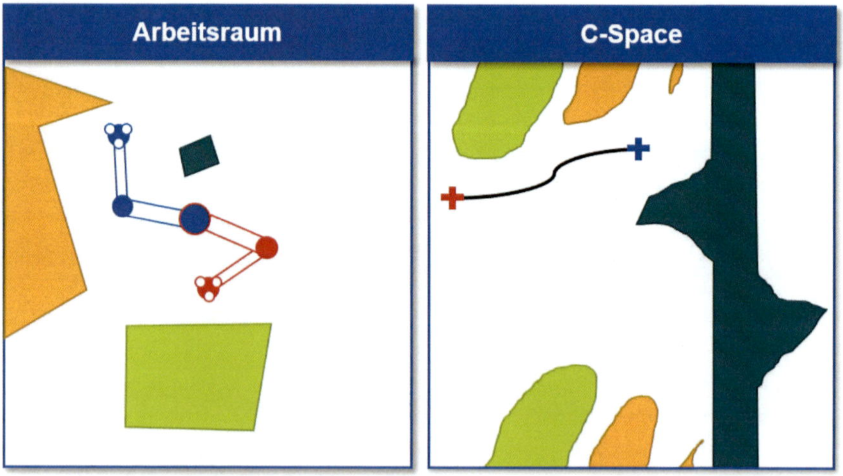

Bild 2.11: Arbeitsraum und der korrespondierende C-Space

Workspace and the corresponding C-Space

In den letzten Jahrzehnten sind unterschiedliche Algorithmen zur Bahnplanung entwickelt worden, welche jeweils nach unterschiedlichen Kriterien optimieren. So existieren Algorithmen, die schnell eine Bewegung planen können, aber beispielsweise nicht das Optimum hinsichtlich der Pfadlänge garantieren können. Andere wiederum erfüllen diese Eigenschaft, benötigen aber deutlich länger für die Berechnung. Eine ausführliche Zusammenfassung verschiedener Ansätze zur Bewegungsplanung für Roboter lässt sich in [SCHW88; HWAN92; ELBA14] finden.

Während gitterbasierte Algorithmen nur in niedrigen Dimensionen effizient sind und die Potentialfeldmethode aufgrund des eingesetzten Gradientenverfahrens die Gefahr von lokalen Minima birgt, gelten für einen C-Space höherer Dimension samplingbasierte Algorithmen als Stand der Technik [ELBA14]. Hierrunter werden Algorithmen verstanden, die im C-Space zufällig oder nach einem bestimmten Muster Punkte (Samples) auswählen und kollisionsfreie Punkte als weiteren Knoten in einen Graphen oder Baum hinzufügen. Anschließend wird in dieser Datenstruktur ein Pfad gesucht, der den Startpunkt mit dem Zielpunkt verbindet [LAVA98]. Die Algorithmen lassen sich je nach verwendeter Datenstruktur und Samplingstrategie zusätzlich noch in Single- und Multi Query Algorithmen unterscheiden. Erstere berechnen bei jeder Pfadplanung den Baum neu und eignen sich damit besonders gut für dynamische Umgebungen.

Einer der bekanntesten Vertreter dieser Klasse ist der Rapidly-exploring random tree (RRT) Algorithmus [LAVA98]. Dieser basiert auf der Idee, einen Baum ausgehend vom Startpunkt iterativ aufzubauen. Im ersten Schritt wird ein zufälliger Punkt q_{rand} im C-Space gewählt. Anschließend wird der Knoten im Baum ermittelt, der am nächsten zu diesem zufälligen Punkt ist. Von diesem Knoten q_{near} aus wird in einem zweiten Schritt ein neuer Knoten q_{new} in Richtung von q_{rand} mit einem parametrierbaren Abstand gewählt. Sollte der Weg zwischen q_{new} und q_{near} kollisionsfrei sein, wird der Punkt q_{new} in den Baum hinzugefügt. Dieser Prozess wird so lange wiederholt, bis ein Knoten gefunden wurde, der in einem tolerierbaren Abstand zum Zielpunkt liegt. Der Pfad vom Zielpunkt zur Wurzel des Baums, also dem Startpunkt, entspricht dem kollisionsfreien Pfad.

Ausgehend von dieser Basis existieren mehrere Erweiterungen. Beim RRT-Connect wird nicht nur ein Baum vom Startpunkt, sondern auch einer vom Zielpunkt aus iterativ aufgebaut, mit dem Ziel, dass beide in der Mitte aufeinandertreffen. [KUFF00]. Bi-directional Transition-based Rapidly-exploring Random Trees (BiTRRt) erweitert diesen wiederrum und prüft die Punkte nicht nur auf Kollisionsfreiheit, sondern berücksichtigt auch die damit einhergehenden Kosten (z. B. Pfadlänge, Energieverbrauch) [DEVA13]. Rapidly-exploring Random Tree Star (RRT*) baut auf RRT auf und versucht den Pfad nicht nur lokal, sondern global zu optimieren, beispielsweise durch Umstrukturierung der Nachbarknoten [KARA11].

Expansive Space Tree (EST) ist ein alternativer Ansatz, der neue Punkte nicht zufällig wählt, sondern den Fokus auf Punkte legt, in dessen Umgebung wenig Knoten existieren [HSU97]. Mit BiEST (Bidirectional Expansive Space Trees) existiert eine bidirektionale Erweiterung, wo der Baum ebenfalls sowohl vom Start- als auch Zielpunkt aufgebaut wird. Beim Path-Directed Subdivision Tree (PDST) hingegen wird der C-Space gleichmäßig in kleinere Zellen/Räume zerlegt und Zellen mit wenigen Knoten werden bei der Auswahl bevorzugt [M. L05]. Ziel hiervon ist, eine möglichst gleichmäßige Abdeckung des C-Space zu erreichen. Fast Marching Tree (FMT) verfolgt den Ansatz, Punkte nicht zufällig zur Laufzeitzu wählen, sondern eine bestimmte Anzahl im Vorfeld zu generieren, um diese Punkte anschließend kollisionsfrei zu verbinden [JANS15].

Sollen Bewegungen in statischen Umgebungen geplant werden, können Multi-Query Algorithmen auf Basis von Roadmaps eine gute Alternative darstellen. Der bekanntesten Algorithmus ist der Probabilistic Road Map (PRM) Algorithmus [KAVR96]. Die Planung erfolgt hierbei in zwei Schritten. Zuerst werden solange zufällige, kollisionsfreie Samples im C-Space gewählt, bis eine ausreichende Dichte erreicht wird. Anschließend werden benachbarte Punkte verbunden, falls die Verbindung kollisionsfrei ist. Das Ergebnis ist ein ungerichteter Graph, in welchem mittels Suchalgorithmen (Dijkstra, A*, ...) der kürzeste Weg zwischen einer beliebigen Start- und Zielposition bestimmt werden kann. Unabhängig von der Start- und Zielposition kann der Graph für weitere Bewegungen wiederverwendet werden. Da die Überprüfung auf Kollisionsfreiheit in der Erstellung des Graphen sehr rechenintensiv ist, überprüft die Erweiterung LazyPRM dies erst, wenn ein Pfad die Kante im Graph verwendet [BOHL00]. LazyPRM* wiederum optimiert diese noch zusätzlich nach wählbaren Metriken, wie z.B. der Pfadlänge [HAUS15].

Alle vorgestellten Sampling-based Algorithmen sind in der Open Source Bibliothek Open Motion Planning Library (OMPL) zusammengefasst und können über eine C++ und Python API genutzt und in eigene Projekte integriert werden [SUCA12].

2.3.4 Roboter- und Simulationsframeworks

Robot and simulation frameworks

Al-Jardoodi et al. vergleichen Robotersysteme mit komplexen, verteilten Systemen aus Hardware- und Softwaremodulen, die für eine spezifische Aufgabe reibungslos zusammenarbeiten müssen [MOHA08]. Die Bandbreite erstreckt sich von den Motoren und deren Regelung über die Sensorintegration und Bahnplanung bis hin zu einer intuitiven Benutzeroberfläche. Erschwert wird dies durch hersteller- und roboterspezifische Schnittstellen und Modelle, weshalb sich bei der Entwicklung von Roboteranwendungen, vor allem bedingt durch die Forschung, zunehmend Middlewares etablieren. Diese abstrahieren bzw. kapseln herstellerspezifische Schnittstellen und Funktionen in Modulen, die im Anschluss beliebig miteinander verknüpft werden können. Stellvertretend hierfür seien YARP [METT06], MOOS-IvP [BENJ10], OROCOS [BRUY01], MRPT [JOSE24] genannt, wobei das Robot Operating System (ROS) am bekanntesten und am weitesten verbreitet ist, weshalb es nachfolgend detaillierter vorgestellt wird.

Robot Operating System (ROS)

ROS ist ein Open Source Framework, das 2007 entstanden ist und eine Vielzahl von Bibliotheken und Werkzeugen zur Entwicklung von Robotersysteme in sich vereint. Dabei ist die dahinterliegende Idee, auf bestehende Lösungen zurückzugreifen, anstatt Basisfunktionalitäten jedes Mal neu zu implementieren [ALBO23].

Bild 2.12: Kommunikationsarchitektur in einem ROS-Netzwerk
Communication architecture in a ROS network

Die grundlegende Kommunikationsarchitektur in einem ROS-Netzwerk setzt sich aus einem ROS Master, bei dem sich jeder Teilnehmer des Peer-to-Peer Netzwerks registriert, und den einzelnen ROS Nodes, die jeweils einen Prozess symbolisieren, z. B. einen Sensor, zusammen (vgl. **Bild 2.12**). Zwischen den Nodes erfolgt die Kommunikation entweder unidirektional über Topics, was sich zum kontinuierlichen Übertragen von Daten an beliebig viele Empfänger eignet, oder über Services und Actions, wenn ein bestimmter Prozess angestoßen werden soll. Die ausgetauschten Nachrichten werden durch die einzelnen Nodes vorgegeben. Aufgrund der u. a. fehlenden Echtzeitfähigkeit findet aktuell vielfach ein Migrationsprozess Richtung dessen Nachfolger ROS2 statt [ERŐS19]. Für die Planung der Bewegung existiert das MoveIt Framework.

Simulationsframeworks

Neben den zahlreichen Middlewares sind in den letzten Jahren verschiedene Simulationstools sowohl von den Roboterherstellern als auch innerhalb der Open Source Community entwickelt worden, die bei der IBN unterstützen sollen. Teilweise lassen sie sich sogar mit den zuvor gelisteten Middlewares verknüpfen. Während herstellerspezifische Lösungen eine nahtlose Integration und hohe Realitätstreue versprechen, glänzen die Open Source Lösungen hinsichtlich Roboter- und Herstellerunabhängigkeit. Nachfolgend liegt der Fokus auf Lösungen, die über eine ROS-Integration verfügen:

- **Gazebo** zeichnet sich durch Schnittstellen zu verschiedenen Physik-Engines, unter anderem Bullet, Dart, ODE und Simbody, aus [LIU21]. Aufgrund der großen Community im Hintergrund existiert eine Vielzahl von Roboter- und Sensormodellen.
- **Pybullet** baut auf den Bullet-Physik-Engine auf, der für eine schnelle und effiziente Simulation von Starrkörper-Kollisionen und Soft-Body-Dynamiken ausgelegt ist [LIU21]. Darüber hinaus bietet er direkte Integrationsmöglichkeiten von Machine-Learning-Bibliotheken wie TensorFlow oder PyTorch.
- **Isaac Sim** ist ein Simulationsframework, das von NVIDIA als Teil der Omniverse-Plattform entwickelt wird und auf dem PhysX-Engine aufbaut [SYME22; LIU21]. Es stellt den Nutzern eine Reihe von Werkzeugen und Arbeitsabläufen zur Entwicklung fotorealistischer Simulationen zur Verfügung, die ebenso für die Erzeugung synthetischer Datensätze genutzt werden können [NVID24].

Ein detaillierter Vergleich verschiedener Simulationsframeworks wird in [SYME22] angestellt.

2.3.5 Softwarelösungen auf dem Markt

Sowohl aufbauend auf als auch parallel zu den zuvor vorgestellten Frameworks existieren auf dem Markt verschiedene Softwarelösungen, die darauf abzielen, die am Beschickungsprozess beteiligten Ressourcen, z. B. Roboter, Greifer oder WZM, zu allokieren und hierdurch den Gesamtprozess zu automatisieren. Im Folgenden werden vier Lösungen stellvertretend für den Markt näher vorgestellt.

Bild 2.13: Softwarelösungen [ARTI24; TERA24; KEBA24; ROBO24]
Software solutions [ARTI24; TERA24; KEBA24; ROBO24]

Universal Robot bzw. Polyscope

Universal Robot (UR) ist Marktführer für kollaborierende Roboter mit einem Marktanteil von über 50 % im Jahr 2022 [HÖPN22] und stellt zeitgleich mit seiner Software-Lösung Polyscope und dem UR+-Programm auch eine Plattform für den Endanwender zur Verfügung, in der aus einer Liste von für die UR-Roboter zertifizierten Produkten, wie

Greifern, ausgewählt und diese nahtlos in die Software integriert werden können. Während sich in der Grundversion der Funktionsumfang auf die Programmierung des Roboters beschränkt, kann dieser durch die Integration weiterer Bausteine, z. B. zur Steuerung eines Greifers oder die Einbindung eines Kamerasystems, erweitert werden. Dies ermöglicht eine intuitive Anpassung vorhandener Programme bei wechselnden Randbedingungen. In der neuesten Version PolyscopeX existieren zudem entsprechende Bausteine für die Automatisierung von WZM [TERA24]. Die Softwarelösungen sind jedoch nur gemeinsam mit den eigenen Robotern nutzbar.

drag&bot OS

Die drag and bot GmbH, eine Ausgründung aus dem Fraunhofer IPA und mittlerweile Teil der KEBA Group AG, entwickelt ein grafisches, Web-basiertes Roboterbetriebssystem namens drag&bot OS. Dieses soll zum einen die grafische Programmierung für jeden IR ermöglichen und zum anderen eine Plug&Play-Integration von unterschiedlicher Roboter-Hardware (Greifer, Kamera, ...) bieten. Dabei soll die Software den Weg von der Simulation bis zur Produktion abbilden und unterteilt diese dafür in verschiedene Module. Exemplarisch seien hier der Component Manager zum Konfigurieren des Roboter-Systems, der Robot Simulator zum Simulieren von Produktionsabläufen oder der Builder zum Erstellen von Roboterprogrammen genannt. Insbesondere die einfache Programmierung und die Vielzahl an unterstützenden Robotern und Peripherie zählen zu den Stärken des Systems, das im Kern auf ROS aufbaut [KEBA24].

RoboDK

RoboDK ist eine Simulationsumgebung, die eine herstellerübergreifende Offline-Programmierung außerhalb der Produktion ermöglichen soll. Sie verfügt über eine Bibliothek mit mehr als 500 Robotermodellen von über 50 Herstellern, Modellen von Werkzeugen und externen Achsen. Aufgrund der intuitiven Programmieroberfläche sollen keine Programmierkenntnisse nötig sein. Die Software hat ihre Stärken insbesondere bei den werkstückabhängigen Operationen, wie dem Entgraten, Bearbeiten oder Lackieren. Anders als bei den vorherigen Systemen übernimmt nicht die Software die Steuerung, sondern es wird ein roboterspezifischer Programmcode, vergleichbar mit der CAD-CAM-NC Prozesskette bei WZM, erstellt, der auf die Steuerung des Roboters gespielt werden muss [ROBO24].

ArtiMinds

Die Robot Programming Suite von ArtiMinds kombiniert Online- und Offline-Programmierung in einer durchgängigen Software und begleitet den Nutzer von der Planung über das Programmieren und Testen bis zur Optimierung. Auf Basis vordefinierter Bausteine kann der Ablauf per Drag&Drop, ohne Programmcodes selbst zu schreiben, erstellt werden. Darüber hinaus bietet die Software die Möglichkeit, weitere Hardware wie Greifer, Kamera oder Sensoren zu integrieren, um flexible Automatisierungslösungen zu ermöglichen. Am Ende wird wie bei RoboDK ein Robotercode erzeugt und auf die Steuerung übertragen [ARTI24].

Zwischenfazit

Keine der vorgestellten Lösungen auf dem Markt fokussiert sich primär auf die Maschinenbeschickung als alleinigen Anwendungsfall, sondern vielfach auf die einfache Programmierung und die Integration verschiedener Komponenten in eine Softwarelösung, sodass eine ganzheitliche Lösung fehlt. Bei der Ausführung der Programme wird zwischen den Lösungen unterschieden, die den Code für die Robotersteuerung erzeugen, und denen, die die Steuerung des Roboters selbst übernehmen.

2.4 Methoden zur Erstellung von Umgebungsmodellen

Methods for generating environment models

Die kollisionsfreie Bewegungsplanung von Robotern setzt die Kenntnis der Umgebungsobjekte voraus. Sind diese a priori nicht bekannt, so müssen Algorithmen entwickelt werden, wie Umgebungsmodelle möglichst automatisiert generiert werden können. Der Anwendungsbereich erstreckt sich von Anwendungen in der Landwirtschaft [GAO22], über die Rekonstruktion von Wohnungen und Gebäuden [WANG20; MABO23] bis hin zu der mobilen Robotik und dem autonomen Fahren [DA S20]. Ebenso können die grundlegenden Verfahren zur Rekonstruktion von Objekten im Bereich 3D-Druck verwendet werden [MISA19]. In dieser Arbeit liegt der Fokus auf der Erstellung von Umgebungsmodellen von IR mit einem Sensor am TCP.

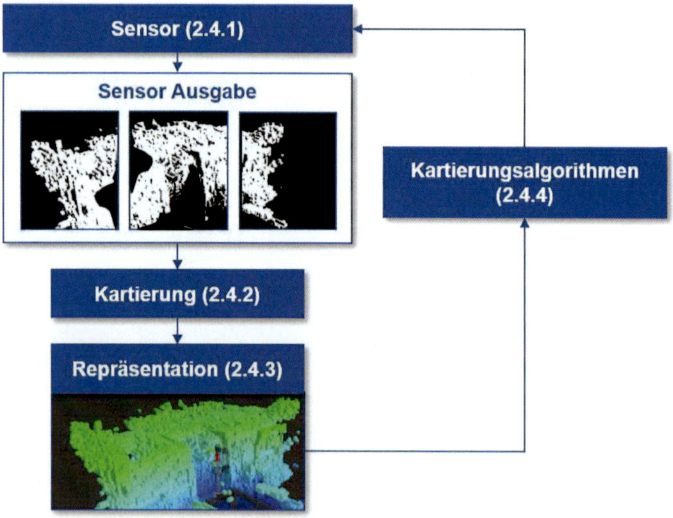

Bild 2.14: Vorgehen bei der Erstellung von Umgebungskarten

Procedure for creating environment maps

Bild 2.14 unterteilt das Vorgehen zur Erstellung von Umgebungsmodellen in vier Teilbereiche. Den Startpunkt bildet die Auswahl der passenden Sensorik. Im nächsten

Schritt müssen die einzelnen Sensorergebnisse zu einem gemeinsamen Modell zusammengefügt werden. Abhängig vom Anwendungsfall und weiteren Vorgehen können die Modelle in unterschiedlichen Formen abgespeichert und dargestellt werden. Abschließend werden Strategien und Algorithmen vorgestellt, wie unbekannte Umgebungen autonom erkundet und damit Vorgaben für neue Sensorpositionen gegeben werden können.

2.4.1 Sensorik

Für die Erstellung der 3D-Karten werden Sensoren benötigt, die die Umgebung des IR erfassen können. Daher werden in dem nachfolgenden Abschnitt die drei meistgenutzten Verfahren (LiDAR, Time-of-Flight- und Stereokameras) vorgestellt und verglichen. Als Ausgangsformat nutzen die meisten Sensoren für die 3D-Daten Punktwolken.

LiDAR

LiDAR steht für Light Detection and Ranging und stellt eine beliebte Methode zur Absicherung des Arbeitsraums oder zur Erfassung des Umfelds beim autonomen Fahren dar. Hierbei wird ein gepulstes Signal in Form eines Lasers emittiert und die Zeit, bis das reflektierte Signal wiedererkannt wird, gemessen. Mithilfe der Zeitdifferenz $t_{detect} - t_{emit}$ und der Lichtgeschwindigkeit c_0 kann die Entfernung d (in m) zu dem reflektierenden Objekt bestimmt werden [GOTZ15]:

$$\mathrm{d} = \frac{c_0 \ * \ (t_{dect} \ - \ t_{emit})}{2} \tag{1}$$

Durch eine entsprechende Mechanik, in der Regel ein kippbarer Spiegel, und eine ausreichend hohe Abtastrate kann nicht nur der Abstand zu einem Punkt gemessen werden, sondern auch die Umgebung im Zwei- bzw. Dreidimensionalen erfasst werden.

Time-of-Flight-Kamera (ToF-Kamera)

Die Funktionsweise einer ToF-Kamera ist mit der eines LiDARs vergleichbar. Im Gegensatz zum LiDAR wird jedoch die gesamte Szene gescannt und die Laufzeit des Lichts zu jedem Pixel gleichzeitig bestimmt. Somit wird die gesamte Szene mit einer einzigen Messung erfasst, anstatt sie zu scannen [ISLA16].

Aktuell kommerziell erhältliche Kameras basieren gewöhnlich auf dem Amplitude Modulated Continuous-Wave (AMCW)-Verfahren, bei dem der Abstand basierend auf der Phasenverschiebung zwischen dem ausgesendeten und dem reflektierten Licht einer helligkeitsmodulierten Lichtquelle bestimmt wird. Alternative Systeme messen die Verzögerung zwischen ausgesendetem und reflektiertem Lichtpuls, wie beim LiDAR [SARB18].

Stereokamera

Im Gegensatz zu den beiden vorangegangenen Techniken arbeitet eine Stereokamera passiv, d. h. ohne aktive Lichtemission. Mithilfe von zwei nebeneinander angeordneten Kameras werden zwei Bilder derselben Szene aus zwei verschiedenen Blickwinkeln aufgenommen, ähnlich wie beim menschlichen Sehen. Bei den Kameras kann es sich um RGB-, Grauwert- oder Infrarot-Kameras handeln. Mittels der Triangulation kann die räumliche Ausdehnung der Objekte in der Szene durch Unterschiede in der Pixelposition der entsprechenden Bildelemente berechnet werden [KRIE89]. Maßgeblich hängt das Ergebnis davon ab, wie gut ein Bildpunkt aus dem einen Bild in dem anderen Bild gefunden werden kann. In der Literatur wird dies als Korrespondenzproblem beschrieben. Für das Finden von korrespondierten Bildpunkten existieren verschiedene Ansätze [KOK19; KNOL15; NIA15; XIAO17; HAMZ10]. Klassische Ansätze basieren darauf, bestimmte Bildausschnitte oder markante Punkte, wie z. B. Kanten und Ecken, wiederzufinden. Alternative Ansätze versuchen, das Problem durch den Einsatz von KI zu lösen [ZHOU20].

Vergleich der vorgestellten Verfahren

In der nachfolgenden Tabelle werden die zuvor vorgestellten Verfahren mit ihren Vor- und Nachteilen gegenübergestellt [SILV18; MATH06; BOEH03; BLAN20].

Tabelle 2.2: Vergleich von Sensorsystemen [BLAN20]

Comparison of sensor systems [BLAN20]

	Vorteile	Nachteile
Lidar	• Sehr große Reichweite • Sehr genau • Sehr großer Sichtbereich	• Hohe Investitionskosten • Sehr großer Bauraum • Hohe mechanische Komplexität => weniger robust
ToF Kamera	• Kleine Größe • Hohe Wiederholrate • Geringe mechanische Komplexität	• Geringe Auflösung • Neigt zu Verrauschen
Stereokamera	• Geringe Investitionskosten • Hohe Auflösung • Kleine Größe • Hohe Genauigkeit • Großer Sichtbereich • Geringe mechanische Komplexität • Parallelnutzung von mehreren Kameras möglich	• Schlechte Qualität bei schlechten Lichtverhältnissen und Umgebungen mit wenig Texturen

2.4.2 Kartierung

Unter dem Begriff „Kartierung“ (engl. Mapping) werden in der Robotik- und Computer-Vision-Literatur Methoden zur Erstellung einer Umgebungskarte verstanden. Dies umfasst Methoden zur Aufbereitung der Sensordaten, zur Schätzung der Sensorposition im Raum und zur Kombination der erzeugten Daten zu einer 3D-Karte. Die Anforderungen an die eingesetzten Methoden sind abhängig von der Anwendung unterschiedlich, sodass sich Unterschiede in der Genauigkeit, der Berechnungszeit oder dem Format der Karte ergeben können. Einen Überblick über etablierte Mappingtechniken gibt S. THRUN in [THRU02].

Damit die einzelnen Messungen eines Sensors zu einer 3D-Karte zusammengesetzt werden können, ist es notwendig, die Pose des Sensors in Bezug auf seine vorherige Pose oder einen festen Referenzpunkt zu kennen. Dadurch erhalten die Daten einen räumlichen Bezug zueinander und können miteinander verknüpft werden. Es muss unterschieden werden, ob die Position des Sensors zum Zeitpunkt der Messung bekannt ist oder ob die Position während der Erstellung der Karte simultan bestimmt werden muss.

Ist die Pose nicht gegeben, wird von Simultaneous Localization and Mapping (SLAM) gesprochen, d. h. der gleichzeitigen Erstellung einer Karte und der Lokalisierung des Sensors. Die meisten SLAM-Methoden basieren auf dem Satz von Bayes, um aus vielen verrauschten Messungen ein stabiles und genaues Umgebungsmodell zu generieren und die Position des Sensors zu bestimmen [SÄRK13]. Ein möglicher Ansatz ist die Verwendung eines Kalman-Filters, der auf R. SMITH, M. SELF und P. CHEESEMAN zurückgeht [SMIT90]. Ein Vergleich zwischen verschiedenen SLAM-Algorithmen (EKF SLAM, UKF SLAM, ...) und Ansätzen wird in [KURT12; BRES17] vorgestellt.

Die Genauigkeit des Modells kann durch die Verwendung einer RGB-D-Kamera verbessert werden. Hier besteht der Vorteil, dass Farbbilder (RGB) und Tiefenbilder (D) zeitlich synchron erzeugt und lokal aufeinander abgestimmt werden, was zu einer höheren Informationsdichte der zu beobachtenden Szene führt. Für Kartierungszwecke können die Tiefeninformationen und Farbbildmerkmale verwendet werden, um ein detailliertes Umgebungsmodell zu erstellen. In [HENR12] wird ein Verfahren vorgestellt, das eine RGB-D-Kamera zur Umgebungsmodellierung verwendet. Dieses gliedert sich in die drei Teile: Alignment, Loop Closure und Registrierung.

Die Erstellung einer Umgebungskarte vereinfacht sich, wenn die Position des Sensors gegeben ist. Wird der Sensor beispielsweise an einem stationären Roboterarm befestigt, kann die Lage des Sensors mithilfe der Vorwärtstransformation des Roboters bestimmt werden. Für diesen Fall entwickelte ALBERTO ELFES bereits 1989 im Rahmen seiner Promotion einen Algorithmus zur Erkundung der Umgebung, der später als „Occupancy Grid Mapping Algorithm“ bekannt wurde und immer noch Anwendung findet [ELFE89]. Hierbei wird der Raum um den Roboter in gleich große Räume frei definierbarer Größe eingeteilt. Jeder Raum stellt eine Zelle in dem sogenannten Occupancy

Grid, vgl. **Bild 2.15**, dar. Dabei wird jeder dieser Zellen eine binäre diskrete Zustandsvariabel zugeordnet, die signalisiert, ob sie durch ein Hindernis belegt oder frei ist. Basierend auf den Ergebnissen des Tiefensensors werden die Zustände der dazugehörigen Zellen kontinuierlich aktualisiert. Durch Bewegen des Sensors im Raum kann so Stück für Stück eine Karte der Umgebung erstellt werden.

2.4.3 Repräsentation

Im vorherigen Abschnitt wurde bereits die „Occupancy Grid"-Darstellung als eine Möglichkeit für die virtuelle Repräsentation der Umgebung vorgestellt. ELFES unterteilt hierzu die Umgebung in diskrete, gleichgroße Teile und ordnet ihnen Belegungswahrscheinlichkeiten zu. Jedoch passen die erfassten Objekte selten genau in eine Zelle und sind daher meistens nur zu einem bestimmten Prozentsatz gefüllt. Daher sind die bisher diskreten Zustände (frei und belegt) zunehmend durch parametrische oder nicht-parametrische Verteilungen, wie Gaußverteilungen oder Histogramme, ersetzt worden [STAC03]. Diese enthalten die A-posteriori-Wahrscheinlichkeiten, zu welchem Prozentsatz eine Zelle gefüllt ist. Da die Zellen statistisch unabhängig voneinander sind, verfügt jede Zelle über ein eigenes Histogramm, das den Belegungszustand repräsentiert. Sobald neue Werte des Tiefensensors zur Verfügung stehen, können die Wahrscheinlichkeiten in jeder Zelle mithilfe des Satzes von Bayes aktualisiert und so die Karte verfeinert werden. Beispielhaft ist in **Bild 2.15** diese Repräsentationsform dargestellt. Die weiteren Formen werden nachfolgend erläutert.

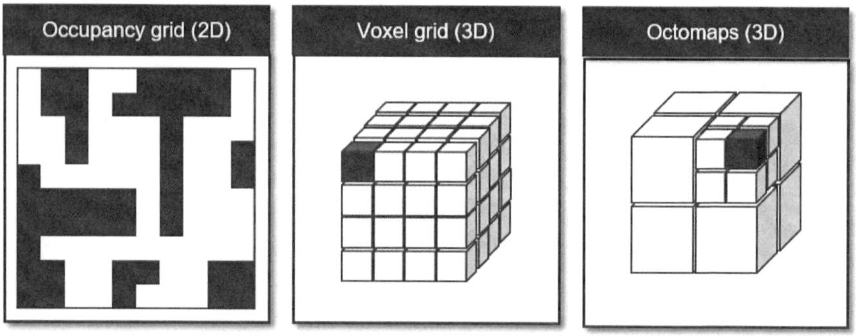

Bild 2.15: Vergleich zwischen verschiedenen Repräsentationsformaten
Comparison between different representation formats

Voxel-Darstellung

Obwohl das zuvor vorgestellte Konzept sich allein auf 2D-Karten bezieht, kann dieses ins Dreidimensionale erweitert werden. Der 3D-Raum wird hierbei in gleichgroße Würfel unterteilt, wobei die Würfel das atomare Element darstellen und im Folgenden als Voxel bezeichnet werden, analog wie ein Pixel bei einem 2D-Bild [ROTH89]. Folglich wird diese Darstellung auch als Voxel-Darstellung (engl. Voxel Grid) bezeichnet und spielt in dem Bereich der Computergrafik eine tragende Rolle. Voxel ermöglichen die flexible Nutzung von probabilistischen Modellen. ROCHA ET AL. verwenden beispielsweise anstatt diskreter Zufallsvariablen für den Belegungszustand stetige Zufallsvariablen und können so die bisher genutzten Histogramme durch Wahrscheinlichkeitsdichtefunktionen (WDF) ersetzen [ROCH05]. Dies ermöglicht neben einer deutlich kompakteren Darstellung eine effizientere Methode zum Aktualisieren der Karte.

Punktwolken

Während zuvor Punktwolken nur als Ausgabeformat von Sensoren betrachtet wurden, können sie ebenso für die Darstellung einer 3D-Karte verwendet werden. Hierbei ermöglichen sie einen hohen Genauigkeitsgrad, sind jedoch nicht in der Lage, freie oder unbekannte Bereiche darzustellen, d. h., es können nur belegte Bereiche dargestellt werden [HORN13]. Dieses Problem kann durch die Verwendung von Voxeln mit einer festen Größe gelöst werden. Jedoch führt dies wieder zu der Herausforderung, dass deutlich kleinere Objekte nur schwer abbildbar sind und dass der Speicherverbrauch aufgrund der entsprechend kleineren Größe der Voxel deutlich erhöht wird.

Octree

Eine der bedeutendsten Arbeiten für die Beschreibung der Umgebung ist die Entwicklung der Octree-Datenstruktur, denn diese löst u. a. das zuvor beschriebene Speicherproblem [MEAG82]. Wie aus dem Begriff abzuleiten ist, handelt es sich hierbei um eine hierarchische Baumstruktur. Diese kann genutzt werden, um einen beliebig großen Raum speichereffizient abzubilden. Hierzu wird der Raum in acht gleich große Voxel geteilt. Wenn in einem Voxel ein Objekt kleiner oder detailliert beschrieben werden muss, teilt es sich wieder in acht gleich große Voxel bzw. acht Knoten auf. Durch dieses rekursive Verhalten können auf der einen Seite beliebig kleine Objekte beschrieben werden, auf der anderen Seite können einzelne große Objekte nur durch einen Knoten und dementsprechend besonders speichereffizient repräsentiert werden. Aus diesem Grund eignet sich das Format auch für besonders große Umgebungen. Der einzige Nachteil besteht darin, dass in seiner Ursprungsform nur diskrete binäre Variablen dargestellt werden können, d. h. entweder besetzt oder frei.

Octomap

Aufbauend auf der Octree-Struktur entwickelten HORNUNG ET AL. das Octomap-Framework, das die bisher binäre Zustandsschätzung durch einen probabilistischen Ansatz ersetzt [HORN13]. Dies ermöglicht die Kompensation von Sensorrauschen und falschen Messungen aufgrund von Reflexionen oder dynamischen Objekten, indem mehrere unsichere Messungen zu einer einzigen robusten Messung zusammengefasst werden. Durch die Verwendung eines rekursiven binären Bayes-Filters sowie durch das Zusammenfassen (engl. Clamping) und Kürzen (engl. Pruning) innerhalb des Octrees können die Belegungszustände im Octree festgelegt oder erneuert werden.

Daraus ergibt sich die Möglichkeit einer Kombination von Messungen von verschiedenen Sensoren, die dieselbe Szene aus verschiedenen Perspektiven aufgenommen haben. Darüber hinaus ist ein weiterer Belegungszustand eingeführt, wenn Bereiche noch nicht durch Sensoren erfasst wurden, denn diese müssen neben „frei" und „belegt" bei der Pfadplanung besonders berücksichtigt und vermieden werden. Das Framework ist Open Source, erfreut sich einer hohen Beliebtheit in der Community und wird kontinuierlich weiterentwickelt. DUBERG und JENSFELT haben beispielsweise den Zustand „Unbekannt" im Gegensatz zum OctoMap-Framework explizit modelliert und können hierdurch die Performance speziell in Anwendungen mit vielen unbekannten Bereichen nachweislich deutlich steigern [DUBE20].

2.4.4 Kartierungsalgorithmen

In den vorherigen Abschnitten wurde der Weg vom Sensor zu einer zusammenhängenden Karte diskutiert. Im Folgenden soll das Explorationsproblem betrachtet werden, das behandelt, wie autonom eine Karte der Umgebung erstellt werden kann. Dies beinhaltet die Fähigkeit, die Umgebung wahrzunehmen, einen Weg in unbekannter Umgebung zu planen und Entscheidungen zu treffen, in welcher Richtung die Erkundung fortgesetzt werden soll.

Diese Entscheidungsfindung muss nicht zwingend automatisiert passieren. So präsentiert BRECHER ET. AL. in [BREC10] ein halbautomatisches System, bei welchem ein abstandsmessender Sensor, in diesem Fall ein Laserscanner, am TCP des IR befestigt wird. Durch eine Drehung in der vierten Achse wird eine initiale, grobe Umgebungskarte erzeugt. Dem Bedienenden werden anschließend mögliche Scanpositionen vorgeschlagen, welche er auswählen und automatisch oder per Teach-Pad anfahren kann [BREI15]. In [BLAN20] wird der IR durch einen Cobot ersetzt, was dem Bedienenden ermöglicht, den Roboter im Freedrive-Modus per Hand zu bewegen. Beide Vorgehen setzen aber jeweils entsprechendes Expertenwissen voraus. In [BREC13] wird ein alternatives Verfahren vorgestellt, bei welchem die Umgebung durch eine handgeführte 3D-Kamera aufgenommen wird. Dieses ist auf der einen Seite anwenderfreundlicher, da es nicht in ein Robotersystem integriert werden muss, hat aber zum Nachteil, dass die einzelnen Aufnahmen zu einer Karte zusammengeführt werden müssen, was durch die unbekannte Position des Sensors erschwert wird. Die Qualität der erstellten Karte ist somit stark von der Schätzung der Position abhängig. Das Zusammenführen der Sensordaten erfolgt in diesem Fall mit Hilfe des Iterative Closes Point (ICP) Algorithmus in Kombination mit einem Beschleunigungssensor. BREITENBACH baut in seiner Arbeit auf dieses Vorgehen auf und stellt einen Ansatz zur hybriden Zellenmodellierung vor [BREI15]. Hierbei unterscheidet er zwischen aktiven und passiven Komponenten, abhängig davon, ob diese am Produktionsprozess beteiligt sind oder nicht. Während die passiven Komponenten nach dem Scannen unverändert bleiben, versucht er die aktiven Komponenten, wie Vorrichtungen oder Roboter, durch entsprechende CAD-Modelle zu ersetzen. Der Bedienende definiert hierbei für jede aktive Komponente einen entsprechenden Suchbereich, in welchen, ebenfalls per ICP-

Algorithmus, versucht wird, das CAD-Model bestmöglich zu platzieren. Ziel hiervon ist es, den Produktionsprozess vollständig zu simulieren.

Die vorgestellten halbautomatischen Ansätze bieten die Möglichkeit, dass der Mensch in das Vorgehen miteinbezogen wird und das Verhalten aktiv steuern kann. Andererseits bindet es den Menschen auch an diese Tätigkeit. Zusätzlich muss dieser auch über entsprechendes Fachwissen verfügen, um beurteilen zu können, ob die Karte vollständig erstellt wurde und über eine für den Anwendungsfall ausreichende Qualität verfügt. Durch die Entwicklung von autonomen Fahrzeugen in den letzten Jahren sind auf dem Gebiet der autonomen Erkundung viele Fortschritte erzielt worden. Häufig stehen dabei mobile Roboter im Fokus, die unbekannte Umgebungen erkunden sollen. Da die Position der Roboter häufig unbekannt oder mit Unsicherheiten behaftet ist, kommen vielfach SLAM-Ansätze zum Einsatz. Diese Arbeit grenzt sich hiervon ab, da der Sensor am TCP befestigt ist und somit die Position des Sensors durch die inverse Kinematik des IR eindeutig bestimmt werden kann.

Unabhängig vom Anwendungsfall ist die primäre Herausforderung bei der autonomen Erkundung gleich. Das Ziel ist es, die nächste optimale Position des Sensors zu bestimmen, die die Karte ohne Berücksichtigung von Vorwissen verbessert. In der Literatur wird dies als Next Best View (NBV)-Problem beschrieben, für welches zahlreiche Lösungsstrategien, meist optimiert für unterschiedliche Anwendungsfälle, entwickelt wurden [NAAZ22; KAY21; KRIE11]. Im Kern basieren sie häufig auf zwei grundlegenden Ansätzen: der grenzgebietsbasierten Erkundung und der informationsbasierten Erkundung.

Die ersten Untersuchungen zur grenzgebietsbasierten Erkundung gehen auf YAMAUCHI ET AL. im Jahr 1997 zurück [YAMA97]. Bei dieser Erkundungstechnik gibt es vier Belegungszustände: *Grenzgebiet (engl. Frontier), Frei, Besetzt* und *Unbekannt*. Als *Grenzgebiet* wird der Raum zwischen freien, also hindernisfreien, und unbekannten Räumen definiert. Im Zuge der Erkundung bewegt sich der Roboter von Grenzgebiet zu Grenzgebiet und aktualisiert dabei kontinuierlich seine erfasste Umgebung. Der Prozess endet, sobald alle Grenzgebiete erkundet wurden. Das Verhalten dieses Algorithmus lässt sich maßgeblich dadurch beeinflussen, in welcher Reihenfolge die Grenzgebiete erkundet werden. Hierzu werden die einzelnen Grenzgebiete mit Hilfe von Kostenfunktion gewichtet. YAMAUCHI ET AL. schlugen vor, die Grenzregionen so zu sortieren, dass das nächstgelegene, größere unbekannte Gebiet immer als nächstes erkundet wird. Da dies in komplexen Umgebungen zu lokalen Minima führen kann und bekannte Gebiete erneut gescannt werden, ergänzen GAO ET AL. in der Kostenfunktion die Bewegungsrichtung [GAO18]. MOBARHANI ET AL. übertragen hingegen die Grenzgebiete in Abhängigkeit zu ihrer Richtung in ein Polar-Histogramm und wählen das Gebiet, in dessen Richtung am meisten Grenzgebiete liegen [MOBA11]. Das Ziel hiervon ist, ein Gebiet zu wählen, welches voraussichtlich den größten Informationsgewinn bietet.

Ein alternativer Ansatz für die Erkundung beruht auf Methoden aus der Entscheidungstheorie. Im Vergleich zu den zuvor diskutierten Methoden ist diese deutlich effizienter und sicherer, da eine informationstechnisch begründete Entscheidung über die nächste Sensorposition getroffen wird. Initial wird hierbei die Umgebung als unbekannt angenommen und jeder Zelle wird ein Wahrscheinlichkeitswert zugeordnet, der widerspiegelt, wie sicher der Zustand ist. Ähnlich wie bei der grenzgebietsbasierten Erkundung gibt es unterschiedliche Strategien, in welcher Reihenfolge die unbekannten Zellen erfasst werden soll. So existieren Strategien, welche nur die Distanz zwischen Zelle und Roboter berücksichtigen, andere bestimmen den Informationsgewinn, ergo wie viele Informationen werden über die Umgebung gewonnen, wenn an einer bestimmten Stelle eine Messung durchgeführt wird [STAC06]. Eine Kombination von beiden Methoden ist ebenfalls möglich, in welcher die unterschiedlichen Strategien mit einem Parameter gewichtet werden.

In der Informationstheorie beschreibt die Entropie ein Maß für die Ungewissheit [WERN08]. Das bedeutet, wenn eine hohe Ungewissheit über den Zustand einer Zelle besteht, so ist die Entropie hoch. Ist der Zustand bekannt, sinkt die Entropie auf 0, sodass das Ziel dieses Ansatzes ist, die Entropie innerhalb der gesamten Karte zu minimieren. In der Praxis ist es unmöglich, die Entropie innerhalb der Karte auf 0 zu reduzieren, weshalb STACHNISS ET AL. vorschlugen, die Vollständigkeit der Karte mithilfe von Schwellenwerten anzugeben, d. h. anzunehmen, dass die Karte vollständig ist, wenn ein bestimmtes Entropieniveau erreicht ist [STAC03].

Während die bisher vorgestellten Methoden ausschließlich 2D-Karten als Grundlage nutzen, gibt es auch Ansätze, die diese Verfahren in das Dreidimensionale übertragen. Nachfolgend wird sich auf Ansätze beschränkt, wo ein Sensor am TCP eines Roboters befestigt worden ist. Beispielsweise stellt SUPPA in seiner Arbeit ein autonom arbeitendes System vor, bei welchem verschiedene, abstandsmessende Sensoren als Endeffektor genutzt werden, um die Umgebung zu scannen [SUPP08]. Für die Bewertung der nächsten Sensorposition spielt maßgeblich der Informationsgewinn eine Rolle. Als Ausgangssituation dient hierbei eine Umgebungskarte, in welcher bereits grob unbekannte und freie Bereiche definiert wurden. DORNHEGER ET. AL. beschreiben hingehen ein Verfahren, wo nur ein bestimmter Suchbereich und nicht die gesamte Umgebung detailliert erfasst werden soll [DORN11]. Für die Erfassung nutzen sie einen mehrstufigen Ansatz, der zum einen auf dem der grenzgebietsbasierten Erkundung aufbaut und zum anderen unbekannte Bereiche in der Octomap verstärkt in den Fokus der Suche setzt.

2.5 Zusammenfassung und Bewertung

Summary and evaluation

Geprägt durch die steigenden Lohnkosten, den steigenden Fachkräftemangel und die immer kürzer werdenden Produktlebenszyklen wächst der Bedarf nach flexiblen Automatisierungslösungen. Flexible Fertigungszellen versuchen, die meist gegenläufigen

Zielgrößen Produktivität und Flexibilität in sich zu vereinen, binden die Automation jedoch fest an eine Maschine. Die temporäre Automatisierung bricht diese starre Verbindung auf und stellt eine neue Form der Automatisierung dar, die eine ortsflexible, situationsabhängige Beschickung unterschiedlicher WZM ermöglicht. Zeitgleich resultieren hieraus Herausforderungen hinsichtlich der Handhabung von Werkstücken, der Kommunikation zwischen WZM und Automation, der IBN und der Wirtschaftlichkeit eines solchen Systems, die adressiert und gelöst werden müssen.

Ein vielversprechender Ansatz könnte der Einsatz von Cobots sein, die eine neue Form der Zusammenarbeit zwischen Mensch und Roboter ermöglichen und sich per Teach-In Verfahren programmieren lassen, was insbesondere für KMU mit unerfahrenen Mitarbeitenden im Bereich Robotik attraktiv ist. Zeitglich erhöht deren Einsatz auch das Risiko für mögliche Schäden und Kollisionen. Zudem muss die Geschwindigkeit des Cobots aufgrund von Vorgaben zur Risikominimierung häufig so weit reduziert werden, dass es wirtschaftlich nicht rentabel ist. Die Offline-Programmierung stellt eine Alternative dar, ist aber aufgrund von fehlenden 3D-Modellen von der Umgebung häufig nicht möglich, weshalb die dynamische Erstellung von Umgebungskarten ein Ansatz sein könnte, dieses Problem zu adressieren.

Durch die zunehmende Digitalisierung und den Einsatz von CAx-Systemen existieren in vielen Unternehmen durchgehende digitale Prozessketten für die IBN von neuen Werkstücken auf der WZM. Die im Laufe der IBN erzeugten Daten finden jedoch selten Einzug in die IBN der Automatisierung, obwohl diese die IBN vereinfachen könnten.

Bezüglich der Kommunikation zwischen WZM und Roboter existieren unterschiedliche Ansätze, häufig proprietäre und keine herstellerübergreifenden Lösungen, die eine vollständige Interoperabilität erlauben würden. Das Kommunikationsprotokoll OPC UA verfügt über die nötigen Voraussetzungen, aber es existiert noch kein semantisches Informationsmodell für diesen Anwendungsfall.

3 Zielsetzung, Aufgabenstellung und Vorgehensweise

Assignment, objectives and modus perandi

3.1 Aufgabenstellung und Zielsetzung

Assignment and objectives

Im Stand der Technik wird aufgezeigt, dass die temporäre Automatisierung eine neue Form der Automatisierung von WZM dargestellt, die dadurch geprägt ist, die starre Verbindung im Vergleich zu den flexiblen Fertigungszellen aufzubrechen. Zeitgleich erhöht sich allerdings auch die Komplexität des Gesamtsystems. Insbesondere für unerfahrene Mitarbeitende wird die IBN zu einer nicht zu unterschätzenden Herausforderung. Es existieren zwar Lösungen auf dem Markt, deren Ziel es ist, die Automatisierung zu ermöglichen, jedoch adressiert kein System den Prozess der temporären Automatisierung vollumfänglich, sodass die vorliegende Arbeit einen Weg aufzeigt, den dargestellten Herausforderungen durch ein Gesamtsystem mit dazugehörigem Software-Framework zu begegnen. Die genannten Aspekte berücksichtigend, lautet die zu beantwortende Hauptforschungsfrage (HFF) daher:

Bis zu welchem Grad können die Inbetriebnahme- und Programmierprozesse für die temporäre Automatisierung von Werkzeugmaschinen durch den Einsatz von Cobots und die Verkettung von Informationen entlang der Lebenszyklusphasen vereinfacht werden?

Neben der grundsätzlichen Konzeption eines Gesamtsystems erfordern insbesondere die Ableitung von Informationen aus dem Engineering und die Entwicklung von Methoden zur beschleunigten IBN die Beantwortung weiterer Teilfragen (TF):

- **TF1:** Wie sieht eine Systemarchitektur für die temporäre Automatisierung von Werkzeugmaschinen aus? Insbesondere, wie sieht die Kommunikation zwischen Automation und Werkzeugmaschine aus?
- **TF2:** Welche Informationen aus dem Engineering lassen sich für den Inbetriebnahmeprozess nutzen und welche Informationen lassen sich hieraus ableiten?
- **TF3:** Wie kann das Wissen aus bereits existierenden Inbetriebnahmeprozessen auf zukünftige übertragen werden?
- **TF4:** Wie lassen sich vorhandene Restunsicherheiten hinsichtlich Prozesssicherheit und -länge minimieren?

Zur Lösung dieser Frage wird die Lösungshypothese aufgestellt, dass sich durch die Verwendung und Kombination

- von Informationen aus den Lebenszyklusphasen,
- Modellierung der Kommunikationsschnittstellen,
- Rückführung von vorhandenem Prozesswissen ins Engineering und
- Methoden zur Erstellung von Umgebungsmodellen

die benötige Zeit für die IBN und Programmierung von Robotern und die dargestellten Restunsicherheiten für die temporäre Automatisierung von Werkzeugmaschinen deutlich reduzieren lassen.

Vor diesem Hintergrund ist das Ziel dieser Arbeit die Konzeption und Implementierung einer Referenzarchitektur für die temporäre Automatisierung von Werkzeugmaschinen, auf Basis derer Mitarbeitende in die Lage versetzt werden, den Be- und Entladeprozess selbstständig und ohne externe Hilfe zu automatisieren.

3.2 Vorgehensweise der Arbeit

Modus operandi

Ausgehend vom aktuellen Stand der Technik in Forschung und Industrie wurden in **Kapitel 2** zunächst die Grundlagen der Automatisierung von Werkzeugmaschinen erörtert. Zuerst wurde ein Überblick über die verschiedenen Formen gegeben, bevor der Fokus auf die temporäre Automatisierung und die damit einhergehenden Herausforderungen gelegt worden ist. Abschließend wurden in diesem Abschnitt die aktuell eingesetzten Methoden bei der IBN von roboterbasierten Lösungen thematisiert. Daraufhin wurden aktuelle Digitalisierungstrends in fertigenden Unternehmen betrachtet. Hierbei lag der Fokus zum einen auf der CAD-CAM-NC Prozesskette, da hier wesentliche Informationen über den Fertigungsprozess und das Bauteil bereits verarbeitet werden. Zum anderen wurde die benötigte Interoperabilität auf dem Shopfloor erörtert. Für die temporäre Automatisierung soll ein kollaborativer Roboter eingesetzt werden, daher wurde in Kapitel 2.3 auf die Besonderheiten der Mensch-Roboter-Kollaboration, aktuelle Programmierverfahren und Frameworks für die Planung und Simulation eingegangen. In Kapitel 2.4 wurden daran anschließend verschiedene Methoden zur Erstellung von Umgebungsmodellen vorgestellt. Diese Modelle werden im Rahmen der IBN zur Absicherung und Optimierung des Prozessablaufs eingesetzt.

Aufbauend auf dem in Kapitel 2 gebildeten Fazit wird in **Kapitel 3** die Forschungsfrage definiert. Aus dieser leitet sich im Anschluss die Zielsetzung sowie die Vorgehensweise dieses Forschungsvorhabens ab.

Kapitel 4 dient einer umfassenden Anforderungsanalyse an das zu entwerfende Gesamtsystem bestehend aus Produkt, Werkzeugmaschine, Automation und Mensch. Zunächst werden die Anforderungen aus Sicht potenzieller Anwender des Systems zusammengefasst. Diese werden mithilfe einer Studie unter klein- und mittelständischen fertigenden Unternehmen erfasst. Innerhalb dieser Studie werden sowohl die

Ausgangssituation der Unternehmen als auch deren aktuelle Herausforderungen bei der Automatisierung von Werkzeugmaschinen erörtert. Parallel hierzu findet eine Analyse vorhandener Lösungen für die Automatisierung von WZM statt. Hierbei soll die Nutzbarkeit hinsichtlich des Anwendungsfalls bewertet und Defizite herausgestellt werden. Die Studie und die Analyse bilden die Basis für die im Anschluss abgeleiteten Anforderungen.

Ein wesentlicher Aspekt der Lösungshypothese umfasst die Konzeption einer Referenzarchitektur für die temporäre Automatisierung von WZM, die in **Kapitel 5** im Detail vorgestellt wird. Ziel dieser Architektur, die nachfolgend als „FlexARobOS“[1] bezeichnet wird, ist das Abbilden des kompletten Prozesses der temporären Automatisierung, vom Engineering über eine digitale Prozesskette bis hin zur IBN und dem eigentlichen Betrieb in einem Software-Framework. Hierdurch sollen die existierenden Lücken zwischen den einzelnen Bereichen geschlossen und ein durchgängiger Informationsfluss gewährleistet werden. So können Informationen beispielsweise aus dem laufenden Betrieb in das Engineering zurückgespielt werden, um nachfolgendende IBN, z. B. an derselben WZM, zu beschleunigen. Für die Realisierung einer solchen Plattform ist es erforderlich, zunächst die benötigten Informationen zu identifizieren und anschließend die Datenflüsse zu standardisieren. Hier sollen aktuelle Normungs- und Standardisierungsaktivitäten der Plattform Industrie 4.0 berücksichtigt werden, um eine Flexibilität und Erweiterbarkeit des Gesamtsystems zu gewährleisten [BMWK22]. Neben der Konzeptionierung des Systems stellt die generische Anbindung einer Werkzeugmaschine eine Herausforderung dar, da sowohl ältere als auch neue Maschinen integriert werden sollen. Dazu wird ein semantisches Informationsmodell – basierend auf OPC UA – entwickelt, das als universelles Gateway zur Automatisierung fungiert.

Um die Programmierung der Abläufe zu erleichtern, soll auf Basis der Informationen aus dem Engineering eine Grobstruktur generiert werden, die anschließend durch die Bedienenden parametriert und angepasst werden kann. Aufgrund der fehlenden Erfahrung von Mitarbeitenden auf dem Shopfloor bzw. ihrer eigentlichen Ausbildung in der Bedienung der Maschine kann eine kollisionsfreie und optimale Ausführung der Roboterbewegungen nicht garantiert werden. Um dies zu ermöglichen und Schäden an Roboter, Mensch und WZM zu vermeiden, sollen die programmierten Abläufe durch eine Simulation abgesichert werden. Dies setzt ein aktuelles Abbild der Umgebung voraus. Insbesondere KMU verfügen jedoch nur selten über CAD-Modelle und/oder Simulationsmodelle ihrer Produktionsanlagen oder Maschinen. Daher wird in **Kapitel 6** eine Methode zur dynamischen Erstellung von Umgebungsmodellen entwickelt, die zur Optimierung und Absicherung bestehender Abläufe genutzt werden kann. Dabei kommen unterschiedliche Sensoren und mathematische Verfahren zur Fusion einzelner Sensordaten sowie zur Erfassung der Umgebung zum Einsatz, die gegeneinander abgewogen und optimal für den Anwendungsfall parametriert werden müssen.

---

[1] FlexARobOS: FlexARob Operation System (dt. FlexARob Betriebssystem)

Die beste Möglichkeit, um eine Referenzarchitektur zu validieren, besteht in der Realisierung einer dazugehörigen Implementierung. Diese wird in **Kapitel 7** beschrieben. Im Zuge dessen werden die zuvor erarbeiteten Methoden und Konzepte, z. B. zur Ableitung von Programmabläufen aus dem CAM-Prozess oder zur dynamischen Erstellung von Umgebungsmodellen, implementiert. Als Grundlage dient das frei verfügbare Meta-Betriebssystem und Softwareframework ROS, in dem die verschiedenen Elemente als Services implementiert werden. Des Weiteren wird eine Web-basierte App auf Basis des Softwareframeworks VueJS zur Interaktion mit dem Menschen entwickelt. Abschließend werden die prototypisch implementierten Lösungsansätze anhand eines Demonstrationsszenarios evaluiert und mit den aus Kapitel 4 aufgestellten Anforderungen abgeglichen.

Die Arbeit schließt mit einer Zusammenfassung und einem Ausblick für sich ergebende Fragestellungen in Forschung und Industrie in **Kapitel 8** ab.

3.3 Grundlage der Arbeit

Die Grundlage der vorliegenden Arbeit bilden zwei Forschungsprojekte, die in den Zeiträumen 2017–2019 und 2020–2021 durch die Arbeitsgemeinschaft industrieller Forschungsvereinigungen „Otto von Guericke" e. V. (AiF) und das Bundesministerium für Wirtschaft und Klimaschutz (BMWK) gefördert wurden. Das IGF-Vorhaben „FlexARob - Werkstattorientierte Werkzeugmaschinenautomatisierung durch flexible Roboterunterstützung“ (AIF/IGF 19202 N) hat zum Ziel, die temporäre Automatisierung von WZM durch die Integration von digitalen Prozessketten zu vereinfachen. Dessen Nachfolger „FlexARob² – Minimierung von Restunsicherheiten bei der werkstattorientierten Werkzeugmaschinenautomatisierung durch flexible Roboterunterstützung“ (AIF/IGF20922 N) baut darauf auf, indem vorhandene Restunsicherheiten im Prozess minimiert werden. Teilweise sind in dieser Dissertation vorgestellte Konzepte, Methoden und Inhalte bereits als Projektergebnisse publiziert, vgl. Liste der eigenen Veröffentlichungen im Literaturverzeichnis und Schlussberichte zu den genannten IGF-Vorhaben [FORS19; FORS22].

4 Anforderungsanalyse

Requirement analysis

Gemäß Kapitel 2.1.3 existieren mehrere Methoden und Vorgehen bei der Automatisierung. Am Anfang steht häufig eine umfassende Anforderungsanalyse an das zu entwerfende Gesamtsystem bestehend aus Produkt, WZM, Roboter und Mensch. Das Ziel dieser Analyse ist es, das „Verhalten, gewünschte Eigenschaften sowie Beschränkungen zu ermitteln und zu beschreiben“ [ZIMM09]. Nach VDI 3694 passiert dies in der Regel in Form von Lasten- und Pflichtenheften [VDI 14], wobei Lastenhefte so abstrakt gestaltet werden müssen, dass sich mehrere Anbieter bewerben können, und Pflichtenhefte so konkret, dass detailliert aufgeführt ist, wie das System funktioniert [ZIMM09]. Um eine klare Trennung zwischen diesen Ebenen der Beschreibung vorzunehmen, führt SOMMERVILLE die Begriffe Benutzer- und Systemanforderung ein, die wie folgt definiert sind [SOMM18]:

- **Benutzeranforderungen** sind Aussagen in natürlicher Sprache sowie Diagramme zur Beschreibung der Dienste, die das System seinen Nutzern bieten sollte, inklusive Randbedingungen, unter denen es betrieben wird.
- **Systemanforderungen** sind detailliertere Beschreibungen der Funktionen, Dienste und Beschränkungen des Systems.

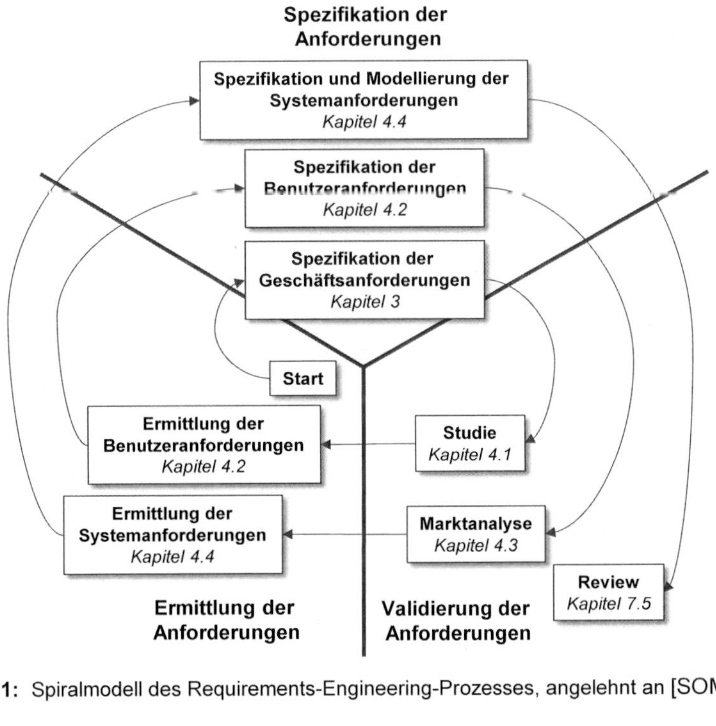

Bild 4.1: Spiralmodell des Requirements-Engineering-Prozesses, angelehnt an [SOMM18]

Spiral model of the requirements engineering process, inspired by [SOMM18]

Angelehnt an das Spiralmodell des Requirements-Engineering-Prozesses nach SOMMERVILLE, vgl. **Bild 4.1**, werden ausgehend von den Geschäftsanforderungen, das heißt die temporäre Automatisierung von WZM, die Benutzeranforderungen ermittelt. Hierzu wird eine Studie unter klein- und mittelständischen fertigenden Unternehmen durchgeführt, aus der die Anforderungen aus Sicht potenzieller Anwender hervorgehen. Die hierbei gesammelten Benutzeranforderungen werden mit existierenden Lösungen verglichen und bewertet. Im Anschluss werden die Systemanforderungen abgeleitet. Grundlage hierfür bilden die durchgeführte Studie, die Marktanalyse sowie die Interviews und Workshops mit potenziellen Endanwendern.

4.1 Studie zur Digitalisierung in der Lohnfertigung

Study on digitalisation in contract manufacturing

In Bezug auf Digitalisierung und Automatisierung in der Produktionstechnik existieren eine Vielzahl von Studien [LUDM23; BOCK23; JÄGE15]. So befragte BITCOM RESEACH 2020 502 Unternehmen mit mehr als 20 Mitarbeitenden zu dem Stand der Digitalisierung in ihrem Unternehmen im Allgemeinen [BITK20]. Über 50 % der Befragten zählten ihr Unternehmen zu den Nachzüglern oder gaben an, dass sie den Anschluss verpasst hätten. Konkreter auf die Automatisierung wird im Rahmen einer vom Land NRW in Auftrag gegebenen Studie mit dem Titel „Digitalisierungsindex von KMU in NRW 2018" eingegangen. Hier stimmen 55,4 % von 238 gefragten Unternehmen aus der Branche Industrie der Aussage mehrwiegend oder ganz zu, dass ihre Fertigung durch manuelle, nicht automatisierte Prozesse geprägt ist [WERN18]. Zusammenfassend sind die vorliegenden Studien entweder veraltet, sehr generisch oder adressieren nicht die gewünschte Zielgruppe. Das Ziel der hier durchgeführten Studie soll unter anderem sein, den aktuellen Status bezogen auf die Automatisierung von Werkzeugmaschinen im Bereich der Lohnfertigung bei KMU herauszufinden. Hierzu zählt neben der Frage des Status Quo, wie hoch der Automatisierungsgrad aktuell ist, die Frage, was die Unternehmen daran hindert, vermehrt oder überhaupt Roboter in ihrer Fertigung einzusetzen. Um diese Fragen beantworten zu können, wurde 2022 eine empirische Studie zur Digitalisierung in der Lohnfertigung durchgeführt. Im Folgenden wird sowohl auf die Ausrichtung und die Rahmenbedingungen der Studie als auch auf deren Ergebnisse näher eingegangen.

4.1.1 Ausrichtung und Randbedingungen der Studie

Focus and marginal conditions of the study

Das Ziel der durchgeführten Studie besteht darin, im Bereich der Lohnfertigung, insbesondere im Bereich der CNC Dreh- und Fräsbearbeitung, ein detailliertes Verständnis über den Status quo zu erlangen. Dabei lag der Fokus auf der digitalen Auftragsabwicklung, der Maschinendatenerfassung sowie auf dem Einsatz von Robotern, der für diese Arbeit von besonderer Relevanz ist. Im Allgemeinen waren die Fragen in die folgenden Abschnitte gruppiert:

- allgemeine Angaben zum Unternehmen,
- Produktspektrum,
- Maschinenpark,
- IT-Systeme,
- Maschinendatenerfassung,
- Planungsprozess,
- prozessspezifische Angaben sowie
- Beschickung von Maschinen.

Aus den jeweiligen Abschnitten sind dabei die folgenden Fragen für die Beantwortung der übergeordneten Fragestellung entscheidend:

- Wie groß ist die durchschnittliche Losgröße pro Bauteil? Wie lang ist die durchschnittliche Bearbeitungszeit pro Bauteil? Wie hoch ist der Anteil sich wiederholender Bauteile?
- Wie viele Werkzeugmaschinen sind im Einsatz? Wie alt sind diese im Durchschnitt?
- Welche Art von IT-Systemen, z. B. ERP, MES, CAM, werden eingesetzt – und falls nicht, warum nicht?
- Wie lange benötigt ein Mitarbeitender zum Einfahren von neuen Prozessen? Wie hoch ist der Anteil der Arbeitszeit beim Rüsten der Maschine?
- Bei wie vielen Maschinen lassen sich Spannfutter und/oder Tür automatisch öffnen und schließen? Werden Roboter zur Beschickung von Maschinen eingesetzt? Falls ja, wie viel Zeit wird zur Einrichtung für ein neues Bauteil benötigt? Falls nein, warum nicht?

Für die Durchführung der Studie wurde auf die frei verfügbare und etablierte Software „LimeSurvey" gesetzt, die sowohl das Ausfüllen eines Online-Fragebogens als auch die Erstellung einer PDF-Datei, die im Anschluss händisch ausgefüllt und digitalisiert werden konnte, ermöglicht hat [LIME24]. Von den 295 kontaktierten Unternehmen haben 58 Unternehmen an der Umfrage teilgenommen, was einer Teilnahmequote von 19,6 Prozent entspricht. 90 Prozent der zurückgemeldeten Unternehmen lassen sich darüber hinaus als KMU[2] einstufen, sodass dies eine repräsentative Studie für diese Unternehmensgröße und Branche darstellt. Jedoch haben die Unternehmen aufgrund der Anzahl an Fragen und der dafür benötigten Zeit teilweise nicht alle Fragen beantwortet. Besonders effizient war die Befragung per Telefon, da hierbei direkt Rückfragen geklärt werden konnten.

---

[2] Gemäß KMU-Definition der EU-Kommission müssen Unternehmen weniger als 250 Mitarbeitende, einen Umsatz unter 50 Mio. EUR und eine Bilanzsumme unter 43 Mio. EUR haben. Für diese Einstufung wurde aufgrund teilweise fehlender Daten nur die Anzahl der Mitarbeitenden berücksichtigt.

4.1.2 Ergebnisse der Studie

Results

Nachfolgend werden die wesentlichen Ergebnisse der Studie präsentiert. Hierbei wird insbesondere auf die zuvor ausgewählten Fragestellungen eingegangen. Eine vollständige Liste aller relevanten Fragen und Antworten befindet sich in Anhang 10.A.

Produktspektrum

Die durchschnittliche Losgröße pro Bauteil liegt bei 73 Prozent der befragten Unternehmen bei mehr als 100 Teilen, während es bei den verbleibenden Unternehmen durchschnittlich weniger als 100 waren. Bezüglich der Bearbeitungszeit gaben 37 von 55 Unternehmen an, dass diese in der Regel unter zehn Minuten liege, gefolgt von zwölf Unternehmen, wo die Zeit zwischen 10 und 30 Minuten schwankt. Beim Anteil der prozentualen sich wiederholenden Bauteile liegt der Modalwert bei 70–80 %.

Maschinenpark

Die Anzahl an WZM variiert bei den befragten Unternehmen. Somit hat die Mehrheit der Unternehmen, knapp 42,3 Prozent, in ihrer Fertigung zwischen 11 und 25 Maschinen im Einsatz. 17,3 Prozent besitzen 26 bis 50 Maschinen und 26,4 Prozent sogar mehr als 50 Maschinen. Die verbleibenden Unternehmen verfügen über weniger als elf Maschinen. Im Hinblick auf das durchschnittliche Alter der WZM sind nur knapp 50 % der befragten Unternehmen bereit, eine Aussage zu machen. Der Modalwert liegt hier bei sechs bis zehn Jahren, obwohl viele auch ein deutlich höheres Durchschnittsalter zu Protokoll gegeben haben. Dies deckt sich mit dem Kennzahlenkompass 2019 vom VDMA, in dem zehn Jahre als Durchschnittsalter angegeben worden sind [VDMA19].

Tabelle 4.1: Nutzung von Unterstützungssystemen (Anzahl der Unternehmen)

Use of support systems (Number of companies)

	ERP	MES	CAD	CAM	CAQ	DNC	BDE	MDE
System wird genutzt	41	19	40	26	29	25	38	34
System ist vorhanden, wird aber nicht genutzt	0	1	2	2	1	1	1	0
System ist nicht vorhanden, es wird darüber nachgedacht	3	2	1	3	5	5	3	5
System ist nicht vorhanden und ist uninteressant	1	10	2	4	3	4	1	5
Keine Antwort	13	26	13	23	20	23	15	14
Legende	ERP MES CAD CAM	Enterprise Resource Planning Manufacturing Execution System Computer Aided Design Computer Aided Manufacturing			CAQ DNC BDE MDE	Computer-aided quality Distributed Numerical Control Betriebsdatenerfassung Maschinendatenerfassung		

IT-Systeme

Die **Tabelle 4.1** fasst den Einsatz von IT-Systemen (ERP, MES, CAD, CAM, CAQ, DNC, BDE und MDE) in den befragten Unternehmen zusammen. Es ist zu sehen, dass das MES in den Unternehmen am wenigsten (19 Unternehmen) genutzt wird und für etwa ein Drittel der Antwortgeber uninteressant ist. Die Systeme CAD und ERP sind in rund 40 der Unternehmen in Einsatz, gefolgt von den Unterstützungssystemen BDE mit einer Nutzung in 38 Unternehmen und MDE mit einer Nutzung in 34 Unternehmen. CAQ wird in 29 Unternehmen verwendet, und die Systeme CAM und DNC in rund 25 Unternehmen.

Einfahren eines neuen Bauteils und Rüsten

Die Angabe über die benötigte Zeit für das Einfahren eines neuen Bauteils (neues NC-Programm) variiert zwischen den Unternehmen stark. Teilweise sind wenige Stunden ausreichend, andernorts werden mehr als acht Stunden benötigt. Es gilt zu beachten, dass die Zeit stark mit der Komplexität des Bauteils schwanken kann und welche Schritte zum Einfahren gezählt werden. Das Rüsten der Maschine erledigen die Mitarbeitenden der befragten Unternehmen in der Mehrheit innerhalb von einer bis zwei Stunden, aber auch hier ist die Streuung bei den Ergebnissen groß.

Beschickung von Maschinen

Bei dem Thema Ausstattung der Maschinen hinsichtlich der Automatisierbarkeit hat sich nur ungefähr die Hälfte der Unternehmen an der Umfrage beteiligt. Während die Mehrheit der Maschinen über keine Funktionalität verfügt, die Tür automatisch zu öffnen oder zu schließen, wird dies beim Spannfutter überraschenderweise vielfach bejaht. Eine mögliche Erklärung dafür könnte sein, dass die Steuerung über ein Fußpedal bereits als Automatisierung angesehen wird.

Von den 44 Unternehmen haben 15 Unternehmen angeben, jetzt schon Roboter zur Beschickung in ihrer Fertigung einzusetzen. Acht Unternehmen denken über eine Anschaffung aktuell nach, 16 sehen keinen Bedarf. Andere verbinden damit hohe Kosten und einen hohen Integrationsaufwand. Des Weiteren spielen fehlendes Fachpersonal oder der Zweifel an der Machbarkeit eine Rolle bei den Unternehmen.

Eine flexible Roboterlösung, die an mehreren Maschinen flexibel eingesetzt werden könnte, wünschen sich 20 der 44 Unternehmen. 13 Unternehmen haben sich hierzu noch keine Gedanken gemacht. Lediglich elf Unternehmen lehnen diesen Lösungsansatz ab.

Entsprechend der geringen Verbreitung von Robotern in der Fertigung unter den befragten Unternehmen ist die Antwortquote bei der Frage nach der durchschnittlichen Zeit für die Einrichtung der Automatisierung für ein neues Bauteil gering. Unter den angegebenen Antworten benötigen neun Unternehmen im Durchschnitt weniger als eine Stunde hierfür, während die verbleibenden sechs Unternehmen teilweise einen wesentlich größeren Zeitaufwand haben.

4.2 Benutzeranforderungen

User requirements

Die Beschickung von WZM durch einen Roboter gehört zu den bekanntesten Anwendungsfällen von Industrierobotern. Bereits 1982 wird über die Gründe diskutiert, die dem Einsatz in größerem Maßstab im Weg stehen [ENGE82]. Von konservativer Firmenpolitik im Werkzeugbau, über die Skepsis gegenüber neuen Technologien, der Frage der Machbarkeit oder Wirtschaftlichkeit dieser Lösungen haben viele Gründe nach wie vor auch noch heute Bestand. Nichtsdestotrotz bestand auch damals schon die Vision von einer mannlosen Fertigung [NORL82]. In den letzten Jahrzehnten haben sich sowohl die WZM als auch die dazugehörigen Automatisierungslösungen technologisch erheblich weiterentwickelt und verbessert. Maßgebliche Treiber waren die Weiterentwicklung in der Steuerungstechnik, die zunehmende Digitalisierung im Engineering als auch in der Programmierung dieser Systeme sowie die Entwicklung von kollaborativen Robotern. Angesichts der vergleichsweisen einfachen Programmierung und der geringen Anschaffungskosten der neuen Robotersysteme beschäftigten sich immer mehr KMU mit der Automatisierung ihrer unternehmensinternen Prozesse, wie auch der Beschickung von WZM. Die Ergebnisse der vorangegangenen Studie (vgl. Abschnitt 4.1) belegen den Bedarf von Unternehmen nach Lösungen, die sie flexibel an verschiedenen WZM einsetzen können. Die in der Regel vorhandenen heterogenen Maschinenparks erfordern eine hohe Flexibilität. Neben der Flexibilität gegenüber der WZM ist vor dem Hintergrund eines breiten Produktspektrums und niedrigen Stückzahlen darüber hinaus eine hohe Adaptivität hinsichtlich der zu fertigenden Bauteile notwendig. Daraus lässt sich direkt der Bedarf an eine Lösung zur effizienten IBN roboterbasierter Beschickungsprozesse ableiten.

Zudem weist das Ergebnis der Studie als primäre Gründe für die derzeitige fehlende Automatisierung die hohen Investitionskosten und den hohen Integrationsaufwand aus. Mit Blick auf den Fachkräftemangel fehlt einerseits die Zeit, Mitarbeiter zu schulen, andererseits steigt der Bedarf nach Automatisierung mit der zunehmenden Verschärfung ebendieses Mangels an Fachpersonal. Dies unterstreicht den dringenden Bedarf nach einem System zur effizienten IBN und ergänzt die Anforderung, möglichst niedrigschwellig für unerfahrene Anwender nutzbar zu sein. Im Hinblick auf die Unerfahrenheit der Anwender ist ferner die Absicherung und Optimierung von Prozessen stets sicherzustellen. Zusammengefasst ergeben sich somit aus der Studie und den parallel durchgeführten Interviews folgende zentralen Anforderungen an eine solche Lösung:

- B1 – Maschinenflexibilität;
- B2 – flexibles Werkstückhandling;
- B3 – schnelle Inbetriebnahme;

- B4 – hohe Prozesssicherheit;
- B5 – räumliche Mobilität;
- B6 – Wirtschaftlichkeit.

4.3 Analyse vorhandener Lösungen für die Beschickung von WZM

Analysis of existing solution for feeding machine tools

Auf Basis der zuvor aufgestellten Anforderungen werden in diesem Kapitel bereits auf dem Markt bestehende Systeme evaluiert. Hierzu wird zuerst eine Auswahl an existierenden Lösungen vorgestellt, bevor diese mit den Anforderungen verglichen wird.

4.3.1 Lösungen für die Beschickung von WZM auf dem Markt

Feeding solutions for machine tools on the market

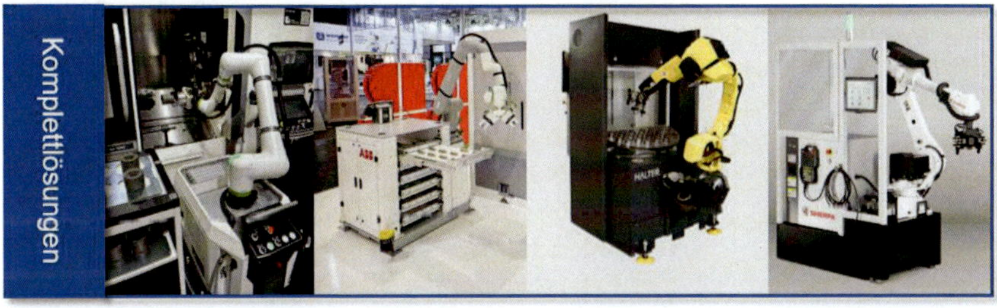

Bild 4.2: Lösungen von DMG Mori, ABB, Halter CNC Automation und SHERPA Robotics (v.l.n.r.) [ABB23; HALT24; SHER24]

Solutions from DMG Mori, ABB, Halter CNC Automation und SHERPA Robotics (f.l.t.r.) [ABB23; HALT24; SHER24]

Viele Anbieter versprechen die einfache Automatisierung einer WZM innerhalb weniger Minuten. Im Rahmen einer Marktrecherche wurden Lösungen verschiedener Anbieter näher betrachtet. Eine Auswahl ist in **Bild 4.2** dargestellt, auf die nachfolgend im Detail eingegangen wird.

DMG Mori – Robo2Go und MATRIS Light

Die Firma DMG Mori bietet verschiedene Produkte zur Automation an. Hierzu zählen auch die Produkte *MATRIS Light und Robo2Go.* Beim *MATRIS Light* handelt es sich um eine „hochflexible und kollaborative Automation für Werkstücke bis zu 5 kg“ [DMG 24b]. Diese besteht aus einer frei beweglichen Plattform mit einem Cobot der Firma Fanuc. Besonders die geringe Stellfläche von unter 1 qm zeichnet das System aus. Das Produkt *Robo2Go* benötigt hingegen deutlich mehr Platz und ist auch nicht so mobil wie das Produkt *MATRIS Light.* Jedoch ermöglicht es das Handling von Werkstücken bis zu 35 kg. Während MATRIS Light über die Benutzeroberfläche des Cobots programmiert wird, erfolgt die Programmierung beim *Robo2Go* durch eine spezielle Anwendung direkt an der Maschine. Beide werben mit der IBN neuer Werkstücke in unter fünf Minuten. Die Anbindung an die WZM erfolgt über die DMG-spezifische Roboter-Schnittstelle, sodass die Anbindung von WZM von anderen Herstellern vielmehr eine Sonderlösung darstellt.

ABB Robotics Cobot Machine Tending solution with GoFa 12

Auf der EMO 2023 stellt der Roboterhersteller ABB seine neueste Lösung für die flexible Maschinenbeschickung vor, die sowohl die Anforderungen für variantenreiche als auch kleine Aufträge bis Losgröße 1 erfüllen soll [ABB23]. Diese besteht aus dem neuen kollaborierenden Roboter *GoFa12*, einer Roboterplattform mit Schubladen für das Palettieren von Werkstücken und deren Software-Lösung, die eine einfache und intuitive Programmierung bei der IBN ermöglichen soll.

HALTER CNC Automation – Universal Compact 12

Das niederländische Unternehmen HALTER CNC Automation B.V. bietet verschiedene Komplettlösungen für die Beladung von Dreh- und Fräsmaschinen an. Abhängig von der Konfiguration erreichen die eingesetzten Roboter Traglasten von bis zu 70 kg, wiegen jedoch in Summe mehr als 800 kg, was hinsichtlich der Mobilität für eine flexible Positionierung eine starke Einschränkung darstellt. Der Aufbau beinhaltet neben dem Roboter auch ein Magazin, was auf Nachfrage individuell auf die Werkstücke angepasst werden kann. Durch die grafisch unterstützte Programmierung soll eine Einrichtungszeit von weniger als fünf Minuten möglich sein. Insbesondere wirbt die Firma mit standardisierten Schnittstellen für mehr als 30 Werkzeugmaschinenhersteller, ohne diese explizit zu beschreiben [HALT24].

SherpaLoader®

Der SherpaLoader® der deutschen Firma SHERPA Robotics GmbH besteht wie die zuvor vorgestellten Lösungen aus einem 6-Achs Industrieroboter, der abhängig von der Version bis zu 73 kg Rohmaterial handhaben kann. Bei dieser Lösung ist das am TCP verbaute Kamera-Laser-System besonders, das zum Erfassen von Werkstücken genutzt werden kann. Dies vereinfacht die Werkstückzuführung, da die Werkstücke beliebig in xy-Richtung platziert sein können, sodass aufwändiges Vorbereiten oder Umrüsten auf neue Bauteile deutlich reduziert werden kann. Zusätzlich lässt sich die Öffnungsbreite des Greifers adaptiv an die Bauteilgröße anpassen. Die Anbindung an die Werkzeugmaschine erfolgt entweder über die Kommunikationsprotokolle Profibus, ProfiNet, EtherNet/IP oder über potenzialfreie Kontakte. Somit soll hierdurch das Einrichten von neuen Bauteilen durch die intuitiv gestaltete Benutzeroberfläche innerhalb von fünf Minuten möglich sein. Jedoch wiegt die Lösung mehr als 985 kg, sodass der Roboter eher für die Automatisierung einer spezifischen WZM ausgelegt ist. [SHER24]

4.3.2 Zwischenfazit zu den vorhandenen Lösungen

Interim conclusion on the existing solutions

Es zeigt sich, dass bereits eine Vielzahl an Lösungen für die Beschickung am Markt verfügbar ist. Ein Teil dieser Systeme ist im vorherigen Abschnitt kurz vorgestellt worden. Auf Basis der Webseiten und von den Unternehmen bereitgestellten Informationen sind diese Systeme hinsichtlich der ersten fünf definierten Benutzeranforderungen (B1–B5) bewertet worden. **Bild 4.3** veranschaulicht diese Bewertungsmatrix, die als erste Einschätzung angesehen werden kann und keinen Anspruch auf Vollständigkeit und Richtigkeit hat. Aufgrund von kontinuierlichen Produktentwicklungen sowie technischen und unternehmerischen Rahmenbedingungen sind die Systeme im Einzelfall zu prüfen.

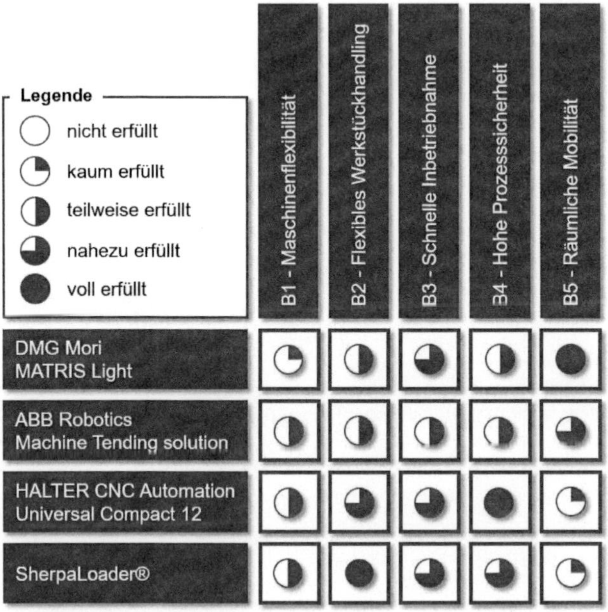

Bild 4.3: Bewertungsmatrix der Komplettlösungen bezogen auf die Benutzeranforderungen
Evaluation matrix of all-in-one solutions based on user requirements

Die Benutzeranforderung B6 (Wirtschaftlichkeit) wurde bei diesem Vergleich nicht berücksichtigt, da diese von weiteren Faktoren, wie z. B. Anzahl der Schichten, Arbeitszeit, Lohnniveau oder Marge des zu fertigenden Produkts, in den jeweiligen Unternehmen abhängt, sodass eine qualitative Bewertung nicht möglich gewesen ist.

Insgesamt kann jedoch festgestellt werden, dass es von Seiten der Integratoren, Werkzeugmaschinen- und Roboterhersteller Bestrebungen und Lösungen gibt, die temporäre Automatisierung zu ermöglichen. Vielfach weisen die Lösungen aber nur eine eingeschränkte Mobilität auf, mit Ausnahme der Lösung von DMG Mori, die allerdings nur eine eingeschränkte Anzahl von Maschinen unterstützt.

4.4 Systemanforderungen

System requirements

Basierend auf den gesammelten Benutzeranforderungen, der durchgeführten Marktanalyse von bereits erhältlichen Lösungen und Workshops mit den Teilnehmern der beiden IGF-Vorhaben, die die Grundlage dieser Arbeit bilden, wurden die einzelnen Benutzeranforderungen näher spezifiziert und in Systemanforderungen an ein zu konzeptionierendes System für die temporäre Beschickung überführt. Nachfolgend wird jede Benutzeranforderung erläutert, gefolgt von einer Liste der daraus abgeleiteten Systemanforderungen. Jede Anforderung ist dabei dahingehend klassifiziert worden, ob es sich um eine funktionale Anforderung oder um eine nicht funktionale Anforderung handelt.

B1 – Maschinenflexibilität:

Die Maschinenflexibilität erfüllt den Wunsch, verschiedene WZM von unterschiedlichen Herstellern zu beschicken. Dabei sollen sowohl ältere als auch neue Maschinen berücksichtigt werden.

Tabelle 4.2: Systemanforderungen hinsichtlich Maschinenflexibilität

System requirements with regard to machine flexibility

S1.1	**Komptabilität** – *nicht funktional* Um eine hohe Komptabilität zu ermöglichen, soll es nur eine einheitliche Schnittstelle zwischen dem zu entwickelnden System und der WZM geben.
S1.2	**Nachrüsten von älteren Maschinen** – *funktional* Die Schnittstelle soll sowohl die Anbindung von älteren als auch neuen Maschinen ermöglichen.
S1.3	**Hardware-Schnittstelle** – *funktional* Die Anbindung soll einfach, wenn möglich, nur durch einen Stecker realisiert werden.
S1.4	**Interaktionsmodell** – *funktional* Die Automation soll als Master und die WZM als Slave agieren.
S1.5	**Informationsmodell** – *funktional* Die Schnittstelle soll alle wesentlichen Informationen für die Ansteuerung der WZM beinhalten.
S1.6	**Sicherheitskonzept** – *funktional* Die Schnittstelle beinhaltet ein Konzept, wie sicherheitskritische Signale übertragen werden können.
S1.7	**Integrationsaufwand** – *nicht funktional* Der Integrationsaufwand auf Seiten der WZM soll minimal und einmalig sein.

B2 – flexibles Werkstückhandling:

Unter der Anforderung flexibles Werkstückhandling wird die Fähigkeit verstanden, verschiedene Arten von Werkstücken effizient und präzise zu handhaben. Sowohl die Hardware (Greifer- und Greiffinger) als auch die Software (Greifstrategien) müssen sich flexibel an neue Werkstücke anpassen lassen.

Tabelle 4.3: Systemanforderungen hinsichtlich flexiblem Werkstückhandling

System requirements regarding flexible workpiece handling

S2.1	**Greifer** – *funktional* Abhängig vom Bauteil sind Greifer mit unterschiedlichen Eigenschaften (Art, Anzahl der Finger, Öffnungsbreite, Prozesskraft) nötig. Diese sollen flexibel in das Gesamtsystem integrierbar sein.
S2.2	**Greifstrategien – Position** – *funktional* Die Automation soll Bauteile an einer bestimmten Position greifen können.
S2.3	**Greifstrategien – Palettieren** – *funktional* Die Automation soll in der Lage sein, Bauteile, die geordnet in der xy-Ebene liegen, nacheinander zu greifen.
S2.4	**Greifstrategien – Kiste** – *funktional* Die Automation soll in der Lage sein, Bauteile, die ungeordnet in der Kiste liegen, nacheinander zu greifen.
S2.5	**Greifposition** – *funktional* Die Bauteile sollen so gegriffen werden, dass keine Schäden an qualitätsrelevanten Bereichen oder Funktionsstellen entstehen.
S2.6	**Adaptive Greiffinger** – *funktional* Die Greiffinger sollen sich an unterschiedliche Bauteilkonturen anpassen lassen.
S2.7	**Bauteilorientierung** – *funktional* Das Bauteil muss so gegriffen werden, dass es in der richtigen Orientierung in der WZM platziert werden kann. Sollte dies nicht möglich sein, soll das Bauteil umgegriffen werden.
S2.8	**Absolutgenauigkeit** – *nicht funktional* Die Bauteile sollen mit einer hohen Präzision (<1 mm) gegriffen werden, um eine optimale Positionierung innerhalb des Spannsystems zu gewährleisten.
S2.9	**Wiederholgenauigkeit** – *nicht funktional* Um einen stabilen Prozess zu garantieren, soll das System über eine ausreichend hohe Wiederholgenauigkeit verfügen.

B3 – schnelle Inbetriebnahme:

Die angestrebte Flexibilität bezüglich der WZM führt dazu, dass die zu entwickelnde Lösung immer wieder neu in Betrieb genommen und eingerichtet werden muss. Dies resultiert in erhöhten Stillstandzeiten, weshalb die Dauer der IBN auf ein Minimum reduziert werden soll.

Tabelle 4.4: Systemanforderungen hinsichtlich einer schnellen Inbetriebnahme

System requirements for fast commissioning

S3.1	**Digitale Durchgängigkeit** – *funktional* Immer mehr Unternehmen nutzen digitale Prozessketten für die Erstellung von Programmen für die WZM. Nutzung der bereits existierenden Daten für die Beschickung.
S3.2	**Intuitive Bedienbarkeit** – *nicht funktional* Intuitive Bedienoberflächen und einfache Programmierung sollen dazu beitragen, dass auch unerfahrene Nutzer in der Lage sind, ohne große Einarbeitungszeit Abläufe zu programmieren. Ein Wechsel zwischen mehreren Sprachen erleichtert dies.
S3.3	**Schnelle Inbetriebnahme von neuen Bauteilen** - *nicht funktional* Die erforderliche Zeit für die IBN von Beschickungsprozessen neuer Bauteile ist zu minimieren.
S3.4	**Wissensmanagement** - *funktional* Die Abläufe von WZM zu WZM ähneln sich. Es sollen sich wiederholende Programmabschnitte aus vergangenen Inbetriebnahmen übernehmen lassen.
S3.5	**Selbstständigkeit** - *nicht funktional* KMU wollen eigenständig ohne Experten in der Lage sein, das System zu bedienen.
S3.6	**Erweiterbarkeit** - *nicht funktional* Kontinuierlich gibt es neue technologische Innovationen, die sich leicht in die zu entwickelnde Architektur integrieren lassen sollen. Die Architektur soll daher modular und offen sein.

B4 – hohe Prozesssicherheit:

Die zu entwickelnden Lösungen müssen eine hohe Prozesssicherheit aufweisen. Dies bedeutet, dass sie fehlerfrei und kollisionsfrei laufen. Es darf zu keinen Schäden an Maschinen oder Verletzungen bei Menschen kommen. Demnach sollen die Lösungen vielfach unbeaufsichtigt oder in einer mannlosen dritten Schicht autark laufen.

Tabelle 4.5: Systemanforderungen hinsichtlich Prozesssicherheit

System requirements with regard to process reliability

S4.1	**Kollisionsfreiheit** – *funktional* Es soll überprüft werden, dass der programmierte Ablauf kollisionsfrei abläuft.
S4.2	**Aktive Kollisionsvermeidung** – *funktional* Der programmierte Ablauf soll aktiv, wenn möglich, umgeplant werden, sodass er kollisionsfrei ist.
S4.3	**Inline Prozessüberwachung** – *funktional* Es soll überwacht werden, dass die Aktionen der einzelnen Komponenten ordnungsgemäß durchgeführt werden.

S4.4	**Arbeitssicherheit** – *funktional* Es sollen Kollisionen zwischen Mitarbeitenden und der Automation verhindert werden.

B5 – räumliche Mobilität:

Das System soll durch ein geringes Gewicht und kleine Abmessungen überzeugen, sodass es flexibel positioniert und manövriert werden kann.

Tabelle 4.6: Systemanforderungen hinsichtlich Mobilität

Systemanforderungen hinsichtlich Mobilität

S5.1	**Beweglichkeit** – *funktional* Die Automation soll über Rollen zum Bewegen verfügen.
S5.2	**Gewicht** – *funktional* Die Automation soll weniger als 100 kg wiegen, sodass sie durch einen Mitarbeitenden leicht bewegt werden kann.
S5.3	**Aufstellfläche** – *funktional* Die Automation soll weniger als 2 qm² Aufstellfläche haben, sodass sie vor jede WZM positioniert und durch enge Gänge bewegt werden kann.
S5.4	**Stabilität** – *funktional* Die Automation soll während der Nutzung stabil und waagerecht stehen.
S5.5	**Transport** – *funktional* Das System soll auch per Ameise oder Gabelstapler transportierbar sein.

B6: Wirtschaftlichkeit

Die zu entwickelnde Lösung muss für das Unternehmen wirtschaftlich rentabel sein oder unternehmerische Vorteile bringen.

Tabelle 4.7: Systemanforderungen hinsichtlich Wirtschaftlichkeit

System requirements with regard to economic efficiency

S6.1	**Investitionskosten und Return on Investment (ROI)** – *nicht funktional* Die Investitionskosten sollen sich innerhalb weniger Jahre amortisieren.
S6.2	**Dokumentation & Schulungen** – *nicht funktional* Für die Qualifizierung und Anlernphase soll die Automation ausreichend dokumentiert sein; bei Bedarf sollen Schulungen angeboten werden.
S6.3	**Zuverlässigkeit und Wartung** – *nicht funktional* Die Automation soll zuverlässig und wartungsarm sein. Zuverlässige Lösungen minimieren ungeplante Ausfallzeiten und ermöglichen eine kontinuierliche Produktion.
S6.4	**Support und Service** – *nicht funktional* Ein zuverlässiger Kundendienst, technische Unterstützung und regelmäßige Updates sind wichtig, um eventuelle Probleme schnell zu beheben und die Leistung der Automation aufrechtzuerhalten.

4.5 Zusammenfassung und Bewertung der Anforderungsanalyse

Conclusion and evaluation of the requirements analysis

Ziel der durchgeführten Anforderungsanalyse ist es, die Anforderungen an ein System für die temporäre Beschickung von WZM zu ermitteln. Vorlage war das methodische Vorgehen des aus dem Requirement-Engineering stammenden Spiralmodells von SOMMERVILLE.

Im ersten Schritt ist eine repräsentative Studie unter klein- und mittelständischen fertigenden Unternehmen durchgeführt worden, in der 58 Unternehmen, davon 90 % KMU, die Anforderungen aus ihrer Sicht als potenzieller Anwender geschildert und zudem Einblicke in aktuelle Herausforderungen gegeben haben. Diese Studie mündete in die sechs zentralen Benutzeranforderungen B1–B6.

Im Anschluss ist eine Marktanalyse durchgeführt worden. Hierbei sind zuerst vier existierende Lösungen für die Beschickung von WZM im Detail vorgestellt worden. Im Anschluss sind diese anhand der Benutzeranforderungen B1–B5 klassifiziert worden. Zusammenfassend zeigt sich, dass die Unternehmen der Lösungsanbieter das zunehmende Kundeninteresse hinsichtlich Flexibilität wahrnehmen und entsprechende Produkte entwickeln. Häufig beschränkt sich diese Flexibilität jedoch auf die Bauteile und weniger auf die WZM und die räumliche Mobilität, sodass nach wie vor Handlungsbedarf besteht.

Basierend auf der durchgeführten Studie, der Marktanalyse sowie den Interviews und Workshops mit potenziellen Endanwendern sind im Anschluss Systemanforderungen abgeleitet worden, die eine zu entwickelnde Automation erfüllen muss. Insgesamt sind 35 Benutzeranforderungen, verteilt auf sechs Systemanforderungen, ermittelt worden, die in Kapitel 7.5 zur Validierung und Evaluierung des Gesamtsystems verwendet werden.

5 Referenzarchitektur für die temporäre Automatisierung von WZM

Reference architecture for the temporary automation of machine tools

Basierend auf den im vorherigen Kapitel aufgestellten Anforderungen soll im nachfolgenden Abschnitt eine Referenzarchitektur für die temporäre Automatisierung von WZM konzeptioniert werden. Hierzu wird zuerst die grundlegende Systemarchitektur mit den zentralen Komponenten hergeleitet und deren Funktionalität beschrieben. Grundlage der Architektur bildet die ISO 23704-1, die systematisch für den Anwendungsfall erweitert wird. Im zweiten Abschnitt wird auf die Schnittstelle zwischen Automation und WZM intensiv eingegangen und eine standardisierte Schnittstelle auf Basis von OPC UA sowohl für neue als auch Bestandsmaschinen konzeptioniert. Im letzten Abschnitt werden am Beispiel eines Fertigungsauftrags die einzelnen Lebenszyklen einer temporären Automatisierung durchlaufen und hierbei aufgezeigt, welche Services nötig sind und wie durch die intelligente Verknüpfung von Daten aus den unterschiedlichen Phasen ein Mehrwert hinsichtlich der IBN erzielt werden kann, insbesondere wie die Zeit für die IBN hierdurch reduziert werden kann.

5.1 Konzeptionierung der Systemarchitektur FlexARobOS

Design of the system architecture FlexARobOS

Das Vorgehen bei der Entwicklung der Systemarchitektur, die nachfolgend als FlexARobOS bezeichnet wird, orientiert sich am Vorgehen des V-Modells [VDI 21]. Nach Definition der Anforderungen folgt das Systemdesign und die Systemarchitektur. Die zu entwickelnde Architektur hat dabei nicht den Anspruch, eine rudimentär neue Struktur zu haben, sondern sich in vorhandene, teils schon etablierte Referenzarchitekturen zu integrieren bzw. diese hinsichtlich des Anwendungsfalls, sofern nötig, zu erweitern und aufzuzeigen, wie diese verbessert, aber auch angewendet werden könnten. Im Zuge dessen wurden sowohl verschiedene Konzepte (Digitaler Zwilling, I4.0 Komponente, Verwaltungsschalen) als auch Architekturen, wie das Referenzarchitekturmodell Industrie 4.0 aus Abschnitt 2.2 näher betrachtet. Nachfolgend wird der Fokus jedoch auf die Norm ISO 23704 gelegt, welche aus den zuvor genannten Konzepten und Architekturen hervorgeht [ISO22b]. Hierbei handelt sich um eine Norm, die zum Ziel hat, einen Ordnungsrahmen hinsichtlich des grundlegenden Aufbaus einer „intelligenten" WZM zu bilden. In der Norm wird diese als „cyber-physically controlled smart machine tool systems (CPSMT)" bezeichnet [ISO22b], dessen Aufbau nachfolgend in Kapitel 5.1.1 erläutert wird. Im Anschluss erfolgt eine kritische Evaluierung dieser Norm hinsichtlich des Anwendungsfalls. Kritische Punkte werden durch entsprechende Veränderungen oder Erweiterungen adressiert, s. Kapitel 5.1.2. Im letzten Abschnitt wird die zuvor konzeptionierte Architektur weiter detailliert. Dies bezieht sich sowohl auf den Aufbau der Cloud-Applikation (5.1.3) als auch auf die Shopfloor-Applikation (5.1.4).

5.1.1 Einführung CPSMT nach ISO 23704

Introduction CPSMT according to ISO 23704

Während das RAMI 4.0 auf einer übergeordneten, abstrakten Ebene, die Beziehungen zwischen den in der Fertigung involvierten Entitäten beschreibt, zielt die ISO 23704 darauf ab, smarte bzw. intelligente WZM im Kontext Industrie 4.0 auf dem Shopfloor mit Hilfe von CPS abzubilden. **Bild 5.1** zeigt hieraus die Referenzarchitektur eines Cyber-Physically Controlled Smart Machine Tool System (CPSMT) und dessen Interaktionsbereich.

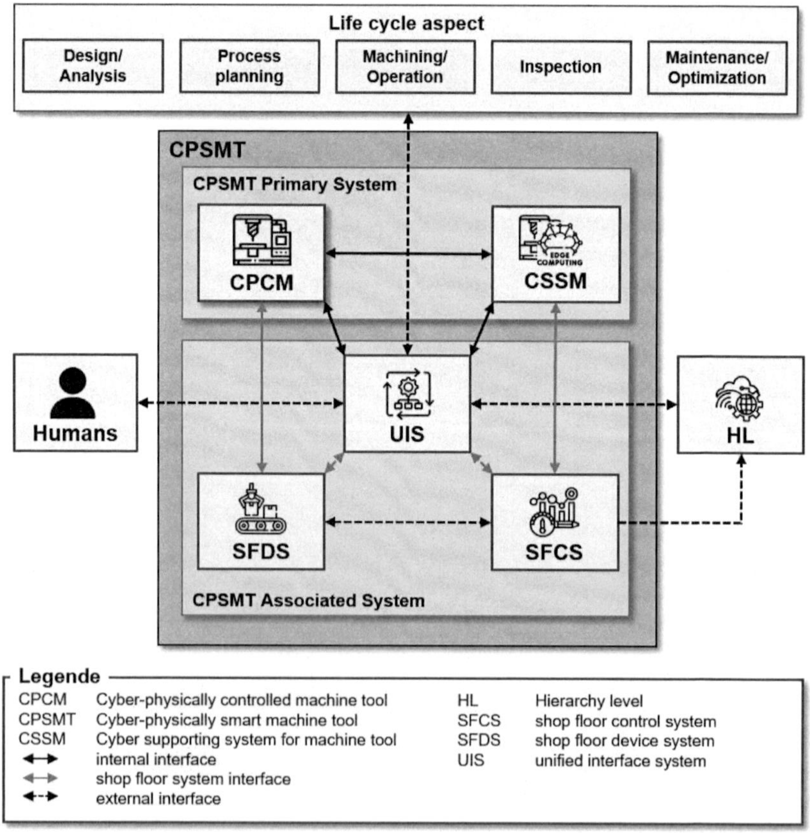

Bild 5.1: Referenzarchitektur eines CPSMT [ISO22b]

Reference architecture of a CPSMT [ISO22b]

Abhängig von der Betrachtungsweise kann die Architektur bzw. dessen Darstellung abweichen. In dieser Darstellung liegt der Fokus darauf, zu beschreiben, welche Systeme in welcher Form miteinander interagieren.

Das CPSMT ist aufgeteilt in ein primäres und ein assoziiertes System. Das primäre System besteht wiederum aus einem „Cyber-Physically Controlled Machine Tool (CPCM)", also der WZM, und einem unterstützenden System, welches in der Norm als „Cyber Supporting System for Machine Tool (CSSM)" beschrieben ist. Vereinfacht könnte dies auch als Edge-Device bezeichnet werden, denn die Aufgabe ist es, u.a. Daten der WZM zu erfassen, zu analysieren und diese zu optimieren. Neben den beiden Elementen im primären System existieren im assoziierten System noch drei weitere Elemente. Hierzu zählt das „Shop Floor Device System (SFDS)", also Geräte, die den Produktionsprozess unterstützen, aber über keine eigene Intelligenz verfügen, z. B. Späneförderer oder Handhabungsgeräte, welche direkt vom CPCM gesteuert werden. Das „Shop Floor Control System (SFCS)" hat hingegen einen übergeordneten Blick auf die Produktion, indem es von den verschiedenen Teilnehmern relevante Informationen erhält, den Gesamtprozess überwacht, KPIs berechnet und ganzheitliche Optimierungen veranlasst. Das „Unified Interface System (UIS)" kann verschiedene Formen annehmen, fungiert im Allgemeinen als Vermittler zwischen den zuvor beschriebenen Elementen, stellt aber auch die Verbindung mit dem Bedienenden, überlagerten IT-Systemen oder den verschiedenen Lebenszyklusphasen, welche eine Maschine durchlebt, her.

Bei der Kommunikation zwischen den einzelnen Elementen kann zwischen interner Kommunikation(schwarz), Kommunikation innerhalb der Produktion(grau) und externer Kommunikation(gestrichelt) unterschieden werden. Abhängig von der Realisierung der einzelnen Elemente kann die Art der Kommunikation von der Grafik abweichen.

5.1.2 Erweiteurng der Architektur um ein CPSTS

Extension of the architecture by a CPSTS

Der im vorherigen Abschnitt beschriebene Aufbau beschreibt die wesentlichen Elemente einer WZM, die auf Basis der Konzepten Industrie 4.0 agieren. Der Fokus der Norm liegt auf der WZM und deren Aufbau selbst. Im Rahmen dieser Arbeit liegt der Schwerpunkt auf der temporären Automatisierung. Eine Automation, die über die WZM gesteuert und für die Beschickung verwendet wird, könnte im Rahmen der Norm als SFDS gesehen werden. Ziel dieser Arbeit ist jedoch die flexible Beladung von WZM, also keine starre Verknüpfung zwischen WZM und Roboter, sondern eine temporäre Beschickung verschiedener WZM. Hierfür muss das System über eine eigene Intelligenz verfügen und autark agieren können, sodass der Aktionsbereich über die eigentliche Definition eines SFDS hinausgeht und es selbst zu einem CPS wird. Daher wird die vorhandene Architektur konzeptionell um ein „Cyber-Physically Smart Machine Tending System", kurz CPSTS, erweitert, welches in den nachfolgenden Abschnitten im Detail erläutert wird.

In **Bild 5.2** ist das CPSTS in die bereits aus dem vorangegangenen Abschnitt bekannte Referenzarchitektur integriert worden und stellt eine Erweiterung der grundsätzlichen Struktur und des Aufbaus dar. Das CPSTS nimmt eine gleichwertige Stellung mit dem ihm zuvor übergeordneten CPSMT ein und kann nun entsprechend autark und flexibel agieren. Der grundsätzliche Aufbau eines CPSTS ist dabei an den Aufbau eines CPSMT angelehnt und besteht ebenfalls aus einem „cyber-physically controlled machine tending system (CPCT)“, also dem Roboter samt Ausstattung, wie beispielsweise Greifer oder Kamera, und einem „cyber supporting system for machine tending system (CSST)“, welches das CPCT System in seiner operativen Tätigkeit unterstützt, indem es beispielsweise erfasste Daten analysiert, Mehrwerte in Form einer erhöhten Taktzeit schafft oder Prozesse absichert. Eine detaillierte Erläuterung folgt in Abschnitt 5.1.4.

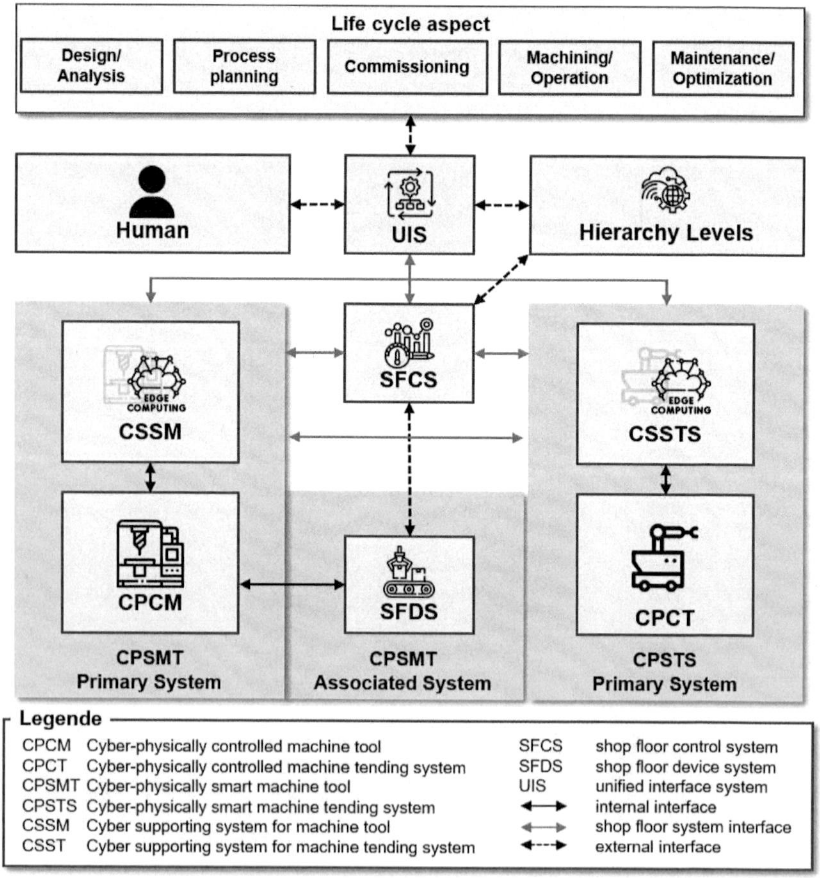

Bild 5.2: Konzeptionelle Erweiterung um ein CPSTS
Conceptual extension with a CPSTS

Im Zuge der Erweiterung wurde darüber hinaus noch eine weitere Lebenszyklusphase für die IBN eingefügt, da diese im Zusammenspiel zwischen CPSMT und CPSTS eine besondere Bedeutung hat. Die Kommunikation zwischen diesen beiden Systemen erfordert aufgrund der Komplexität und Vielzahl der Fragestellungen eine besondere Betrachtung, weshalb auf diese Aspekte in einem gesonderten Kapitel (5.2) eingegangen wird.

Aus der Erweiterung der Lebenszyklusphasen folgt auch eine Anpassung des Funktionsumfangs vom UIS, welches stärker in den Inbetriebnahmeprozess involviert sein soll. Es soll diesen unterstützen und im besten Fall beschleunigen, indem es die Daten aus den einzelnen Teilsystemen analysiert, aufbereitet und für die IBN zur Verfügung stellt. Darüber soll es als Wissensbasis dienen, sodass aus vorangegangen IBN bestimmte Abläufe wiederverwendet und gelernt werden können. Der Aufbau von diesem Teil der Architektur wird im nachfolgenden Abschnitt im Detail erläutert und nachfolgend als FlexARobOS – Cloud bezeichnet, da es sich um eine unternehmensweite Applikation handelt, an welche mehrere CPSMT und CPSTS angebunden werden können und diese als unternehmensweiter Wissensspeicher für die temporäre Automatisierung dienen soll.

5.1.3 Aufbau von FlexARobOS – Cloud

Structure of FlexARobOS – Cloud

Der strukturelle Aufbau dieser Applikation ergibt sich aus den Anforderungen an die Applikation und deren Rolle innerhalb der zuvor erweiterten Referenzarchitektur. Die interne Struktur ist angelehnt an die von OBDENBUSCH beschriebenen Referenzarchitektur für cloudbasierte Anwendungen [OBDE18] und unterteilt die Anwendung ebenfalls in mehrere Schichten. **Bild 5.3** zeigt zusammenfassend zum einen das konzeptionelle Schichtenmodell von FlexARobOS-Cloud und zum anderen deren Integration und Schnittstellen zu anderen Elementen in der zuvor abgeleiteten Architektur. Es wird deutlich, dass die Applikation eine zentrale Rolle spielt und viele Schnittpunkte zu unterschiedlichen Anwendungen hat, die wiederum vielfältige Daten sowohl in ihrer Art als auch Größe beherbergen, die es gilt, sinnvoll zusammenzuführen und zu nutzen. Dementsprechend agiert die Applikation auch stückweise als Mediator zwischen den Systemen. Aufgrund der Komplexität der einzelnen Systeme beschränkt sich diese Arbeit auf die IBN bzw. auf die Daten, die im Rahmen der temporären Automatisierung von WZM sinnvoll genutzt werden können. Jedoch lässt sich der konzeptionelle Aufbau dieser Anwendung auf weitere Bereiche erweitern.

Der grundsätzliche Aufbau besteht aus vier hierarchischen und einer vertikal angeordneten Schicht. Die unterste Schicht bildet der *Communication Layer*. Über diese Schicht wird die Verknüpfung zu den einzelnen Systemen, Elementen oder Assets auf dem Shopfloor hergestellt. Dabei kann die Kommunikation sowohl proaktiv von der Anwendung selbst als auch durch andere Entitäten erfolgen. Die Anwendung stellt zu diesem Zweck entsprechende Schnittstellen, z. B. REST-APIs, zur Verfügung. Bei der Gestaltung der Schnittstellen muss darauf geachtet werden, dass diese zum einen möglichst generisch sind, und zum anderen, dass über mehrere IT-Anwendungen hinweg die gleiche semantische Bedeutung für bestimmte Begriffe verwendet wird. Ansonsten muss eine entsprechende Transformationslogik vorgesehen werden, die die Übersetzung der Daten durchführt.

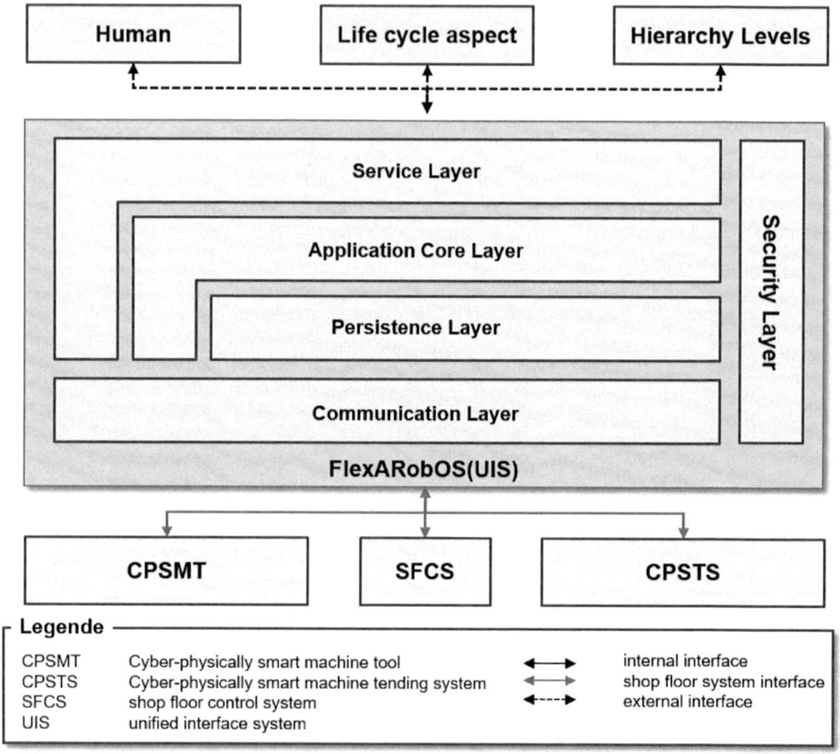

Bild 5.3: Konzeptionelles Schichtenmodell von FlexARobOS-Cloud
Conceptual layer model of FlexARobOS-Cloud

In der nächsten Ebene, dem *Persistence Layer*, werden die empfangenen Daten persistent. Dies bedeutet, dass die Daten in einer geeigneten Datenstruktur abgelegt werden müssen. Abhängig von der Art der Daten sind unterschiedliche Systeme am besten geeignet. Für die Speicherung von strukturierten Daten bieten sich beispielsweise Datenbanken an. Die jeweilige Struktur und der Aufbau leiten sich aus den jeweiligen Anwendungen ab. Im Zuge der Speicherung kann es zu einer Verdichtung und Vorverarbeitung der Informationen kommen, sofern die Rohdaten keinen direkten Mehrwert darstellen.

Aufbauend auf der vorherigen Ebene stellt die nächste Ebene, *Application Core Layer*, Basisfunktionalitäten und zentrale Dienste für die temporäre Automatisierung von

WZM zur Verfügung. Hierzu zählen allgemeine Funktionalitäten, wie die Verwaltung von Maschinen, Betriebsmitteln (Greifer, Greiffinger) und Fertigungsaufträgen, aber auch eine Benutzerverwaltung und ein Rechtesystem. Des Weiteren zählen hierzu beispielsweise spezifische Methoden zur Erzeugung von Programmabläufen auf Basis von vorhanden Informationen und Randbedingungen, wie z. B. Bauteil und Maschine oder das übergeordnete Wissensmanagement.

Der *Service Layer* bietet die Möglichkeit, die bestehende Architektur mit zusätzlichen Funktionalitäten, z. B. Plug-Ins, zu erweitern oder externe Services einzubinden. Dies ist insofern nötig, da die IT-Landschaft bei jedem produzierenden Unternehmen unterschiedlich aussieht. So können die Plug-Ins einfache Aufgaben wie den Import von spezifischen Informationen aus den jeweils eingesetzten CAM-Systemen übernehmen, aber auch Mehrwert-Dienste sind möglich. Dies bedeutet, dass beispielsweise auf Basis von vorhandenen Daten Mehrwerte für die IBN erzeugt werden, z. B. mögliche Greifpositionen für das Bauteil generiert oder aus den geplanten Greifpunkten automatisch Greiffinger für den gewählten Greifer abgeleitet werden. Diese Dienste können entweder lokal oder bei einem externen Dienstleister laufen. Durch diese Architektur ist sowohl eine flexible Anbindung an vorhandene IT-Systeme als auch die Einbindung oder der Austausch von Mehrwert-Diensten möglich.

Vertikal, parallel zu den zuvor vorgestellten Ebenen verläuft ein *Security Layer*, der dafür verantwortlich ist, dass auf den jeweiligen Ebenen die Dienste und Benutzer nur den Zugriff haben, der ihnen im Vorfeld gewährt wurde. Dies ist aus interner Sicht wichtig, da abhängig von der Hierarchie und Befugnissen unterschiedliche Rechte vorliegen können, z. B. ein Maschinenbediener muss nicht zwangsweise Zugriff auf die Erstellung der Programmabläufe haben. Aus externer Sicht, insbesondere, wenn externe Dienste eingebunden werden, ist dies nochmal wichtiger, da teilweise sensible Unternehmensdaten ausgetauscht werden.

5.1.4 Aufbau eines CPSTS

Structure of a CPSTS

Während im vorherigen Abschnitt der Fokus auf der unternehmensweiten Applikation lag, wird im nachfolgenden Abschnitt auf den Aufbau und die Funktion des CPSTS, das heißt auf die Automation, eingegangen. Der Aufbau orientiert sich dabei an dem in der Norm definierten CPSMT und ist in **Bild 5.4** dargestellt. Zum besseren Vergleich befindet sich der Aufbau eines CPSMT in Anhang 10.B.

Wie bereits im Vorherigen erläutert, unterteilt sich ein CPSMT in ein CPCT und ein CSSTS. Entsprechend der Funktionen gliedern sich diese beiden Elemente weiter und bilden ihre Spezifika aus. Das CPCT unterteilt sich in die beiden Bereiche *machine tending system (MTS)* und *cyber-physical system (CPS) unit*. Dabei beschreibt das MTS das Handhabungsgerät inkl. Werkzeugen und kann, unabhängig von seiner Realisierung, durch folgende Funktionen klassifiziert werden: den Beschickungsprozess, das Werkzeughandling, die Prozessüberwachung und die flexible Positionierung.

Der Beschickungsprozess wird noch unterteilt in den Prozessablauf, die Bahnplanung und die Steuerung, während der Prozessablauf sich auf das Zusammenspiel aller benötigten Komponenten fokussiert, insbesondere das Zusammenspiel zwischen WZM und Automation. Darauf baut die Bahnplanung auf und überführt den abstrakten Ablauf in definierte Bewegungen, z. B. des Roboters. Zusammen mit dem Ablauf und den geplanten Bahnen wird der Beschickungsprozess schließlich in der Steuerung umgesetzt, indem die entsprechenden Steuerbefehle über die Feldbusebene an die Sensoren und Aktoren weitergegeben werden. Im Allgemeinen besteht die Steuerung aus einer Robotersteuerung und einer SPS, an die weitere Komponenten flexibel, in Abhängigkeit des Anwendungsfalls, angebunden werden können. Hierzu zählen beispielsweise Kameras oder Sicherheitseinrichtungen (Lichtgitter, Lidar, ...).

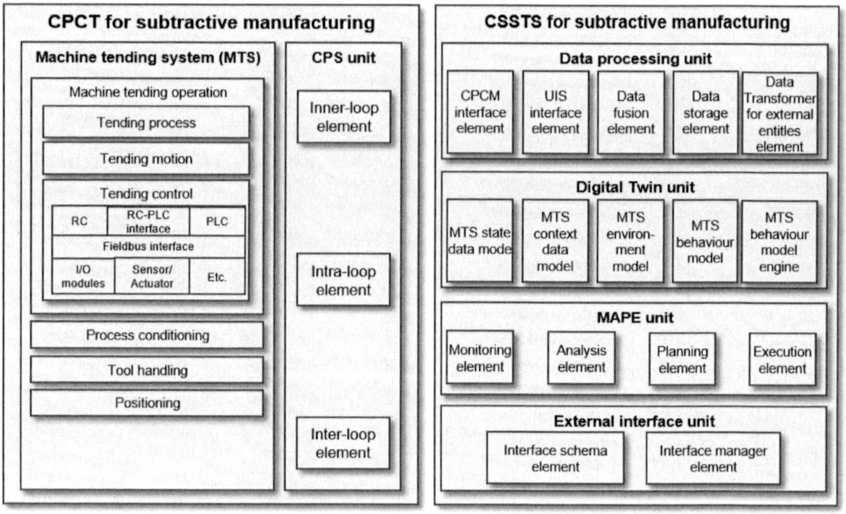

Bild 5.4: Konzeptioneller Aufbau eines CPSTS
Conceptual design of a CPSTS

Die CPS unit erweitert das *MTS* um drei Regelschleifen, die unterschiedlich tief in den Prozess eingreifen und mit anderen Systemen autark kommunizieren können. Hintergrund ist neben der Gewährleistung der Prozessstabilität auch eine Optimierung des bestehenden Ablaufs. Die *inner-loop* fokussiert sich auf die Erkennung und Behebung von Anomalien in Echtzeit: Hierbei kann es sich um Parameteranpassungen handeln. Die *intra-loop* ermöglicht keinen Zugriff in Echtzeit, kann jedoch das Bindeglied zum *CSSTS* darstellen und beispielsweise den Greifprozess unterstützen, indem sie die Ergebnisse einer parallellaufenden Bauteilerkennung zur Verfügung stellt oder den Betrieb langfristig überwacht und Anomalien feststellt. So bildet die inter-loop u. a. die Brücke zu überlagerten Systemen, wie SFCS oder FlexARobOS-Cloud, und stellt beispielsweise Prozessinformationen zur Verfügung.

Das *CSSTS* dient dazu, das *CPCT* in seinen Aufgaben zu unterstützen, was im wesentlich darauf aufbaut, die erfassten Daten vom MTS zu analysieren und hieraus Mehrwerte und Optimierung abzuleiten, weshalb es in die vier Ebenen *Data process unit*, *Digital Twin unit*, *MAPE unit* und *External interface unit* unterteilt ist. Im Rahmen von *Data process unit* können Daten auf unterschiedlichen Ebenen erfasst, zusammengefügt, gespeichert und verarbeitet werden. Dies können hochfrequente Daten wie Motorströme für eine Zustandsüberwachung oder ein Kamerastream für eine Bauteilerkennung sein, aber auch niederfrequente Daten wie der aktuelle Prozessstatus sind möglich. In der *Digital Twin unit* werden die zuvor erfassten Daten in digitale Zwillinge überführt. Abhängig von der Definition könnten diese auch als digitale Schatten bezeichnet werden, da sie immer einen bestimmten Fokus haben. So hat ein digitaler Zwilling den Fokus auf die Umgebung des Roboters. Im Zwilling gespeicherte Informationen können dem MTS im Zuge der Bahnplanung zur Verfügung gestellt werden und einen kollisionsfreien Ablauf garantieren. Die *MAPE unit* enthält Elemente, um das MTS zu überwachen, zu analysieren, zu planen und Entscheidungen abzuleiten. Abschließend dient das *External interface unit* als Verbindung zu überlagerten IT-System, Lebenszyklen oder dem Bediener. Aufgrund der modularen Struktur des CPSTS und der teilweisen schon bestehenden Grundfunktionalitäten wird nachfolgend eine Umsetzung in ROS (vgl. Kapitel 2.3.4) angestrebt.

5.2 Konzeptionierung der Schnittstelle zwischen WZM und MTS

Design of the interface between machine tool and machine tending system

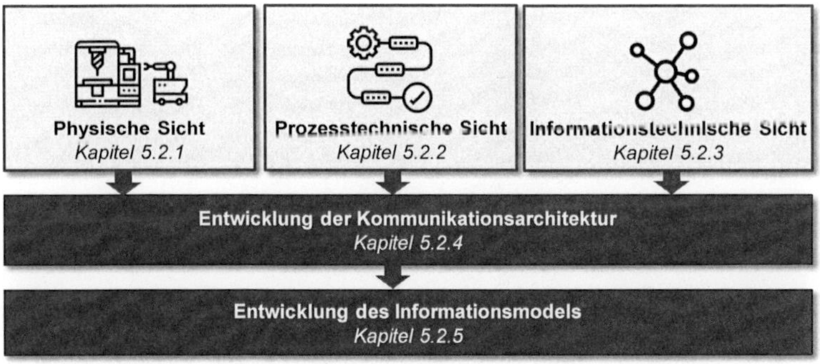

Bild 5.5: Methodisches Vorgehen bei der Konzeptionierung der Schnittstelle
Methodical approach to design the interface

In diesem Kapitel wird auf das Zusammenspiel zwischen WZM und MTS im Detail eingegangen und eine Schnittstelle konzeptioniert. Basierend auf den erhobenen Anforderungen und der daraus abgeleiteten Zielstellung wird der Beschickungsprozess aus physischer, prozesstechnischer und informationstechnischer Sicht betrachtet. Die gewonnenen Erkenntnisse münden in ein umfassendes Steuerungskonzept sowohl für die Anbindung von älteren als auch moderneren WZM. Dieses basiert auf OPC UA, sodass im daran anschließenden Abschnitt ein Informationsmodell auf Basis von existierenden Companion Spezifikationen und Normen entwickelt wird.

5.2.1 Physische Sicht

Physical view

Das Zusammenspiel von WZM und MTS aus physischer Sicht beschreibt die Anordnungen der Komponenten, deren Arbeitsräume, Sicherheitszone und Überschneidung eben dieser. **Bild 5.6** zeigt den Aufbau des Gesamtsystems. Abhängig von den räumlichen Anforderungen bei dem jeweiligen Unternehmen ergeben sich Abweichungen in der Darstellung. Grundsätzlich wird das MTS vor der WZM so platziert, dass der auf dem MTS befindliche Roboter die Aufspannposition in der WZM und die Ablagepositionen für Roh- und Fertigteile erreichen kann. Zur Erleichterung der Positionierung und Erhöhung der Prozessstabilität bieten sich Bodenmarkierungen oder mechanische Kupplungen an. Kuka beispielsweise verwendet Nullpunktspannsysteme im Boden zu diesem Zweck, was jedoch auch mit entsprechenden Kosten verbunden ist [ANDR23]. Das Referenzieren wird immer wichtiger, je autonomer das System agiert. Befindet sich der Roboter auf einem fahrerlosen Transportsystem (FTS) und übernimmt eigenständig mehrere Tätigkeiten (Mehrmaschinenbeladung, Logistiktätigkeiten, Nebentätigkeiten), so kann keine zusätzliche Programmierung oder Referenzierung durch den Mitarbeitenden vor dem Ausführen der Tätigkeit erfolgen. Hier muss eine entsprechend hohe Positioniergenauigkeit (< 1 mm) erzielt werden. Wenn der Ablauf nach der Positionierung programmiert wird, reicht in der Regel eine grobe Positionierung (< 10 cm) aus, obwohl eine hohe Genauigkeit hinsichtlich Position und Orientierung die Wiederinbetriebnahme erleichtert, da auf vorhandene Sequenzen zurückgegriffen werden kann.

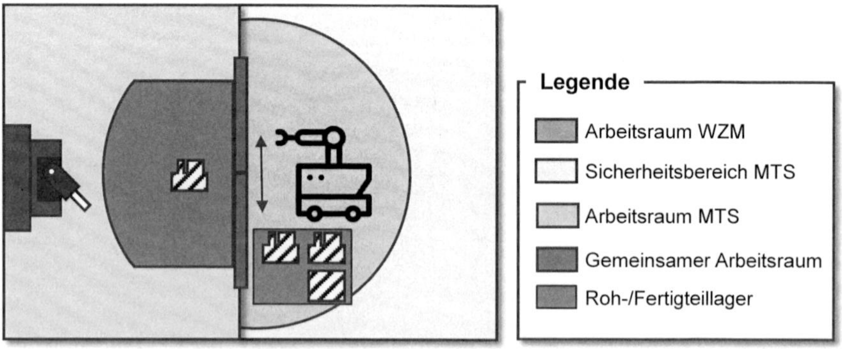

Bild 5.6: Physischer Aufbau von WZM und MTS, angelehnt an [ISO19]

Physical setup of machine tool and machine tending system, based on [ISO19]

Aus der Anordnung von WZM, MTS und Roh-/Fertigteillager ergeben sich verschiedene Zonen. In der Abbildung ist in dunkelgrau der Arbeitsraum der WZM dargestellt;

der Arbeitsraum des MTS ist hellblau. Sobald die Tür der WZM geöffnet ist, kann das MTS den Arbeitsraum der WZM betreten, woraus sich ein gemeinsamer Arbeitsraum (dunkelblau) ergibt. Innerhalb dieses Arbeitsraumes kann es zu Kollisionen kommen, sodass hier ein definiertes Verhalten und eine Kommunikation der Teilnehmer vorliegen muss. Abschließend existiert noch ein Sicherheitsbereich um das MTS, der durch entsprechende Sicherheitseinrichtungen (Zaun, Lichtgitter, Lidar) überwacht wird.

5.2.2 Prozesstechnische Sicht

Process view

In diesem Kapitel wird auf die Interaktion von MTS und WZM aus Sicht des Prozesses eingegangen. Es wird beschrieben, welche Aktion von wem ausgeführt werden muss, damit eine automatisierte Be- und Entladung einer WZM möglich ist. Der in **Bild 5.7** dargestellte Ablauf zeigt das Zusammenspiel zwischen MTS und WZM, wenn das MTS über nur einen Greifer verfügt, das heißt, nur ein Werkstück zeitgleich handhaben kann. Sollte das MTS über zwei Greifer verfügen, ergibt sich ein abgewandelter Ablauf, in dessen Folge sich die Produktivität der WZM erhöht, da die Stillstandzeiten der WZM minimiert werden. Jedoch ändert dies nur den Ablauf, aber nicht die benötigten Aktionen.

Zu Beginn des dargestellten Ablaufs wird vorausgesetzt, dass die Tür und das Spannfutter geöffnet sind und die Freigabe für den gemeinsamen Arbeitsbereich vorliegt. Den Startpunkt bildet das Greifen des Bauteils von der Ablageposition und die Positionierung im Spannfutter. Sobald das Spannfutter geschlossen ist, kann der Greifer geöffnet werden und der Roboter sich in eine Warteposition bewegen. Diese Warteposition befindet sich außerhalb des gemeinsamen Arbeitsraums, aber in unmittelbarer Nähe zur WZM, sodass eine schnelle Entnahme des Bauteils nach der Bearbeitung garantiert ist. Im Anschluss wird die Tür geschlossen und die Bearbeitung gestartet. Nachdem diese beendet ist, fährt die Spindel in eine sichere Position und gibt den gemeinsamen Arbeitsraum frei, sodass eine kollisionsfreie Entnahme möglich ist. Infolgedessen wird die Tür der WZM geöffnet und der Roboter greift das Werkstück. Sobald das Werkstück vom Spannfutter freigegeben worden ist, legt der Roboter das Werkstück auf die Ablageposition ab und der Ablauf startet erneut, bis alle Rohteile bearbeitet wurden.

In der Abbildung sind Spannfutter und Tür sowohl in der Spalte der WZM als auch des MTS eingetragen. Normalerweise sollten diese Aktionen durch die WZM ausgeführt werden. Jedoch besteht besonders bei Bestandsmaschinen die Herausforderung, dass sie nicht über die nötige Automatisierung verfügen, sodass diese Aktionen vom MTS übernommen werden müssen. Das Öffnen und Schließen der Tür können mechanisch vom Roboter übernommen werden.

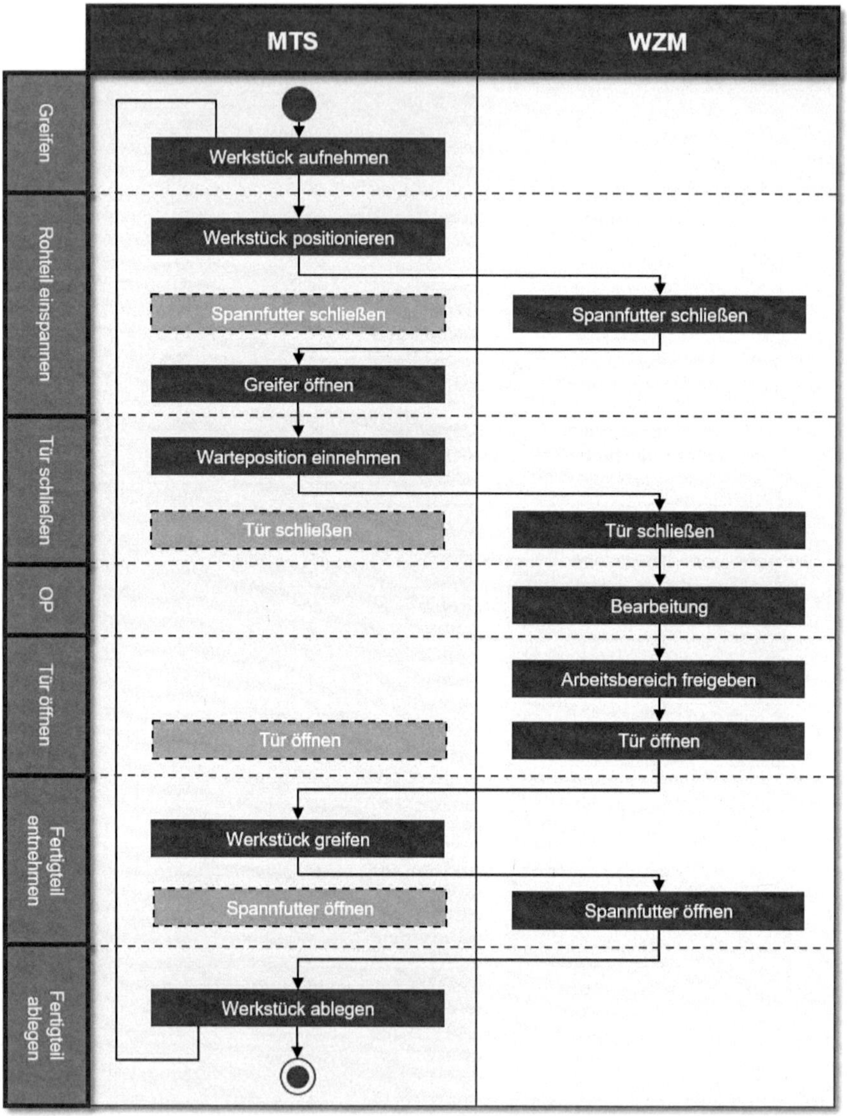

Bild 5.7: Ablaufdiagramm der Beschickung
Flow chart of the machine tending process

Abschließend muss geklärt werden, ob das MTS die WZM steuert oder ob die WZM die Beschickung koordiniert. Für die Steuerung durch die WZM spricht, dass die Bearbeitung die wertschöpfende Tätigkeit ist und Nebentätigkeiten, wie die Beladung, dieser untergeordnet sein sollten. Insbesondere im Fall einer starren Verbindung von MTS und WZM ist dies sinnvoll. Bei der temporären Automatisierung hingegen wechselt das MTS die WZM, vergleichbar wie der Mensch, der den Prozess steuert, sodass nachfolgend davon ausgegangen wird, dass die Koordinierung seitens des MTS erfolgt und dieses als Master agiert.

5.2.3 Informationstechnische Sicht

Information technology view

Im nachfolgenden Kapitel wird der Prozess aus informationstechnischer Sicht betrachtet. Ziel ist es, zu analysieren, welche Informationen und Signale benötigt werden. Die sicherheitsrelevanten Signale sind dabei gesondert zu beachten.

Die Grundlage für die Auswahl der Signale bildet neben dem vorherigen Kapitel die ISO 21919-2, in der eine Schnittstelle zwischen WZM und MTS auf Basis von binären Signalen beschrieben ist [ISO19; ISO21]. Nachfolgendend wird zuerst auf die allgemeinen Signale eingegangen, bevor die sicherheitstechnischen erläutert werden. Ausgehend von dem zuvor beschriebenen Ablauf und der Tatsache, dass ein Informationsaustausch immer dann nötig wird, wenn der andere Teilnehmer eine Aktion ausführen soll oder auf dessen Freigabe bzw. Rückmeldung gewartet wird, ergeben sich folgende Anforderungen an die Informationsbereitstellung der WZM:

Tabelle 5.1: Anforderungen an die Schnittstelle für die WZM

Requirements for the interface of the machine tool

Allgemeine Informationen
• Identifikation der WZM • Betriebszustand: In welchem Zustand befindet sich die WZM? Produziert diese gerade? Ist diese betriebsbereit? Liegt eine Störung vor? • Not-Aus: Ist der Not-Aus-Schalter aktiv? • Arbeitsraumüberwachung: Ist der Arbeitsraum der WZM zugänglich?
Beschickungsprozess
• Zustand: Ist die Maschine bereit zum Beladen? Läuft die Bearbeitung noch? Ist die Bearbeitung zeitnah beendet? Ist die Maschine bereit zum Entladen? Ist ein Fehler aufgetreten? • Funktion zum Starten der Bearbeitung • Funktion zum Beenden der Bearbeitung • Ist der gemeinsame Arbeitsraum frei und kann eine Kollision mit der Spindel ausgeschlossen werden? • Funktion zum Verfahren der Spindel in eine sichere Position

Spannfutter

- Funktion zum Öffnen des Spannfutters
- Funktion zum Schließen des Spannfutters
- Zustand: Ist das Spannfutter geöffnet, geschlossen, in Bewegung oder liegt ein Fehler vor?
- Befindet sich aktuell ein Bauteil im Spannfutter?

Tür

- Funktion zum Öffnen der Tür
- Funktion zum Schließen der Tür
- Zustand: Ist die Tür geöffnet, geschlossen oder in Bewegung oder liegt ein Fehler vor?

Analog für die WZM ergeben sich auch Anforderungen an die Informationsbereitstellung des MTS:

Tabelle 5.2: Anforderungen an die Schnittstelle für das MTS

Requirements for the interface of the machine tending system

Allgemeine Informationen

- Identifikation: Welches MTS ist es?
- Betriebszustand: In welchem Zustand befindet sich dieses? Ist dieses betriebsbereit? Liegt eine Störung vor?
- Not-Aus: Ist der Not-Aus-Schalter aktiv?
- Arbeitsraumüberwachung: Ist der Arbeitsraum des MTS frei?

Beschickungsprozess

- Zustand: Ist das MTS bereit zum Beladen? Wird die Maschine aktuell beladen? Ist das MTS bereit zum Entladen? Ist ein Fehler aufgetreten?

Von den oben beschriebenen Informationen benötigen einige Signale eine besondere Betrachtung, da diese sicherheitsrelevant sind. Um diese zu bestimmen, empfiehlt es sich, eine Matrix aufzustellen, die die Beziehung zwischen einem bestimmten Ereignis und einer geplanten Reaktion aufzeigt. **Bild 5.8** zeigt eine entsprechende Sicherheitsmatrix für den definierten Ablauf auf. Aus der Matrix folgt, dass die Informationen über den Status des Not-Aus und der Arbeitsraumüberwachung vom MTS und WZM sicherheitsrelevant sind. Darüber hinaus sind der Zustand der Tür und die Anwesenheit eines Menschen im gemeinsamen Arbeitsraum sicherheitskritisch.

Cause (Action, trigger, event):													
FU	**Description**	**Loading access closed**						**Loading access open**					
MTS	Emergency stop activated	1						1					
	Guard open		1						1				
	Main Switch off[d]			1						1			
WZM	Emergency stop activated				1						1		
	Guard open					1						1	
	Main Switch off						1						1
Reaction:													
	Description												
MTS	STOP	Yes a)	Yes b)	Yes a)	No	No	No	Yes a)	Yes b)	Yes a)	Yes b)	Yes b)	Yes b)
WZM	STOP	No	No	No	Yes a)	Yes b)	Yes a)	Yes b)	Yes b),c)	Yes b)	Yes a)	Yes b)	Yes a)

a) Stop-category according to EN 60204-1:2019, 9.2.2
b) Safety-oriented stop function (PLr = c); unexpected start (PLr=d)
c) If required for safety reasons
d) Status of main switch is not a dedicated signal at the interface

Bild 5.8: Sicherheitsmatrix für die flexible Automatisierung von WZM nach [ISO21]
Safety matrix for flexible automation of machine tools after [ISO21]

5.2.4 Entwicklung der Kommunikationsarchitektur
Development of a communication architecture

Basierend auf den Informationen aus dem vorherigen Teil der Arbeit wird nachfolgend eine Kommunikationsarchitektur entwickelt, die in der Lage ist, den Anforderungen an die temporäre Beschickung gerecht zu werden. Dabei sind sowohl der Informationsaustausch als auch die Ausführung von Aktionen zu realisieren. Des Weiteren sollte die Kommunikation standardisiert und herstellerunabhängig sein und die Möglichkeit bieten, sowohl vorhandene Maschine nachzurüsten als auch zukünftige Maschinen damit auszustatten. Ferner muss die flexible Verknüpfung zwischen den Teilnehmern gewährleistet sein. Dies bedeutet, dass über die initiale IBN der Schnittstelle hinaus keine Programmierung im Zuge der IBN nötig sein sollte, was insbesondere für die Sicherheitstechnik eine Herausforderung darstellt, da so die Auswahl an möglichen Kommunikationsprotokollen stark eingeschränkt wird.

Wie in Kapitel 2.2.2 erläutert, etabliert sich OPC UA zunehmend als Kommunikationsstandard in der Industrie und erfüllt mit der OPC UA Safety Spezifikation sogar die

Anforderungen an eine flexible Verknüpfung von WZM und MTS, unabhängig vom unterlagerten Kommunikationsprotokoll, sodass sogar eine drahtlose Kommunikation möglich wäre. Zudem verfügen immer mehr WZM bereits über einen integrierten OPC UA Server, der entsprechend erweitert werden könnte. Für ältere WZM existieren Konzepte, die analoge und digitale Signale mithilfe einer SPS in das entsprechende OPC UA Informationsmodell überführen, wodurch ein Nachrüsten bei Bestandsmaschinen möglich ist [BREC19a].

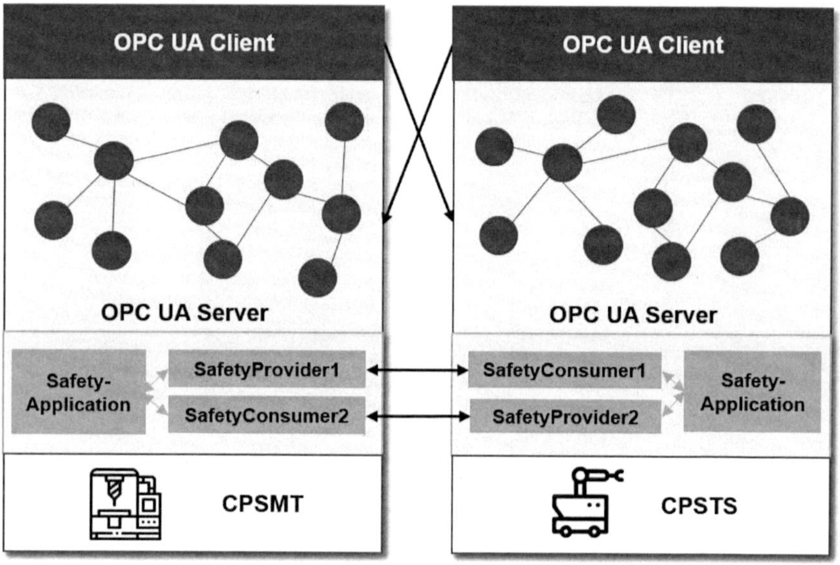

Bild 5.9: Kommunikationsarchitektur zwischen CPSMT und CPSTS
Communication architecture between CPSMT and CPSTS

Daraus ergibt sich die in **Bild 5.9** dargestellte Kommunikationsarchitektur. Sowohl die WZM als auch das MTS verfügen über einen OPC UA Server, über den sie Informationen bereitstellen, und einen OPC UA Client, mit dem sie Information abfragen oder Aktionen ausführen können. Somit existiert eine bidirektionale Verbindung zwischen den beiden Teilnehmern. Abhängig von dem Funktionsumfang und Aufbau des OPC UA Informationsmodels könnten beide Teilnehmer als Master agieren, wobei nachfolgend nur das MTS als Master betrachtet wird.

Für die sicherheitstechnische Kopplung der beiden Systeme ist auf beiden Seiten jeweils eine Sicherheits-SPS vorhanden, die über den *SafetyProvider* bestimmte Informationen zur Verfügung stellt. Der *SafetyConsumer* fragt diese Daten zyklisch ab, validiert diese entsprechend der Spezifikation und löst notfalls eine entsprechende Aktion aus. Dieses Zusammenspiel existiert bidirektional und gewährleistet so die Sicherheit des Gesamtsystems.

5.2.5 Entwicklung des Informationsmodells

Development of the information model

Nachdem zuvor die grundlegende Kommunikationsarchitektur definiert ist, liegt der Fokus hier auf der Modellierung des Informationsmodells. OPC UA erlaubt eine grundsätzlich freie Gestaltung. Um die Interoperabilität zu erhöhen und einen gleichen Aufbau hersteller- und anwendungsübergreifend zu erhalten, ist durch Arbeitsgruppen eine Vielzahl von Basisinformationsmodellen entwickelt worden, sogenannte Companion-Spezifikationen, die eine grundlegende Struktur und Basiselemente für bestimmte Zielgruppen zur Verfügung stellen. Im Kontext der WZM ist dies die OPC 40501-1 (UA for Machine Tools) [OPC 22], die die Beschreibung und Überwachung von WZM in den Vordergrund stellt.

Die bereits existierende Struktur ist übernommen und selektiv für den Anwendungsfall erweitert worden, vgl. **Bild 5.10**. Beispielsweise beschreibt das Element *Indentification*, um welche Maschine es sich handelt. Dies beinhaltet u. a. Informationen zum Hersteller, Modell oder der Seriennummer. Des Weiteren existiert das Objekt *Monitoring*, unter dem sich zwei Zustandsautomaten befinden. Der Zustandsautomat *MachineryItemState* beschreibt den allgemeinen Betriebsstatus, (Ausgeschaltet, Außerbetrieb, Betriebsbereit und Produktiv) und *MachineryOperationMode* die Art der Tätigkeit (Keine, Wartung, Bearbeitung, Einrichtung). Informationen zum Not-Aus sind nicht direkt enthalten, aber indirekt über den *SafetyProvider* abrufbar, der ergänzt wurde. Für den Beschickungsprozess wurde der Objekttyp *MachineTendingType* definiert. Dieser enthält ebenfalls einen Zustandsautomaten, der den Prozess aus Sicht des MTS beschreibt. So bestehen hier die Zustände: *Bereit zum Beladen, Bearbeitung, Bearbeitung fast fertig, Bereit zum Entladen, Fehler*. Das bedeutet, dass der Objekttyp zur Synchronisation mit dem MTS hinsichtlich des Gesamtablaufs genutzt werden kann. Dabei soll der Zustandsautomat beispielsweise erst auf *Bereit zum Entladen* wechseln, wenn sich die Spindel nicht mehr im gemeinsamen Arbeitsraum befindet. Zusätzlich ist noch eine boolesche Variable vorhanden, die diesen Zustand parallel anzeigt. Sollte wider Erwarten der Zustand auftreten, existiert eine Methode (*MoveToHomePosition*), über die die WZM in einen sicheren Zustand verfahren werden kann. Darüber hinaus gibt es eine Methode zum Starten des Bearbeitungsprozesses (*StartProduction*) als auch eine Methode zum Stoppen nach dem letzten Bearbeitungsprozess (*StopAfterCylceEnd*).

Des Weiteren können sich unterhalb dieses Elementes noch sowohl ein Objekt für die Tür als auch die Spannvorrichtung befinden, sofern sie automatisiert über die WZM gesteuert werden können. Fehlt eines dieser Objekte, so ist eine automatisierte Ansteuerung nicht möglich. Für die Spannvorrichtung ist der Objekttyp *ClampingDeviceType* definiert worden. Dieser verfügt über Methoden zum Öffnen und Schließen der Vorrichtung und einen Zustandsautomaten, der den aktuellen Zustand (Open, Geschlossen, Fehler) der Spannvorrichtung repräsentiert. Abhängig von der Ausstattung der WZM kann optional über die Variable *IsEmpty* abgefragt werden, ob sich ein Werkstück in der Spannvorrichtung befindet. Für die Tür ist ebenfalls ein Objekttyp *(MachineDoorType)* definiert worden, dessen Aufbau vergleichbar ist. So verfügt dieser auch über zwei Methoden zur Ansteuerung und einen Zustandsautomaten. Der Zustandsautomat weist zusätzlich den Zustand „In Bewegung" auf.

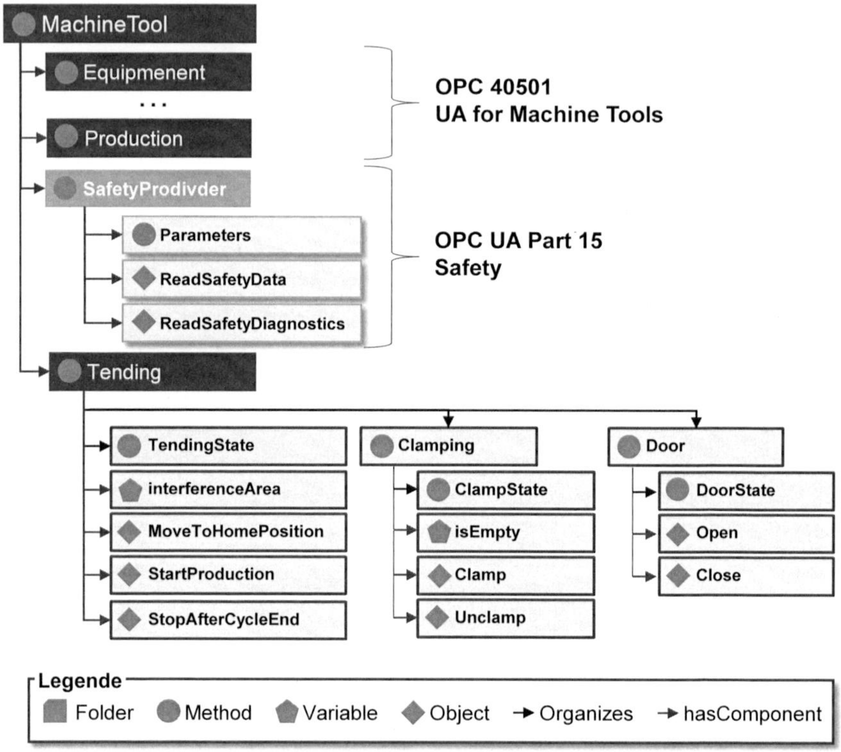

Bild 5.10: Erweitertes Informationsmodell für die WZM

Extended information model for the machine tool

Da das MTS ebenso einen OPC UA Server umfasst, ist auch hierfür ein entsprechendes Informationsmodell zu definieren. Dieses baut jedoch auf der OPC UA CS für Roboter auf [OPC 19]. Auch dieses enthält standardmäßig ein Objekt zur Identifizierung des Systems. Erweitert wurde es um einen entsprechenden *SafetyProvider*, der sicherheitsrelevante Signale abrufbar macht, und einen Zustandsautomaten, der den Beschickungsprozess aus externer Sicht widerspiegelt, vgl. **Bild 5.11**.

Im Rahmen des Verbindungsaufbaus zwischen dem MTS und der WZM muss sichergestellt werden, dass die Identität des jeweils anderen Kommunikationspartners verifizierbar ist. Dies ist insbesondere relevant, wenn die Kommunikation drahtlos passieren sollte. Ansonsten könnte fälschlicherweise eine Verbindung mit der falschen WZM initiiert werden. Daher muss die Identifikation gegenseitig bestätigt sein. Zu diesem Zweck können die benötigten Informationen zur Verifikation entweder über einen zweiten, unabhängigen Kanal übertragen oder die OPC UA internen Mechanismen genutzt werden. Ein zweiter, unabhängiger Kanal wäre über NFC oder RFID möglich. Alternativ könnte auch ein Matrix-Code mit einer dazugehörigen Kamera verwendet werden. Da bei diesen Ansätzen immer zusätzliche Hardware involviert und zusätzliche Logik in der Software benötigt wird, wird hier der Ansatz verfolgt, die internen Mechanismen in Form von Zertifikaten zu verwenden. Zertifikate bieten, sofern die Public-Key-Infrastruktur (PKI) in einem Unternehmen sinnvoll aufgebaut ist, eine effektive Möglichkeit, die Verbindung zwischen zwei Entitäten abzusichern. Weil beim Verbindungsaufbau eine Verifikation der Zertifikate zu dem im Standard definierten Ablauf erhalten ist, ist der Implementierungsaufwand über die initiale Einrichtung hinaus gering. Für noch höhere Sicherheitsanforderungen können die Zertifikate auch physisch als Bestandteil der Hardware in die Steuerung integriert werden. Auf diese Weise wird eine potenzielle softwareseitige Manipulation ausgeschlossen.

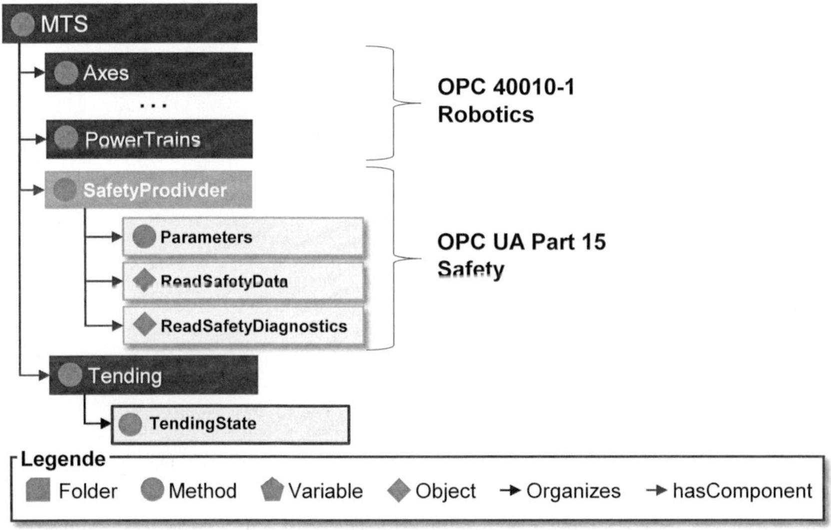

Bild 5.11: Erweitertes Informationsmodell für das MTS

Extended information model for the MTS

5.3 Entwicklung der Services entlang der Lebenszyklusphasen

Development of services along the life cycle phases

In Rahmen der Fertigung durchläuft ein Werkstück von der Konstruktion über die Planung und die Fertigung bis zur Qualitätssicherung verschiedene LZP. Dabei werden in jeder Phase Informationen hinzugefügt, Entscheidungen getroffen und die Rahmenbedingungen für die nachfolgenden Phasen spezifiziert, sodass das gefertigte Bauteil am Ende des Prozesses die am Anfang definierten Anforderungen erfüllt. Der Fokus dieser Arbeit liegt auf der temporären Automatisierung von WZM, weshalb nachfolgend analysiert werden soll, welche Informationen aus welcher Phase für eine beschleunigte IBN genutzt werden können, wie diese verknüpft werden können und welche zusätzlichen Services darüber hinaus benötigt werden, um im Anschluss daran den generierten Mehrwert evaluieren zu können. Um diesen Prozess anschaulich darzustellen, wird ein durchgängiges Beilspiel eingeführt, das in den jeweiligen Phasen aufgegriffen wird.

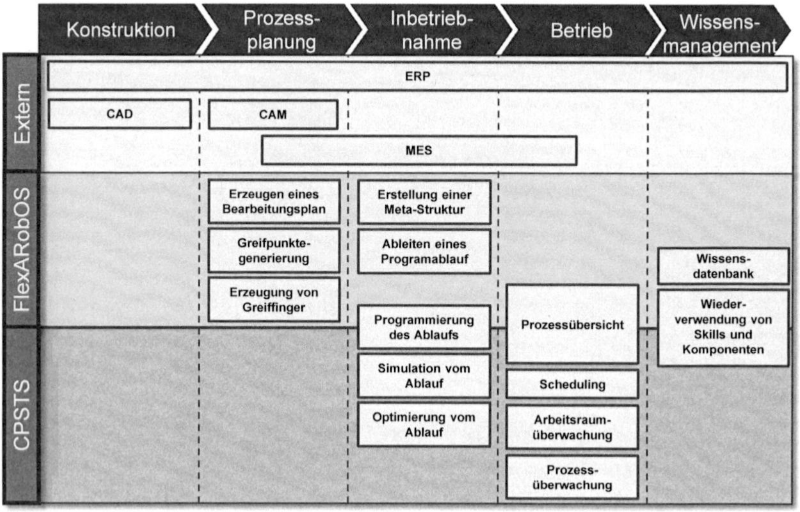

Bild 5.12: Services entlang der Lebenszyklusphasen
Services along the life cycle phases

Bild 5.12 gibt einen Überblick über die Services, die ein Bauteil in den jeweiligen Phasen von links nach rechts durchläuft. Horizontal ist die Grafik zusätzlich in die drei Ebenen CPSTS, FlexARobOS-Cloud und externe IT-Dienste unterteilt worden, um die Services hinsichtlich dieser drei Ebenen ebenfalls zu klassifizieren und so ein vollumfängliches Bild über die zu konzeptionierenden Services zu erzeugen.

5.3.1 Einführung eines durchgängigen Beispiels

Introduction of an integrative example

Stellvertretend für mögliche Aufträge in der Lohnfertigung wird nachfolgend zum einen die Fertigung eines Getriebedeckels als auch die eines Zahnrads betrachtet, vgl. **Bild 5.13**. Der Getriebedeckel wird zurzeit auf einem 3-Achs-Bearbeitungszentrum von zwei Seiten gefertigt. Als Bauteil für eine Drehmaschine fungiert ein Zahnradrohling, der aufgedreht werden soll. In beiden Fällen erfolgt die Beschickung aktuell durch einen Mitarbeitenden und soll zukünftig automatisiert werden.

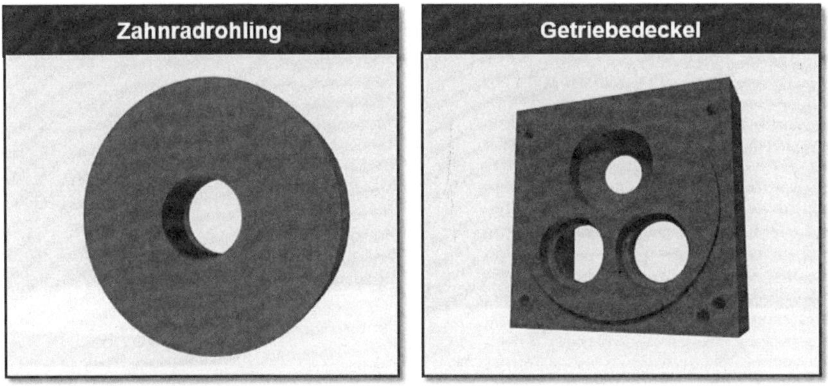

Bild 5.13: Zahnradrohling (links) und Getriebedeckel (rechts)
Gear wheel blank (left) and gearbox cover (right)

5.3.2 Lebenszyklusphase: Auftragseingang/Konstruktion

Life cycle phase: Incoming orders/construction

Den Startpunkt der Analyse bildet der Eingang eines Auftrags. Zu diesem Zeitpunkt sind bereits im Rahmen vorangegangener Gespräche mit dem Auftraggeber CAD-Anpassung, wie etwa die fertigungsgerechte Konstruktion oder die Anpassung von Toleranzen, vorgenommen und als ausreichend bewertet worden. Abhängig davon, ob es sich um einen internen oder externen Auftrag handelt, kann es zu Unterschieden bei der Bereitstellung von Planungsdaten kommen. So erhalten Lohnfertiger häufig vereinfachte CAD-Dateien oder sogar nur Zeichnungen mit den entsprechenden Bemaßungen und Toleranzen, da der Auftraggeber seine Produkte vor Dritten schützen möchte. Die in Unternehmen immer häufiger eingesetzten digitalen Prozessketten fordern ihrerseits jedoch die Bereitstellung von intelligenten Ausgangsdateien, in denen sich unter anderem Informationen zu Material, Toleranzen, Oberflächenqualitäten oder Funktionsflächen finden lassen. Das führt dazu, dass dieser Digitalisierungsprozess von den Auftragnehmern basierend auf den Vorgaben, z. B. Lastenheft und Zeichnungen, erfolgen muss. Bei einem internen Auftrag hingegen liegen die Dateien häufig bereits in ausreichender Qualität vor und müssen ggf. nur um fehlende Informationen ergänzt werden. Die Informationen können entweder gemäß den geltenden Normen, z. B. ISO 22093 [ISO11], oder wie in **Bild 5.14** über Flächeneigenschaftswerte kodiert werden. In dem Bild steht die Farbe Rot für eine qualitätsrelevante Oberfläche und die Farbe Blau für eine bevorzugte Greiffläche. Farben bieten eine einfache Art und Weise, um zusätzliche Informationen in einem Model zu hinterlegen, setzen jedoch voraus, dass die nachfolgenden Systeme diese Farben/Informationen auch interpretieren können und es einen definierten Standard gibt. Um eine entsprechende Flexibilität und Kompatibilität bei den IT-Systemen zu ermöglichen, ist die Nutzung von Normen an dieser Stelle zu bevorzugen.

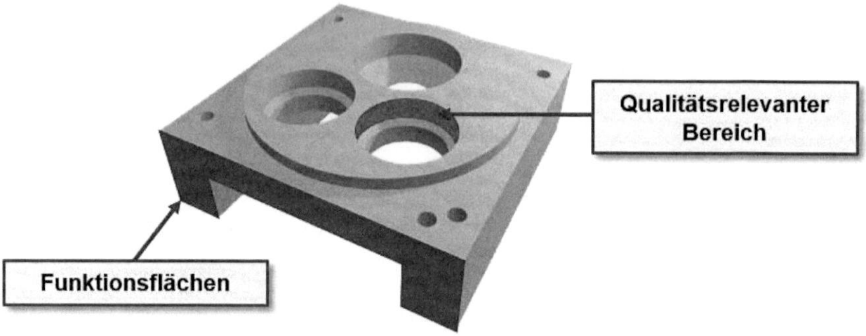

Bild 5.14: Getriebedeckel mit farblich markierten Bereichen

Gearbox cover with colour-coded areas

5.3.3 Lebenszyklusphase: Prozessplanung

Life cycle phase: Process planning

Im Zuge der Prozessplanung durchläuft das Bauteil zunächst den CAM-Planungsprozess, bevor darauf aufbauend die Planung des Beschickungsprozesses stattfindet, der in dieser Arbeit im Hauptfokus steht. Ziel dieser Planung ist es, den groben Ablauf der Beschickung so weit zu definieren, dass die anschließende IBN auf ein Minimum reduziert werden kann. Hierzu können auch Dienste zählen, die Betriebsmittel wie z. B. Greiffinger basierend auf den Planungsdaten automatisiert erzeugen. **Bild 5.15** fasst dieses Vorgehen zusammen und gibt einen Überblick.

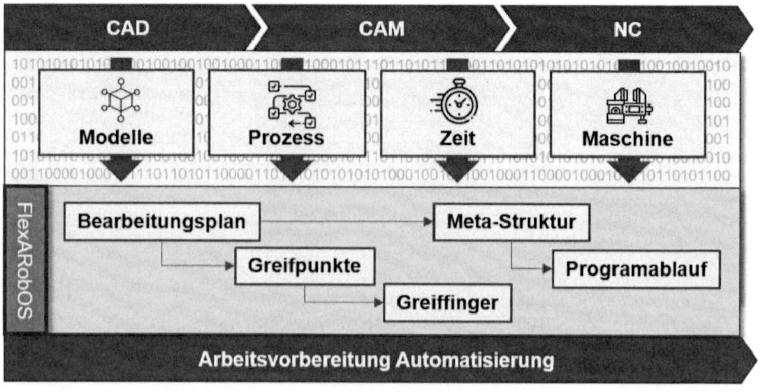

Bild 5.15: Verkettung von Informationen aus der CAD-CAM-NC-Prozesskette

Linking of information along the CAD-CAM-NC process chain

CAM-Planung

Die CAM-Planung ist mittlerweile eine etablierte Methode in der Prozessplanung der zerspanenden Fertigung und wird immer häufiger von Unternehmen eingesetzt [HEHE20]. Nach WELLMANN wird schon heute im NC-Zerspanprozess eine Vielzahl von Daten und Informationen erzeugt, die genutzt werden könnten [WELL19]. Im Rahmen dieser Planung werden die benötigten Bearbeitungsoperationen definiert, um aus einem Rohteil ein Fertigteil zu fertigen. Das Ergebnis ist ein maschinenspezifisches NC-Programm. Um dieses Programm erzeugen zu können, müssen zuvor die benötigten Betriebsmittel ausgewählt werden. Dazu zählen neben der Maschine auch die eingesetzten Werkzeuge und Spannmittel inkl. der dazugehörigen 3D-Modelle, denn nur auf dieser Basis können die einzelnen Bearbeitungsoperationen geplant und in der Simulation auf Kollisionsfreiheit überprüft werden.

Hierbei werden auch unterschiedliche Nullpunkte und Aufspannungen definiert, die später den realen Aufbau widerspiegeln. Diese stellen wichtige Information für die IBN dar, da aus ihnen ersichtlich wird, wo sich die Spannvorrichtung in der Maschine befindet und in welcher Orientierung das Bauteil eingespannt werden muss. Darüber hinaus lässt sich aus der Anzahl der Aufspannungen ableiten, wie oft ein Bauteil umgespannt werden muss. Dies ist eine Tätigkeit, die später ebenfalls vom Roboter übernommen werden muss.

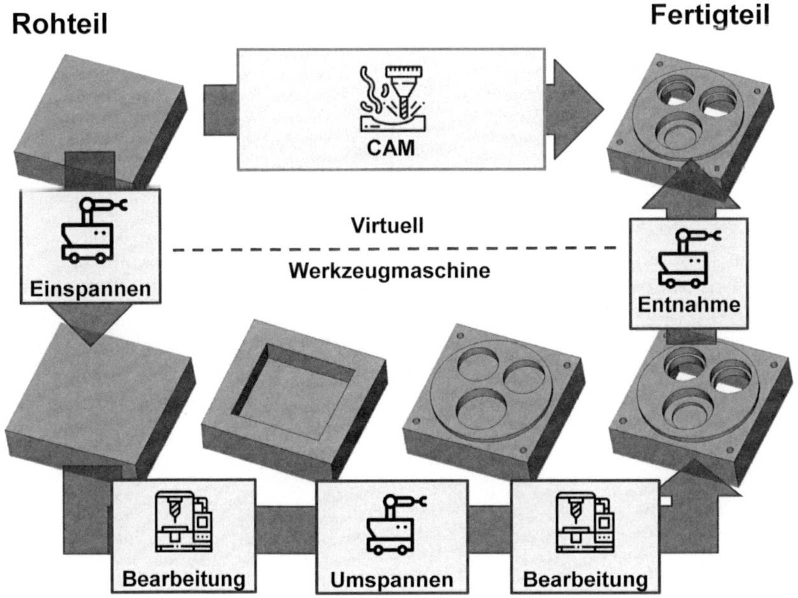

Bild 5.16: IPWs als Grundlage zur Planung von Roboteraktionen angelehnt an [FORS19]
IPWs as a basis for planning robot actions based on [FORS19]

Des Weiteren können innerhalb des CAM-Systems mithilfe einer Materialabtragssimulation virtuelle Zwischenergebnisse erzeugt werden, die die aktuelle Geometrie des Bauteils nach Abschluss einer Bearbeitungsoperation zeigen. Diese Zwischenergebnisse werden nachfolgend als „In-Process-Workpieces“ (IPW) bezeichnet. Die IPWs sind insofern für die IBN interessant, da sie zeigen, wie sich das zu handhabende Bauteil durch die Bearbeitung verändert. Insbesondere für die Auswahl und Auslegung eines Greifers ist dies von Bedeutung, da eine Greiffläche, die zum Greifen zur Verfügung steht, nach bestimmten Bearbeitungsschritten unter Umständen nicht mehr genutzt werden kann. **Bild 5.16** zeigt beispielhaft, wie durch die Nutzung von IPW sichtbar wird, wie sich das Bauteil kontinuierlich verändert und an welchen Stellen der Roboter in den Bearbeitungsprozess eingreifen muss.

Service zur Erstellung eines Bearbeitungsplans

Der vorherige Abschnitt zeigt auf, welche Informationen im Rahmen der regulären CAM-Planung bereits anfallen und zu welchem Zweck diese im Rahmen einer IBN verwendet werden können. Um diesen Prozess stückweise zu standardisieren, wird nachfolgend ein Service konzeptioniert, der zum Ziel hat, aus der CAM-Planung die für eine IBN benötigten Informationen zu extrahieren, zu verarbeiten und über eine einheitliche Schnittstelle zur Verfügung zu stellen. Der hier konzeptionierte Service soll darüber hinaus dazu dienen, von den unterlagerten IT-Systemen, z. B. dem CAM-System, unabhängig zu sein.

Über die zu definierende Schnittstelle müssen Informationen zum Fertigungsprozess als auch zu den einzelnen IPWs, insbesondere wenn der Roboter mit dem Bauteil interagieren soll, übertragen werden. Übergreifend sind für die Beschickung folgende Informationen hinsichtlich des Fertigungsprozesses relevant:

- Name und Auftrag des Bauteils (Identifikation),
- Name und Modell der Werkzeugmaschine,
- Abfolge und Zeitdauer der Bearbeitungsoperationen,
- eingesetzte Spannmittel,
- Einspannorientierung (Transformationsmatrix).

Bezogen auf die einzelnen IPWs sind hingegen folgende Informationen von Bedeutung:

- Geometrie,
- Werkstückkoordinatensystem (Transformationsmatrix),
- Gewicht und Schwerpunkt,
- Greifbereiche Roboter und Spannmittel,
- qualitätsrelevante Bereiche.

Bild 5.17 zeigt am Beispiel des Bauteils, welche Informationen von dem Service zur Verfügung gestellt können und welche somit nachfolgend für die beschleunigte IBN genutzt werden können. Um diese Daten zu strukturieren, wurde ein Austauschformat basierend auf XML (Extensible Markup Language) konzeptioniert, das exemplarisch auch im Anhang 10.C für dieses Bauteil abgebildet ist. Alternative Formate wie JSON oder YAML wären als Austauschformat ebenso denkbar und möglich. Die Modelle der einzelnen IPWs sind in der XML-Datei nur als relativer Pfad hinterlegt und können durch einen weiteren Aufruf bei dem Service angefragt werden.

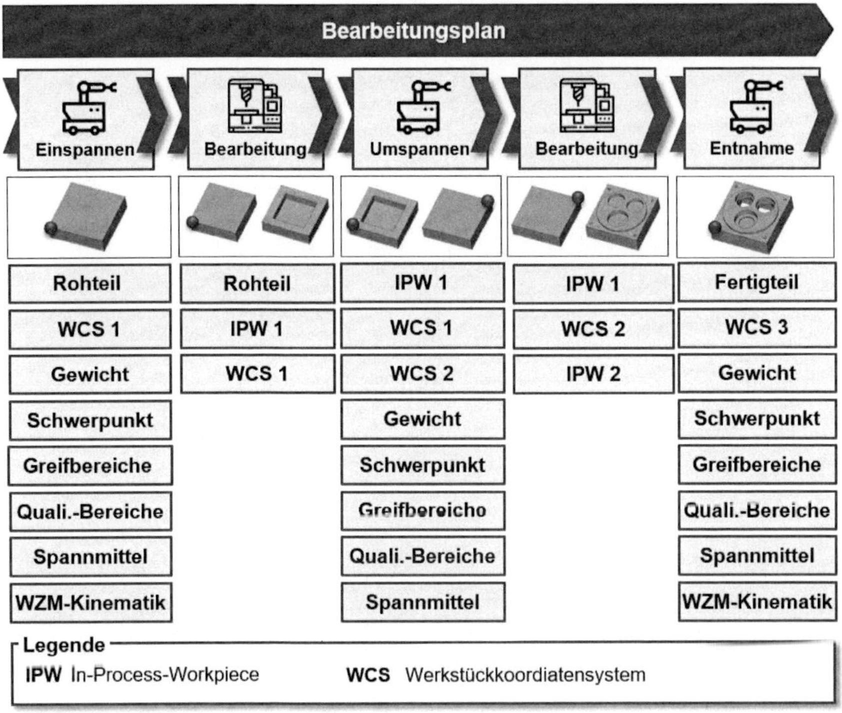

Bild 5.17: Bearbeitungsplan auf Basis der IPWs, angelehnt an [FORS19]
Processing plan based on the IPWs and [FORS19]

Service zur Berechnung von möglichen Greifpunkten

Der vorangegangene Service bietet bereits eine gute Ausgangslage für die beschleunigte IBN. Jedoch können basierend auf dieser Grundlage noch weitere Services konzeptioniert werden. In den ersten Lebenszyklusphasen ist darauf eingegangen worden, dass es qualitätsrelevante Bereiche an einem Bauteil gibt, die durch die Handhabung mit dem Roboter nicht beschädigt werden dürfen. Um die IBN für den Mitarbeitenden weiter zu vereinfachen und sicherzustellen, dass es zu keinen Beschädigungen kommt, wird ein Service konzeptioniert, der auf Basis der Ausgangsdaten zulässige Greifpunkte für die einzelnen IPWs berechnet.

Grundlage dieses Services bildet die Überführung der CAD-Modelle der einzelnen IPWs in Dexel-Modelle. Hierbei werden – wie in **Bild 5.18** dargestellt – Strahlen durch eine zweidimensionale Rasterebene auf die Bauteilgeometrie geschickt. Der Strahlenein- und austritt mit der Bauteilgeometrie definieren in der Folge dann einen Dexel. Diese Berechnung kann im Anschluss für die restlichen Orientierungen wiederholt werden, sodass sich ein vollständiges Abbild des Bauteils ergibt.

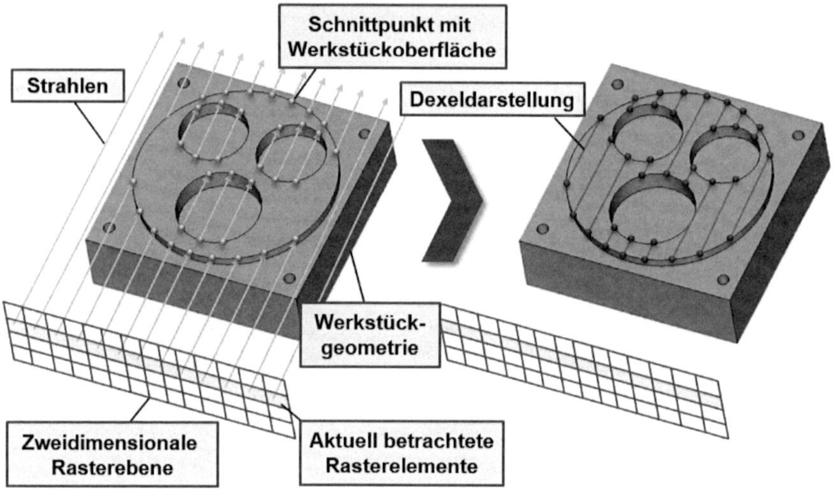

Bild 5.18: Ableiten von Dexel-Modellen aus den IPWs basierend auf [FORS19]

Deriving Dexel models from the IPWs based on [FORS19]

Um aus den Dexel-Modellen nun mögliche Greifpunkte zu bestimmen, müssen die berechneten Dexel nach bestimmten Kriterien gefiltert und stückweise reduziert werden. Abhängig von den zur Verfügung stehenden Greifern ergibt sich eine maximal mögliche Greiferöffnung, sodass Dexel, die länger sind, entfernt werden können. Ähnlich verhält es sich mit Dexeln, die sehr kurz sind. Ein weiteres Kriterium stellen qualitätsrelevante Bereiche dar. Fallen Start oder Ende eines Dexels auf einen solchen Bereich, werden auch diese entfernt. Je nach Art des Greifers, wie bei einem 2-Backengreifer, empfiehlt es sich, dass die Normalen der Ein- und Austrittspunkte eine geringe Winkeldifferenz aufweisen. Diese verschiedenen Filterkriterien können dem Service als Parameter übergeben werden. In der Folge kann die Ausgabe individuell an das anvisierte Anwendungsszenario angepasst werden. Die Ausgabe des Services besteht aus einer Liste von zulässigen Greifpunktpaaren, die die Bedingungen erfüllen. Diese können dem Mitarbeitenden beispielsweise in der Benutzeroberfläche als Erleichterung für die Programmierung der Abläufe angezeigt werden.

Service zur Erstellung von bauteilspezifischen Greiffingern

Ergebnis des vorangegangenen Services ist eine Liste mit zulässigen Greifpositionen, um die IBN zu vereinfachen. Die in diesem Service generierten Daten können wiederum Input für weitere Services sein, wie die automatische Erstellung von bauteilspezifischen Greiffingern. Aufgrund von unterschiedlichen Geometrien der Bauteile ist häufig auch eine Anpassung der Greiffinger nötig. Dies wird dahingehend noch verkompliziert, dass sich durch die Bearbeitung der Bauteile die Kontur des Bauteils verändert oder bestimmte Bereiche durch das Spannmittel verdeckt sind, sodass für die Auslegung und Konstruktion auch entsprechendes Fachwissen und Erfahrung bei den Unternehmen vorhanden sein müssen.

Für die Erstellung der bauteilspezifischen Greiffinger ist ein dreistufiger Prozess im Rahmen eines AiF-Projekts am Werkzeugmaschinenlabor WZL der RWTH Aachen entwickelt worden, der in **Bild 5.19** dargestellt ist [FORS22]. Input dieses Services sind zum einen die möglichen Greifpositionen der einzelnen IPWs und zum anderen Informationen zu den eingesetzten Spannmitteln und zur Verfügung stehenden Greifern. Der Fokus im ersten Schritt liegt darauf, die möglichen Greifpositionen noch einmal zu reduzieren und zu clustern, insbesondere vor dem Hintergrund, dass nicht nur ein IPW, sondern die vollständige Beschickung betrachtet wird, sodass die Filterkriterien (Abstand, Winkel) ähnlich zu den vorherigen sind. Jetzt werden diese jedoch global über alle IPWs gleich angewendet, und es wird berücksichtigt, welche möglichen Punkte durch das Spannmittel verdeckt sind.

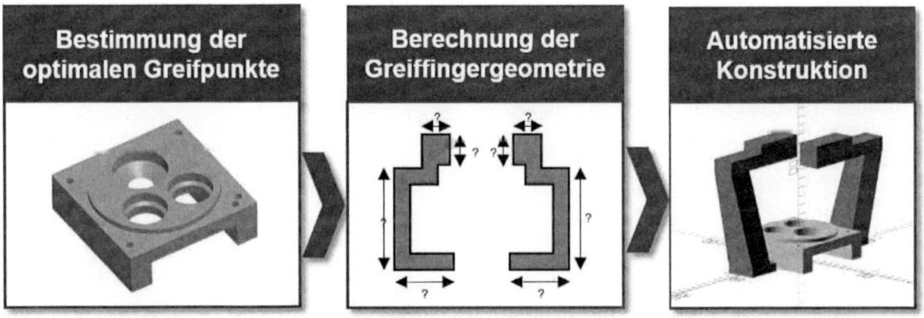

Bild 5.19: Pipeline zur Erstellung von bauteilspezifischen Greiffingern
Pipeline for the creation of workpiece-specific gripper fingers

Um für die gesamte Beschickung nur ein paar Greiffinger zu benötigen, ist es nötig, Oberflächenkonturen zu finden, die über die IPWs verteilt gleich sind. Hierzu werden die Greifpunkte pro IPW in kleine Cluster basierend auf ihrer räumlichen Nähe zueinander gruppiert, wodurch eine zweidimensionale Oberflächenstruktur entsteht. Diese Strukturen werden untereinander vergleichen und auf Ähnlichkeit geprüft, sodass eine Oberflächenkontur gewählt werden kann, die möglichst häufig vorkommt und damit potenziell flexibler genutzt werden kann. Die daraus resultierende Flexibilität erhöht die Wiederverwendungswahrscheinlichkeit sowie die Flexibilität bei der Handhabung, da der Endanwender nicht auf eine Greifposition limitiert wird. Zusätzlich wird der Greifer, basierend auf der benötigten Öffnungsbreite und Kraft, final festgelegt.

Im zweiten Schritt wird die Greiffingergeometrie berechnet. Ausgangspunkt sind hier vorhandene Konstruktionen von Greiffingern, die für vergangene Beschickungen händisch konstruiert wurden. Eine Vielzahl von Greiffingern ähnelt sich in ihrem grundsätzlichen Aufbau stark und lässt sich auf die folgenden drei Elemente reduzieren: das Verbindungsstück zum Greifer, die Greiffläche und ein verbindender Körper zwischen diesen, sodass der Service im Hintergrund auf ein abstrahiertes Modell aufbaut, das durch Parameter an das jeweilige Werkstück angepasst werden kann. Die Verbindungsstücke zum Greifer sind dabei für jeden Greifer individuell, da es hier keinen herstellerübergreifenden Standard gibt, und müssen für jeden neuen Greifer im Modell nachgepflegt werden. Ferner steht die Konturfläche des Greifers als direkter Input aus den vorangegangenen Diensten zur Verfügung oder kann aus den vorhandenen Informationen abgeleitet werden. Basierend auf den Anforderungen, wie Bauteilgeometrie, Gewicht, Schwerpunkt, ergeben sich die verbleibenden Parameter, die zur Dimensionierung der Elemente benötigt werden.

Für die Umsetzung und die automatisierte Erstellung von CAD-Dateien bieten sich Programme wie OpenSCAD [OPEN23] an. Dieses Programm ermöglicht die Konstruktion auf Basis von Text. Durch das Kompilieren des Texts wird die CAD-Datei automatisch erzeugt und kann in gängige Formate exportiert werden. Der Mitarbeitende kann dann, im Zweifel auf der WZM, die für die Beschickung genutzt werden soll, die dafür benötigten Greiffinger fertigen. **Bild 5.20** zeigt beispielhaft die Greiffinger für die zwei Bauteile. In rot dargestellt ist das Verbindungsstück zum Greifer, in gelb die Konturfläche der Greiffinger und in grün das verbindende Element.

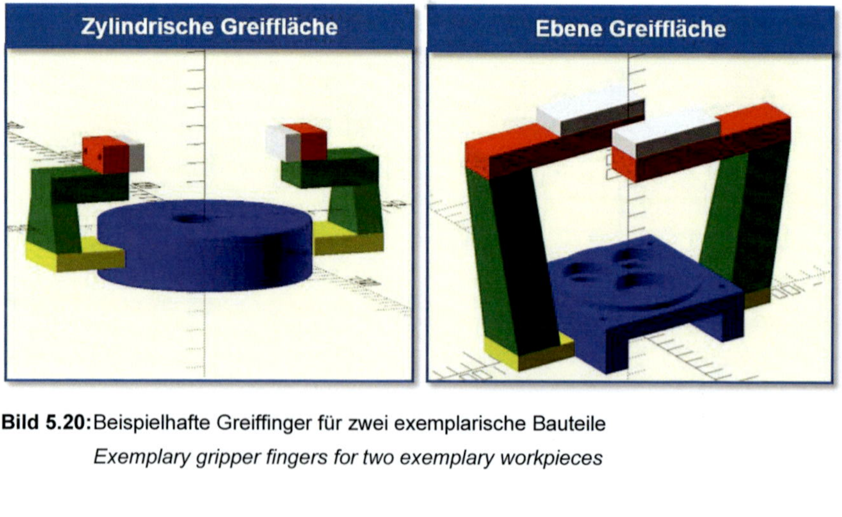

Bild 5.20: Beispielhafte Greiffinger für zwei exemplarische Bauteile
Exemplary gripper fingers for two exemplary workpieces

5.3.4 Lebenszyklusphase: Inbetriebnahme

Life cycle phase: Commissioning

Während in den vorherigen Lebenszyklusphasen der Fokus darauf lag, vorhandene Informationen zu extrahieren, zu verarbeiten und zur Verfügung zu stellen, steht im Folgenden im Vordergrund, diese Informationen zu nutzen, um die Zeit für die IBN zu verkürzen.

Im Zuge der IBN ergibt sich ein analoges Vorgehen sowohl für die WZM als auch für das MTS, vgl. **Bild 5.21**. Den Startpunkt bildet das Rüsten der WZM entsprechend der CAM-Planung. Dies bedeutet, dass die geplanten Werkzeuge innerhalb des Werkzeugmagazins bereitgestellt werden und dass das Spannmittel an der zuvor definierten Stelle platziert wird. Im Anschluss erfolgt das Einfahren des Prozesses durch den Maschinenbedienenden. Dabei wird das zuvor erzeugte NC-Programm u. a. auf Kollisionsfreiheit getestet und ggf. Korrekturen vorgenommen. Dies wird nachfolgend als erfolgreich angenommen. Der Fokus liegt auf der IBN der Beschickung.

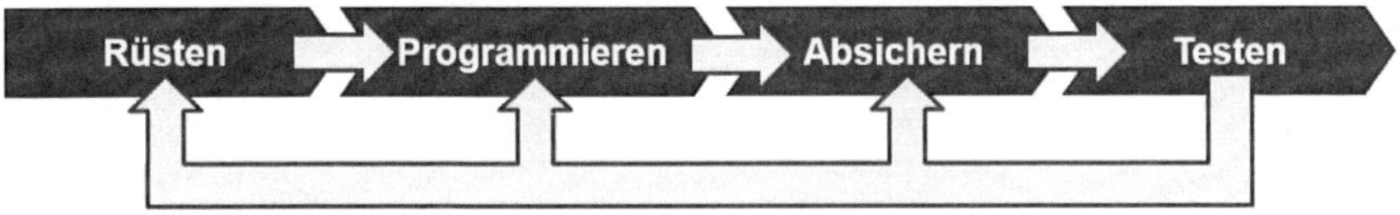

Bild 5.21: Systematisches Vorgehen bei der Inbetriebnahme von neuen Werkstücken

Methodical procedure for commissioning new workpieces

Ähnlich wie bei der WZM muss das MTS auch für die neue Aufgabe gerüstet werden. Hierzu zählt neben der Installation der passenden Betriebsmittel, z. B. Greifer und Greiffinger, die Positionierung des Systems vor der WZM, wobei die Position so zu wählen ist, dass der Roboter sowohl die Auf- und Ablageposition der Werkstücke als auch das Spannmittel gut erreichen kann. Entsprechende Markierungen oder Positionierhilfen auf dem Boden können diesen Vorgang beschleunigen. Im zweiten Schritt des Rüstvorgangs muss eine Verbindung zwischen MTS und WZM hergestellt werden. Dies passiert auf Basis des in Kapitel 5.2 vorgestellten Konzepts. Ein Nachrüsten von Bestandsmaschinen stellt zwar einen initialen finanziellen Aufwand dar, zahlt sich aber in der Folge in einer beschleunigten IBN aus. Nach dem erfolgreichen Rüsten folgen die Programmierung, die Optimierung und das Testen des Ablaufs, wobei die nachfolgenden Services den Mitarbeitenden bei der IBN unterstützen.

Definition der Meta-Struktur des Ablaufs

Im Rahmen des IBN soll der Mitarbeitende durch ein intuitives Assistenzsystem unterstützt werden. Um dieses zu entwickeln, ist es nötig, das Zusammenspiel der unterschiedlichen Akteure im Detail zu beleuchten. Auf der höchsten Abstraktionsebene sind dies nur die WZM und das MTS. Bei detaillierterer Betrachtung zeigt sich, dass für die Erledigung bestimmter Tätigkeiten die sequenzielle Abfolge bestimmter Aktionen unterschiedlicher Komponenten nötig ist. Abhängig von der Aufgabe ändert sich deren Reihenfolge und Zusammenstellung. Jedoch sind die Abläufe In Bezug auf die Beschickung untereinander vergleichbar, weshalb nachfolgend eine Meta-Struktur eines solchen Ablaufs definiert wird, die die Grundlage des benötigten Assistenzsystems bildet.

Ausgehend vom Ablaufdiagramm der Beschickung in **Bild 5.7** wird der zweite Block, das Einspannen eines Bauteils in ein Spannmittel, näher betrachtet und auf Komponentenebene in seine einzelnen Aktionen aufgelöst. Der Roboter bewegt sich erst in eine Anfahrposition für das Spannmittel und dann in die Ablageposition. Daraufhin wird das Spannmittel geschlossen und der Greifer geöffnet. Hierdurch wird eine korrekte Positionierung der Werkstücke erreicht. Je nach Aufspannung, z. B. bei einem Drehbackenfutter, können diese Aktionen auch vertauscht sein, da das Futter für die richtige Zentrierung sorgt. Anschließend fährt der Roboter in eine nachgelagerte Position, sodass sich die in **Bild 5.22** dargestellte Struktur ergibt.

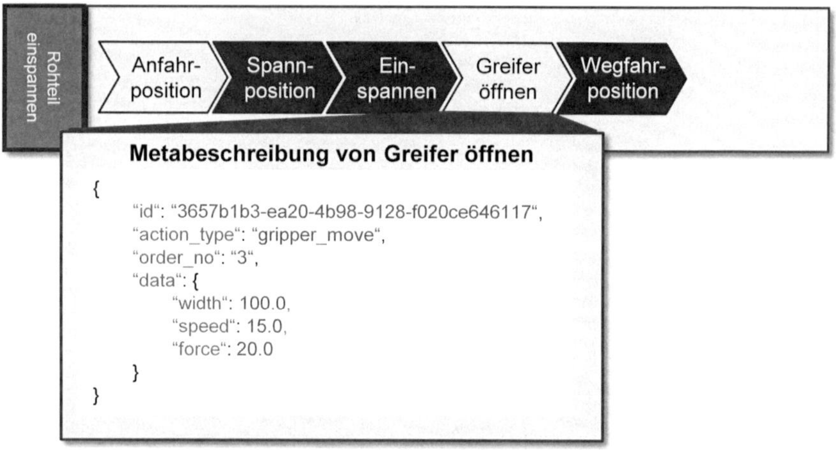

Bild 5.22: Metabeschreibung der Aktion „Greifer öffnen"
Meta description of the "Open gripper" action

Jede dieser Operationen wird nachfolgend als Aktion (Action) bezeichnet. Durch das Kombinieren der unterschiedlichen Aktionen ergibt sich ein Ablauf, der für die Lösung einer einzelnen Teilaufgabe genutzt werden kann. So erhält das Gesamtsystem bestimmte Fähigkeiten (Skills). Schließlich wird durch das Zusammenführen der unterschiedlichen Fähigkeiten das übergeordnete Problem, in diesem Fall die Beschickung, gelöst.

Exemplarisch ist in **Bild 5.22** auch der strukturelle Aufbau der Aktion „Greifen" dargestellt. Diese besteht aus einer eindeutigen Typenbezeichnung und einer Liste von Parametern, über die die Aktion im Detail beeinflusst werden kann. Im Fall des Greifers sind dies die Öffnungsbreite der Greifbacken, die Geschwindigkeit und die Kraft. Die Grenzwerte und zulässigen Werte der einzelnen Parameter hängen von der eingesetzten Komponente selbst ab, die als Teil der Komponentenbeschreibung bei der Erstellung des Ablaufs Einzug in das Model finden. Alle weiteren Aktionen, wie z. B. die Bewegung des Roboters, das Setzen von digitalen Ein- und Ausgängen oder das Steuern des Spannmittels oder der Tür, sind auf eine ähnliche Weise definiert worden.

Assistenten zur IBN der Beschickung

Um aufbauend auf der Meta-Beschreibung die einzelnen Aktionen und Skills programmieren zu können, ist eine Benutzeroberfläche für den Mitarbeitenden nötig. Diese Anforderung spiegelt sich indirekt in den bereits erfassten Anforderungen aus Kapitel 4.5 wider, in denen verlangt wird, den Maschinenbedienenden zu befähigen, die IBN eigenständig durchzuführen. Im Zuge der Konzeptionierung kann davon ausgegangen werden, dass die Mitarbeitenden über ein grundsätzliches technisches Verständnis verfügen, jedoch nur die Wenigsten Erfahrung in der Automatisierungstechnik oder Roboterprogrammierung haben, weshalb dieses zwingend bei der Konzeptionierung berücksichtigt werden muss. Ein mehrstufiges Assistenzsystem führt den Maschinenbedienenden dafür durch den Prozess und unterstützt.

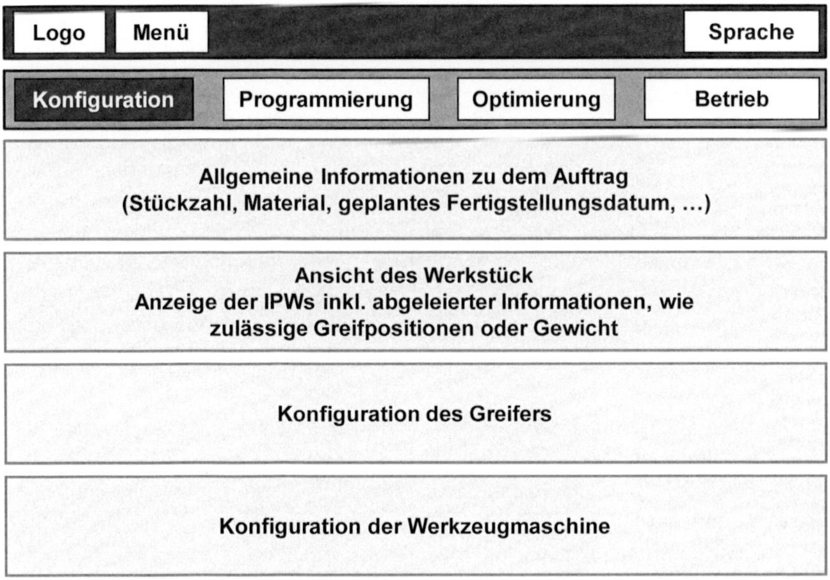

Bild 5.23: Wireframe von der Benutzeroberfläche

Wireframe of the user interface

Die Konzeptionierung ist dabei von Fachpersonal in Form von Gesprächen und Workshops begleitet worden. **Bild 5.23** skizziert die grobe Struktur der Benutzeroberfläche als Ergebnis der Workshops. Im Kopfbereich befindet sich neben der Auswahl der Sprache eine Menüleiste, über die das System gesteuert wird. Hierüber können aktuelle Projekte gespeichert oder vergangene Beschickungen als Projekt geöffnet werden. Ebenso gelangt der Bedienende über die Leiste zu den Einstellungen.

Im Rahmen der Workshops ist die IBN in vier aufeinander aufbauende Phasen (Konfiguration, Programmierung, Optimierung und Betrieb) unterteilt worden, die der Reihe nach von dem Mitarbeitenden durchlaufen werden müssen. Jede Phase ist dabei als separate, abgeschlossene Seite konzeptioniert worden.

Den Startpunkt bildet die Konfiguration. In dieser Phase können die angereicherten Informationen aus der vorangegangen LZP geladen und ggf. angepasst werden. Im Kopfbereich stehen allgemeine Informationen über das Projekt und den Auftrag, gefolgt von einer Darstellung, die zeigt, wie sich das Bauteil nach jeder Bearbeitung verändert und wo es gegriffen werden darf. Des Weiteren können der Greifer und passende Greiffinger ausgewählt werden. Abgeschlossen wird diese Phase mit der Konfiguration der WZM. Auf ähnliche Weise sind die verbleibenden drei Phasen skizziert worden.

Erstellung des Programmablaufs

Auf Basis der Konfiguration und des Metamodells kann im Reiter „Programmierung" die grobe Struktur des Ablaufs automatisch erzeugt werden, die vom Maschinenbediener nur noch parametriert werden muss. Für den Getriebedeckel resultiert dies beispielsweise in dem in **Bild 5.24** dargestellten Ablauf.

Der Ablauf teilt sich in einzelne Skills, wie Werkstückaufnahme oder Rohteil-Greifen, auf. Jeder dieser Skills gliedert sich wiederum in die einzelnen Aktionen der einzelnen Komponenten. Der erzeugte Ablauf stellt einen Vorschlag für den Bedienenden dar, was bedeutet, dass er die Struktur noch an den jeweiligen Anwendungsfall anpassen kann. Ermöglicht wird dies durch die touchfähige Benutzeroberfläche, die eine intuitive Veränderung per Drag&Drop ermöglicht. Hierüber können auch weitere Aktionen oder Skills hinzugefügt, vorhandene verändert oder gelöscht werden. Ebenso ist es möglich, die Reihenfolge zu ändern. Im Idealfall sind diese strukturellen Änderungen aber nicht nötig.

Basierend auf den Informationen aus den vorangegangen LZP wird versucht, die einzelnen Aktionen in den Skills zu parametrieren. Dies ist jedoch nur bis zu einem gewissen Grad möglich, da das System zu diesem Zeitpunkt noch keine Informationen über die Umgebung hat oder darüber, in welchem Abstand und Winkel das MTS zu der WZM steht. Deshalb wird dem Werkenden bei jeder Aktion ein Status angezeigt. Dieser ist grün, falls die Aktion vollständig konfiguriert ist, und rot, falls diese noch durch den Werkenden parametriert werden muss. Durch die Farbkodierung ist es für den Werkenden auf den ersten Blick sichtbar, welche Aktionen noch konfiguriert werden müssen.

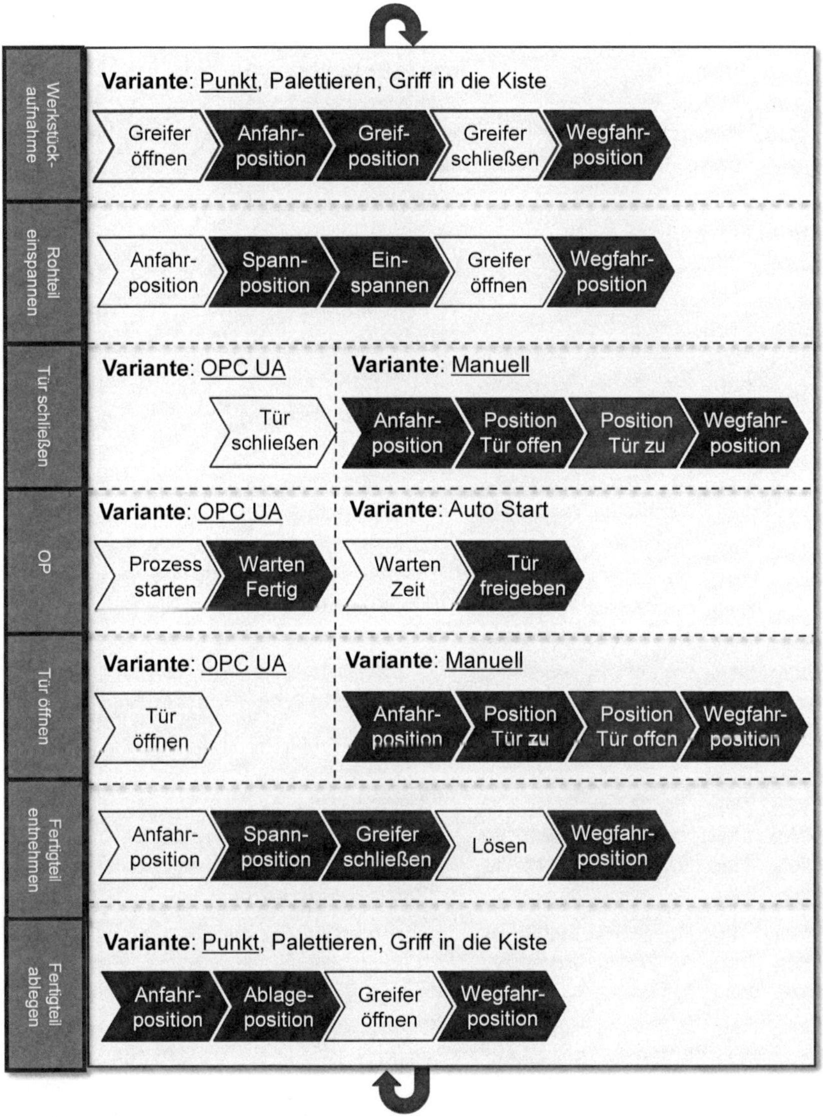

Bild 5.24: Generierter Programmablauf basierend auf der Meta-Struktur

Generated programme sequence based on the meta-structure

Mittels Anklickens einer Aktion öffnet sich ein Menü, das den Mitarbeitenden auffordert, diese spezielle Aktion zu konfigurieren. Im Falle von Roboterbewegungen zeigen sich hier zusätzlich die Vorteile von kollaborativen Robotern. So ist es möglich, den Roboter entweder mittels Handführung oder über das Touchpad in die richtige Position zu bewegen und die Position anschließend über die Oberfläche zu speichern. Sowohl einzelne Aktionen als auch Skills, als Sequenz von Aktionen, können testweise über die Oberfläche ausgeführt werden, um sie zu überprüfen. Bei Fehlern können die Aktionen auf diese Weise angepasst und erneut getestet werden.

Programmierung der Bauteilaufnahme

Gemäß der durchgeführten Anforderungsanalyse und der Anforderungen S2.2, S2.3, S2.4 sollen für die Bauteilaufnahme drei Varianten möglich sein:

1. Das Greifen an einer konstanten Position, weil sich das Bauteil über ein Zuführsystem, z. B. einem Förderband, immer an derselben Position befindet.
2. Die Bauteile liegen mit konstantem Abstand geordnet in xy-Ebene.
3. Die Bauteile liegen ungeordnet in einer Kiste.

Für den 1. Fall ist kein gesonderter Assistent oder Service nötig, da dies bereits über den erstellten Ablauf aus dem vorherigen Abschnitt abgebildet werden kann. Mit Blick auf den 2. Fall bietet es sich an, die IBN zu vereinfachen, sodass es nicht nötig ist, jeden Aufnahmepunkt explizit zu programmieren, sondern lediglich drei Eckepunkte der Anordnung. Je nach Anzahl der Reihen und Spalten können im Anschluss die verbleibenden Anfahrpunkte automatisch bestimmt werden. Da nicht jeder Punkt explizit programmiert und getestet worden ist, birgt es hinsichtlich der Prozessstabilität ein gewisses Risiko, auch, weil im Vorfeld sichergestellt werden muss, dass die Bauteile durch einen Mitarbeitenden perfekt angeordnet wurden. Ein einfacher Test zur Beurteilung der Prozessstabilität ist das Anfahren eines vierten Punktes in der Anforderung, z. B. die verbleibende Ecke der Anordnung.

Der 3. Fall stellt den Griff in die Kiste dar, der seit über 50 Jahre fester Bestandteil der Forschung ist und durch den Einsatz von KI in den letzten Jahren noch stärker das Interesse auf sich gezogen hat [CORD22]. Zu einem der bekanntesten Ansätze gehört das Dex-Net 2.0, das aus einem Tiefenbild Greifpositionen extrahiert und nach ihrer Erfolgswahrscheinlichkeit gewichtet [MAHL17]. Abhängig von der Bauteilgeometerie können in der Praxis immer noch Probleme auftreten, wie das Verhacken von Bauteilen [MOOS22]. In der Summe führen jene Herausforderungen dazu, dass diese Systeme selten zum Einsatz kommen, weshalb PETROVIC ET AL. die Anforderungen der aus der Produktion existierenden Ansätze gegenübergestellt haben und postulieren, dass ein solches System ganzheitlich entwickelt werden muss [PETR22]. BLANKE ET. AL. greifen dies auf und präsentieren einen Ansatz, wie durch die Kombination von Informationen aus dem Engineering der bestehende Ansatz von MAHLER ET. AL. verbessert werden kann [BLAN22; MAHL17]. Aufgrund des modularen und auf verschiedenen Services basierenden Ansatzes lässt sich dieser in die vorhandene Architektur integrieren.

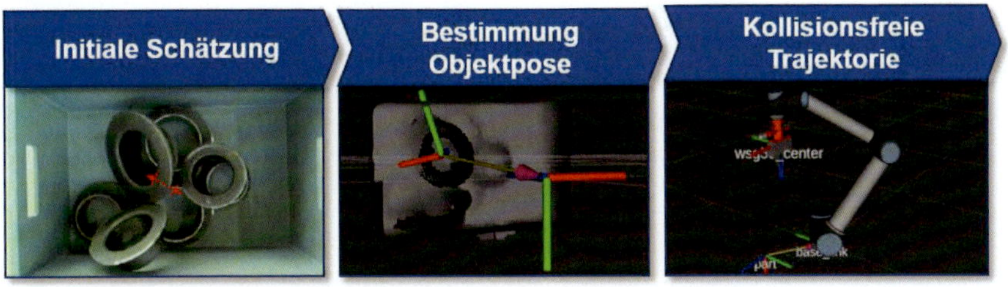

Bild 5.25: Vereinfachung des Griffs in die Kiste mit Information aus dem Engineering nach [BLAN22]

Simplifying the bin picking process with information from engineering based on [BLAN22]

Bild 5.25 fasst den Ansatz nach BLANKE ET. AL. zusammen [BLAN22]. Im Kern basiert dieser auf dem Iterative Closest Point (ICP) Algorithmus, um die Objektpose des Bauteils zu bestimmen. Zur möglichst effizienten und schnellen Bestimmung einer Lösung wird mithilfe des Ansatzes von MAHLER ET. AL. der erfolgversprechende Griff bestimmt. Dies führt dazu, dass mit hoher Wahrscheinlichkeit ein Objekt gewählt wird, das durch ein anderes nicht verdeckt ist. Zudem kann die Region of Interest (RoI) vom ICP auf einen Ausschnitt verkleinert werden. Nachdem die Objektpose bestimmt worden ist, können die zuvor abgeleiteten und zulässigen Greifpositionen genutzt werden, um einen kollisionsfreien Griff zu planen und auszuführen.

Absicherung und Optimierung des Programmablaufs

Der dritte Reiter und der dritte Schritt in dem Assistenten geht auf die verbleibende Restunsicherheit und das mögliche Optimierungspotenzial ein. Wie bereits erwähnt, verfügt der Maschinenbediener in der Regel über wenig Kenntnisse in der Roboterprogrammierung, sodass das Risiko für Kollisionen entsprechend hoch ist. Schäden am MTS und der WZM können für Unternehmen schwerwiegende finanzielle Folgen haben, weshalb diese vermieden werden sollten. Zusätzlich fügt der Maschinenbediener aufgrund seiner Unsicherheit tendenziell mehr Zwischenpunkte ein, um eine Kollision zu verhindern. Dies führt dazu, dass sich die Zeit für die Beladung damit die Durchlaufzeit für den Auftrag erhöht.

In einer Simulationsumgebung könnte der programmierte Ablauf simuliert und auf mögliche Kollisionen überprüft werden. Hierfür sind entsprechende Simulations- und CAD-Modelle nötig. Für das MTS inkl. Roboter stellt dies kein Problem dar. Aufgrund der vorgelagerten LZP liegen IPWs des Werkstücks vor, und nach jeder Bearbeitung können somit im Be- und Entladungsprozess entsprechend berücksichtigt werden. Zusätzlich sind die entsprechenden Modelle für die Greifer inkl. Greiffinger vorhanden. Es fehlen nur 3D-Modelle der WZM und der Umgebung, inklusive potenzieller Kollisionsobjekte. Die wenigsten Unternehmen verfügen über tagesaktuelle CAD-Dateien ihrer Fertigung. Daher wird in Kapitel 6 eine Methode zur dynamischen Erstellung von Umgebungsmodellen vorgestellt und im Detail erläutert. **Bild 5.26** zeigt hier bereits exemplarisch den Vergleich zwischen realer und virtueller Umgebung auf Basis einer dynamisch erstellten Karte. Sofern eine Karte und alle Modelle vorliegen, kann der vollständige Ablauf simuliert werden, Kollisionen werden erkannt und ggf. unnötige Zwischenpunkte entfernt. Das Ergebnis ist ein kollisionsfreier Pfad bzw. Ablauf, der in Blau dargestellt ist

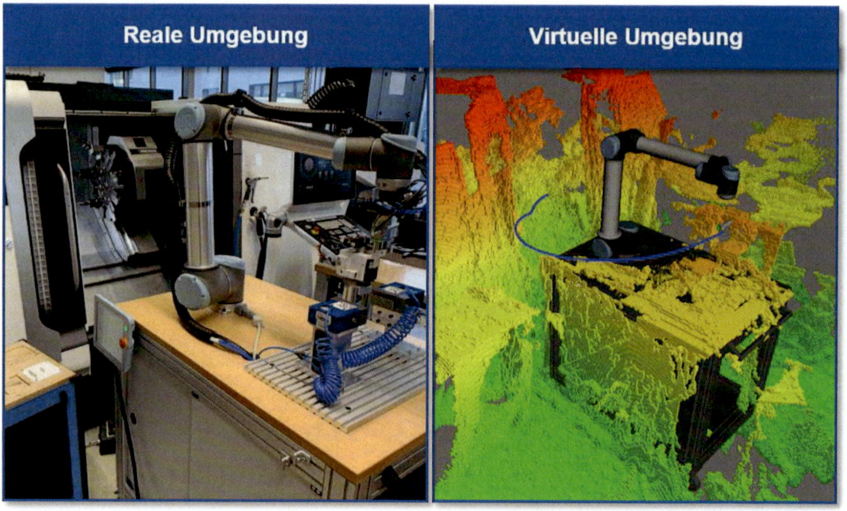

Bild 5.26: Vergleich zwischen realer und virtueller Umgebung
Comparison between real and virtual environment.

5.3.5 Lebenszyklusphase: Betrieb

Life cycle phase: Operation

Nachdem die IBN in der vorangegangen LZP erfolgreich abgeschlossen ist, wird in der nächsten Phase der operative Betrieb betrachtet. Hierbei gilt es zu erörtern, welche Informationen dem Mitarbeitenden zur Verfügung gestellt werden sollten, wie der laufende Betrieb überwacht werden kann und wie die einzelnen definierten Aktionen in der richtigen Reihenfolge ausgeführt werden.

Prozessübersicht

Während die IBN und die Einrichtung der Maschine und der Automatisierungslösung in der Regel durch einen erfahreneren und entsprechend qualifizierten Mitarbeitenden durchgeführt werden, erfolgt die Bedienung durch den Maschinenbediener, der meist nur über eingeschränkte Rechte verfügt. Deshalb müssen alle für ihn relevanten Informationen in einer intuitiv und direkt verständlichen Prozessübersicht dargestellt werden.

Aus dieser Übersicht muss der Status des Systems, die Anzahl bereits gefertigter und noch zu fertigender Bauteile sowie die verbleibende Bearbeitungsdauer hervorgehen, sodass der Bediener beurteilen kann, ob er aktiv werden muss oder anderen Aufgaben wie der Beladung einer weiteren Maschine nachgehen kann.

Das Weiteren muss die Prozessübersicht über Bedienelemente verfügen, um den Prozess zu steuern. Dazu zählt neben dem Starten und Stoppen auch das Pausieren des Prozesses. Ferner muss es die Möglichkeit geben, die Anzahl der Werkstücke und beim Palettieren zusätzlich auch die Position der Werkstücke zu parametrieren.

Abgeschlossen wird dies durch eine Darstellung der einzelnen Aktionen, sodass deutlich wird, an welchem Prozessschritt sich das System befindet oder bei welchem Schritt es möglicherweise zu Problemen gekommen ist.

Arbeitsraumüberwachung

Während des operativen Betriebs muss nicht nur für die Sicherheit von Roboter und WZM gesorgt werden, sondern insbesondere auch für die der Mitarbeitenden. Der Einsatz eines kollaborativen Roboters verspricht unter Einhaltung der Normen (vgl. Kapitel 2.3.1) eine Zusammenarbeit mit dem Menschen. In der Regel verfügen die bekannten Anbieter auch über entsprechende Zertifizierungen. Jedoch sind diese einzig auf den Roboter beschränkt. Die Verwendung eines neuen Greifers, die Handhabung bestimmter Werkstücke oder eine neue Bahnplanung kann dazu führen, dass eine erneute Zertifizierung der gesamten Anlage erfolgen muss, was wiederum mit entsprechenden Kosten verbunden ist. Zusätzlich führen spitze Kanten an Werkstücken oder Greifer, die den Menschen potenziell verletzen könnten, dazu, dass die Geschwindigkeiten häufig so weit reduziert werden muss, dass das System sich nicht mehr wirtschaftlich einsetzen lässt. Dieses Problem kann durch Integration von Sicherheitseinrichtungen, so z. B. Lichtgitter oder Schutzzäune, wie bei IR, umgangen werden. Damit würde sich jedoch der Platzbedarf und IBN-Aufwand erhöhen, was hinsichtlich der gewünschten ortsflexiblen Platzierung vor verschiedenen WZM dieser entgegenwirkt. Daher wurde im Rahmen dieser Arbeit ein adaptives Sicherheitskonzept entwickelt, das sich der Situation vor Ort anpasst und dynamisch die Geschwindigkeit reguliert. Hierfür werden, wie in **Bild 5.27** in grün dargestellt, zwei Lidar-Sensoren zirka 30 cm über dem Boden an den gegenüberliegenden Ecken der mobilen Plattform befestigt, sodass sie die gesamte Umgebung um den Demonstrator abdecken können. In Bezug auf die Redundanz von Sicherheitseinrichtungen könnten noch zwei weitere Lidar an den verbleibenden Ecken platziert werden, was jedoch zu zusätzlichen Kosten führen würde.

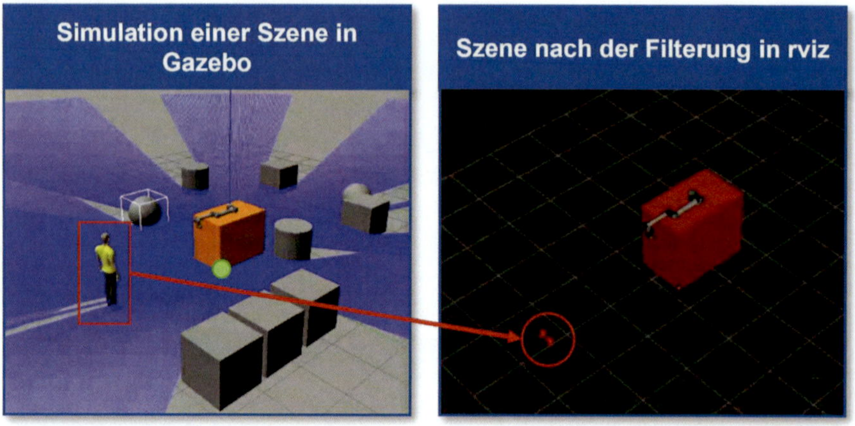

Bild 5.27: Adaptives Sicherheitskonzept
Adaptive safety concept

Beim näheren Betrachten des Szenarios lassen sich zwei Typen von Objekten erkennen: statische Objekte, wie die WZM, die sich nicht bewegen, und dynamische Objekte, wie der Mensch, der sich frei bewegen kann. Aufgrund der erstellten Umgebungskarte werden die statischen Objekte bereits in der Bahnplanung berücksichtigt. Dynamische Objekte werden jedoch noch nicht abgedeckt. Um dies zu ermöglichen, muss bei der IBN eine statische Szene, das bedeutet frei von dynamischen Objekten, der Umgebung durch die Lidars einmalig aufgenommen werden. Durch den Vergleich der aktuellen Szene mit der statisch aufgenommenen Szene ergeben sich Unterschiede, die in der Folge als dynamische Objekte klassifiziert werden. Beispielsweise bewegt sich in der linken Hälfte von **Bild 5.27** ein Mensch auf das MTS zu. Rechts wird dieselbe Szene nur mit dynamischen Objekten dargestellt, weshalb die Füße des Menschen zu erkennen sind.

In Abhängigkeit des Abstands zwischen MTS und den dynamischen Objekten ergibt sich ein unterschiedliches Sicherheitsverhalten. Befindet sich kein dynamisches Objekt im Radius von 3 m um das System, existiert keine Geschwindigkeitsbegrenzung. Sollte ein Objekt sich dem System weiter nähern, aber den Arbeitsraum des IR noch nicht verletzen, wird die Geschwindigkeit proportional zum Abstand reduziert. Sobald der Arbeitsraum des Systems betreten wird, stoppt der Prozess. Abhängig von der Konfiguration und Freigabe des Systems kann der IR seinen Prozess nach Verlassen des Sicherheitsbereichs fortsetzen.

Scheduling der Aktionen

Bei der vorangegangen LZP wurden die einzelnen Aktionen im Rahmen der Beschickung definiert und parametriert. Diese Phase beschäftigt sich mit der operativen Ausführung der einzelnen Aktionen.

Jede Aktion stellt eine Operation dar, die ausgeführt werden soll. Im Vorfeld sind basierend auf einer Meta-Beschreibung der Akteure (Greifer, Roboter, Kamera, ...) die möglichen Aktionen innerhalb des Systems und der UI bekannt gemacht worden, sodass nur die Aktionen programmiert werden können, zu denen die Akteure auch fähig sind. Für den Ablauf müssen die einzeln definierten Aktionen sequenziell ausgeführt werden. Hierzu werden die definierten Aktionen als Liste an den Execution Service übergeben, der die Aufgabe hat, diese in der richtigen Reihenfolge auszuführen. Der genannte Service interagiert kontinuierlich mit einem Zustandsautomaten, der den Zustand des Prozesses beschreibt. Dieser Automat ist über die Benutzeroberfläche abrufbar und kann in einem Fehlerfall Rückmeldung an den Mitarbeitenden geben. **Bild 5.28** visualisiert diesen Prozess innerhalb der Referenzarchitektur.

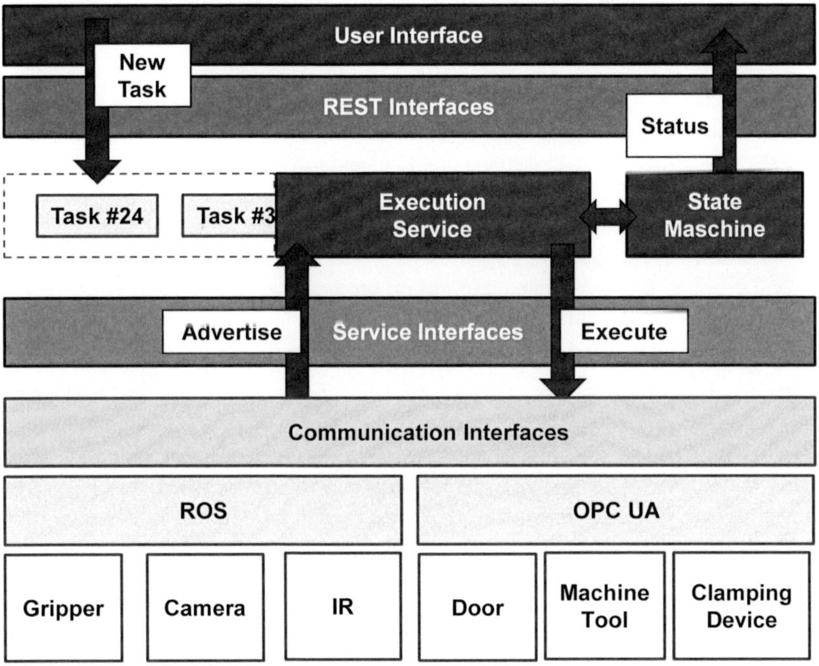

Bild 5.28: Scheduling-Service von FlexARobOS

Scheduling service from FlexARobOS

Entscheidend ist jedoch, wie eine Aktion final ausgeführt wird. Hierzu sind verschiedene Abstraktionsebenen entstanden, die von oben nach unten durchlaufen werden.

Zuerst wird anhand des Typs der Aktion der passende Service identifiziert. Ein Service beschreibt, über welches Kommunikationsprotokoll welcher Akteur wie angesprochen werden muss, um eine Aktion durchzuführen. In der nächsten Ebene wird der richtige Befehlssatz über das passende Kommunikationsprotokoll an den Akteur übertragen, sodass dieser ihn in Realität ausführt. Das Ergebnis der Ausführung wird dann in umgekehrter Reihenfolge zurückgemeldet und löst abhängig von der Rückmeldung eine Zustandsänderung im Automaten aus. Eine detaillierte Erläuterung hinsichtlich der Umsetzung folgt in Kapitel 7.3.2.

5.3.6 Lebenszyklusphase: Wissensmanagement

Life cycle phase: Knowledge Management

In der letzten Phase sind die Werkstücke meist bereits gefertigt und der Auftrag abgeschlossen. Nichtsdestotrotz ist diese Phase wichtig, denn aus einer erfolgreichen IBN können Informationen und Wissen gewonnen werden, die dazu genutzt werden können, zukünftige IBN zu beschleunigen.

Wiederverwendung von Teilprogrammen bzw. Skills

Im Rahmen der temporären Automatisierung ist der Grad der Flexibilität hinsichtlich WZM, Werkstücken, Greifer, Ablagepositionen groß, dennoch ist diese nach oben beschränkt, da sich der Maschinenpark in einem Unternehmen nicht täglich ändert, das Produktionsspektrum meist ähnlich bleibt und palettierte Werkstücke auf einem Werkstückträger von Maschine zu Maschine weitergereicht werden. Daher ist die Wahrscheinlichkeit, dass bereits programmierte Abläufe wiederverwendet werden können, groß. Aufgrund der manuellen und stückweise flexiblen Positionierung des MTS vor der WZM ergeben sich Abweichungen in den programmierten Punkten und Pfaden. Um dem entgegenzuwirken, muss der Ablauf in einzelne Teilprogramme aufgeteilt werden, was in Kapitel 5.3.4 bereits erfolgte und als Skill definiert wurde.

Anstatt den Ablauf nun in einem gemeinsamen KS zu programmieren, wird ein lokales KS für jeden Skill eingeführt, in dem das Teilprogramm erstellt wird. Dies ermöglicht, dass einzelne Skills in anderen Abläufen wiederverwendet werden können. Hierzu müssen die bereits bestehenden Skills lediglich neu referenziert werden. Die größte Herausforderung bei diesem Ansatz besteht darin, den lokalen Koordinatenursprung genau genug einzumessen. Eine Abweichung von 1° in der Orientierung führt in 1 m Entfernung bereits zu einer Abweichung von zirka 17 mm, was darin resultieren kann, dass Bauteile nicht richtig platziert werden können.

In dem AiF-Projekt „FlexARob²" sind zu diesem Zweck drei verschiedene Verfahren zum Einmessen eines lokalen KS getestet und im Anschluss mithilfe eines Faro Lasertrackers validiert worden [FORS22]. Neben dem Referenzieren mittels Formschluss ist noch ein Verfahren durch Antasten durch die 3-2-1 Methode aus der Koordinatenmesstechnik und eine Lösung per Kamera und Marker getestet worden. Die im Anschluss durchgeführte Nutzwertanalyse, die neben der Genauigkeit auch noch weitere

Faktoren wie Zeit, Sicherheit, Ergonomie und Kosten berücksichtigt hat, bewertet die Methode mittels Kamera und Marker als vielversprechendste Lösung.

Für die Möglichkeit der Referenzierung mit Markern existieren verschiedene Lösungen. In diesem Fall werden Alvar-Marker verwendet, alternativ gibt es beispielsweise auch noch ArUco-Marker [ALLG24; NIEK24]. Diese basieren auf demselben Prinzip. Sie bestehen aus einem schwarz-weißen, eindeutigen 2D-Muster, wie in **Bild 5.29** auf der linken Seite zu sehen. Aufgrund der im Vorfeld festgelegten Kantenlänge des Markers kann die Transformation zwischen Kamera und Marker und in der Folge die Transformation zum Koordinatenurspruch des IR berechnet werden. Diese Marker können im Anschluss auf Werkstückträgern oder WZM zur Referenzierung angebracht werden. Abhängig von der geforderten Genauigkeit, insbesondere bei der Orientierung, können auch mehrere Marker für dasselbe lokale KS verwendet werden, um die Genauigkeit zusätzlich zu erhöhen. Im Zuge einer erneuten Nutzung müssen dann nur noch diese Marker gescannt werden, die darüber hinaus noch über eine eindeutige Identifikationsnummer verfügen.

Eine weitere Herausforderung bei der Wiederverwendung von Teilprogrammen ist es, die programmierten Skills aus vergangenen IBN wiederzufinden, weshalb im nächsten Abschnitt eine Wissensdatenbank vorgestellt wird, die den Werkenden hierbei unterstützt.

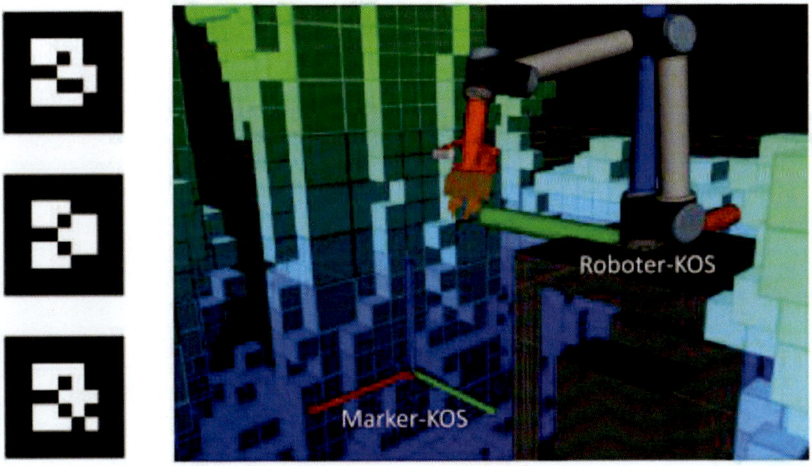

Bild 5.29: Alvar-Marker(links) und die Darstellung der KS in rviz (rechts)
Alvar Marker (left) and the representation of the KS in rviz (right)

Wissensdatenbank

Im Laufe der vergangen LZP sind an vielen Stellen Informationen und Daten entstanden, die für potenziell zukünftige IBN sinnvoll sein können und diese beschleunigen.

Zudem erhöhen sie die Wirtschaftlichkeit des Gesamtsystems. Deshalb ist es nötig, eine Wissensbasis aufzubauen, in der diese Informationen gesammelt und strukturiert werden und auffindbar sind.

Im Rahmen dieser Architektur ist hierfür eine Datenbank vorgesehen, in der diese Informationen abgespeichert und über entsprechende Schnittstellen zur Verfügung gestellt werden. Ein detaillierter Einblick in die Datenbankstruktur folgt in Kapitel 7.2.

Während die Konzeptionierung einer entsprechenden Datenbank mit vergleichsweise geringem Aufwand zu realisieren ist, stellt der Service zum Auffinden und Bereitstellen der Informationen an der richtigen Stelle in der digitalen Prozesskette eine Herausforderung dar, da die hinterlegten Informationen dahingehend gefiltert werden müssen, ob diese ohne Anpassung weiterverwendet werden können. Insbesondere die Abhängigkeit vom Bauteil spielt bei der Entscheidungsfindung eine große Rolle.

Bild 5.30 skizziert hierbei den Prozess für die Greiffinger. Zwar können die Greiffinger, wie Abschnitt 5.3.3 beschrieben, bauteilspezifisch erzeugt werden, jedoch steigt der Aufwand mit jeder zusätzlichen Fertigung. So können Greiffinger mit Ebenen oder zylinderförmiger Greiffläche für gleichartige Bauteile ebenso verwendet werden. Neben der Abhängigkeit zum Bauteil werden auch die Parameter, mit denen die Greiffinger initial erzeugt wurden, abgespeichert. Diese Informationen erleichtern es, bereits existierende Greiffinger im System zu finden, beispielsweise anhand der Greifkonturen.

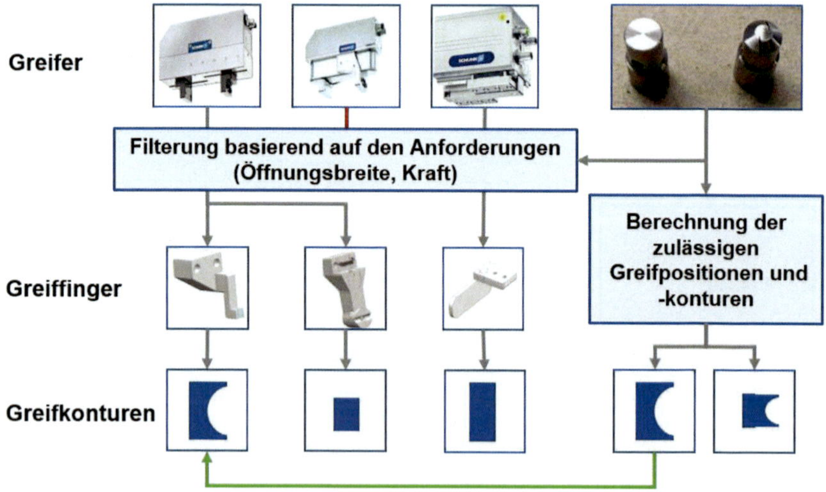

Bild 5.30: Wissensmanagement am Beispiel von Greiffingern
Knowledge management using the example of gripper fingers

Ähnlich wie mit den Greiffingern verhält es sich mit weiteren Abläufen im Rahmen der IBN. Beispielsweise ist die Bauteilaufnahme bei Verwendung desselben Werkstückträgers auch an unterschiedlichen Maschinen immer gleich. Des Weiteren ist die Ansteuerung einer WZM unabhängig vom Werkstück, sodass viele bereits generierte Teilprogramme die zukünftige IBN beschleunigen können.

5.4 Zwischenfazit

Interim conclusion

Im Rahmen von Kapitel 5 ist basierend auf den Anforderungen aus Kapitel 4 eine Referenzarchitektur für die temporäre Automatisierung von WZM abgeleitet worden. Grundlage hierfür bildet die ISO23704-1, die eine Referenzarchitektur eines Cyber-physically controlled smart machine tool system (CPSMT) und dessen Interaktionsbereich beschreibt. Im Rahmen dieser Norm ist nur der statische Fall betrachtet worden. Dies bedeutet. dass der Roboter der WZM untergeordnet ist und über keine eigene Intelligenz verfügt, was bei der temporären Automatisierung nicht der Fall ist, da der Roboter im Wechsel zwischen den Maschinen eingesetzt wird. Deshalb ist die vorhandene Referenzarchitektur um ein „cyber-physically smart machine tending system", kurz CPSTS, erweitert worden. Im Zuge der neuen Architektur sind CPSMT und CPSTS nun gleichgestellt, müssen für das übergeordnete Ziel jedoch zusammenarbeiten, weshalb es nötig ist, die entsprechende Kommunikation zwischen diesen Akteuren im Detail zu spezifizieren. Ausgehend von der physischen, prozesstechnischen und informationstechnischen Sicht auf die temporäre Automatisierung wird eine Kommunikationsarchitektur entwickelt, die sowohl die Nutzung von alten als auch neuen Maschinen vorsieht. Ermöglicht wird dies durch den Kommunikationsstandard OPC UA und die entsprechend abgeleiteten Informationsmodelle für die WZM und das MTS. In Summe wird damit die TF1, die auf die Systemarchitektur und die Kommunikation zwischen Roboter und WZM abzielt, vollumfänglich beantwortet.

TF2 beschäftigt sich mit der Fragestellung, welche Informationen sich aus dem Engineering für den Inbetriebnahmeprozess nutzen und welche sich hieraus ableiten lassen. Für die Beantwortung dieser Frage sind im letzten Abschnitt des Kapitels am Beispiel von zwei Fertigungsaufträgen die einzelnen Lebenszyklusphasen der temporären Automatisierung durchlaufen worden. In den einzelnen Phasen ist deutlich geworden, welche Informationen bereits vorhanden sind und wie diese im Verlauf der IBN genutzt werden können. Stellvertretend sind die Ableitung des Programmablaufs oder die automatische Erstellung von bauteilspezifischen Greiffingern zu nennen. Im Rahmen der letzten Phase sind auch zwei Methoden vorgestellt worden, wie das Wissen aus bereits existierenden Inbetriebnahmen auf zukünftige übertragen werden kann, wodurch TF3 adressiert wird.

Die Nutzung des Systems durch unerfahrene Mitarbeitende birgt eine Restunsicherheit. Diese Restunsicherheit könnte mithilfe einer Simulation minimiert und womöglich der Ablauf auch optimiert werden. Für den Aufbau einer Simulation ist ein Modell der

Umgebung nötig, das häufig fehlt oder nicht aktuell ist. Weitere benötigte Modelle, beispielsweise der Betriebsmittel, liegen aufgrund der durchgehenden digitalen Prozesskette vor und könnten genutzt werden.

6 Minimierung von Restunsicherheiten im Ablauf

Minimisation of residual uncertainties in the process

Das vorangegangene Kapitel endet damit, dass im Rahmen der IBN noch Restunsicherheiten vorhanden sein können, die es zu minimieren gilt. Diese Unsicherheiten resultieren primär daraus, dass die Programmierung und die IBN durch unerfahrene Bediener erfolgen soll, was in der Folge darin mündet, dass eine Kollisionsfreiheit der programmierten Roboterbahnen nicht zwingend als gegeben angenommen werden kann. Darüber neigen unerfahrene Bedienende dazu, mehr Zwischenpositionen zu programmieren, als vielfach nötig sind. Eine Optimierung der einprogrammierten Pfade findet bei der Online-Programmierung im Gegensatz zu den Offline-Methoden häufig nicht statt. Sowohl für die Absicherung als auch die Optimierung dieser Abläufe ist eine Simulationsumgebung von Vorteil, wofür sowohl von den Betriebsmitteln als auch von der Umgebung ein CAD-Modell vorliegen muss. Letzteres stellt für viele Unternehmen eine Herausforderung dar, da solche Modelle entweder nicht vorhanden sind oder aufgrund von Toleranzen in einem erheblichen Maße von der Realität abweichen [BLAN19].

Daher soll in Kapitel 6.1 eine Methodik für die dynamische Erstellung einer Umgebungskarte vorgestellt werden. Diese Methode wird in Kapitel 6.2 am Beispiel eines realen Szenarios evaluiert und dabei analysiert, wie sich eine Veränderung der Prozessparameter auf die Qualität der erstellten Karte auswirkt. Basierend auf der dynamisch erstellten 3D-Karte werden in 6.3 beispielhafte Abläufe optimiert und deren Effekt auf die Taktzeit untersucht. In diesem Zusammenhang werden verschiedene Bahnplanungsalgorithmen analysiert und für diesen Anwendungsfall bewertet.

6.1 Methodik zur dynamischen Erstellung von Umgebungskarten

Methodology for the dynamic creation of environment maps

Für die Erstellung von Umgebungskarten existiert eine Vielzahl von Ansätzen, wie Kapitel 2.4.4. gezeigt hat. Insbesondere durch das autonome Fahren und den Einsatz von mobilen Robotern ist das Interesse an diesen Methoden gestiegen. Abweichend von diesen Ansätzen soll bei der vorgestellten Methodik ein Sensor am Tool Center Point (TCP) des IR befestigt werden. Durch Bewegen des TCP kann so Stück für Stück die Umgebung um den IR erkundet und automatisch eine 3D-Karte erstellt werden. Vorteil dieses Ansatzes ist, dass im Vergleich zum autonomen Fahren kein SLAM-Verfahren verwendet werden muss, da durch die Vorwärtstransformation des IR die Position des Sensors bestimmt werden kann. Dies führt in der Folge zu höheren Genauigkeiten bei der Erstellung der Karten. Zusätzlich wird durch die Positionierung des Sensors am TCP nur ein Sensor für die Erstellung benötigt, da sich der IR flexibel bewegen und so die komplette Umgebung abdecken kann. Im Rahmen von Vorarbeiten sind sowohl manuelle als auch automatische Ansätze zum Erstellen von Umgebungskarten entstanden, die die Grundlage für die nachfolgende Methodik bilden [BLAN20; BLAN21]. Die Implementierung erfolgt in dem Open Source Framework ROS, sodass dieses sich auch nahtlos in das konzeptionierte CPSTS integrieren lässt.

Entsprechend des Vorgehens aus Kapitel 2.4 setzt sich die Erstellung von Umgebungskarten aus verschiedenen Modulen zusammen. **Bild 6.1** greift diese Klassifizierung auf und unterteilt das Vorgehen in einzelne Module, die nachfolgend der Reihe nach vorgestellt werden sollen.

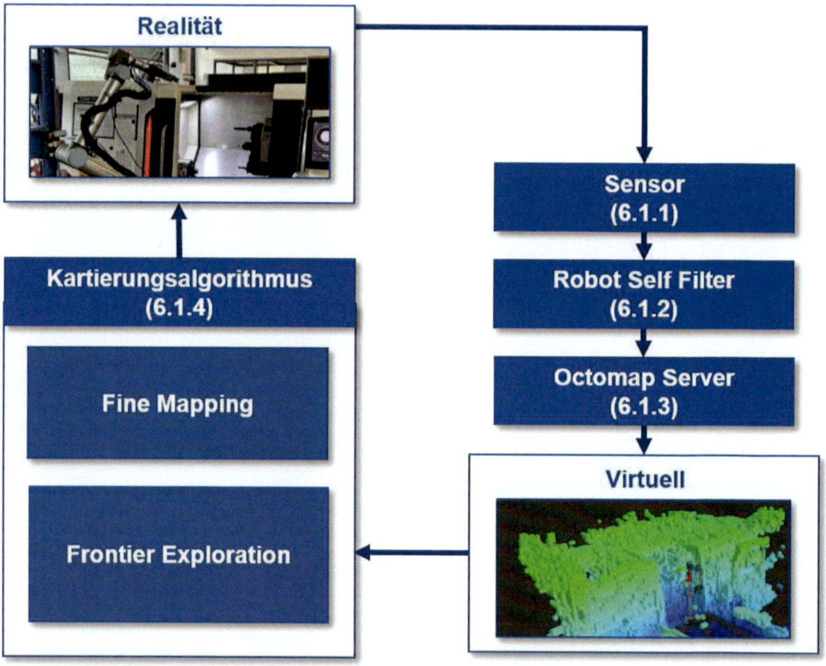

Bild 6.1: Methodik zur dynamischen Erstellung von Umgebungskarten
Methodology for the dynamic creation of environment maps

Voraussetzung für die Erstellung der Karte ist, dass der IR mit dem am TCP montierten Sensor am Einsatzort, das heißt vor der WZM, platziert wurde, was normalerweise im Zuge der IBN bereits geschehen ist. Darüber hinaus ist sicherzustellen, dass sich der IR für eine erste initiale Erfassung in einem eingeschränkten Bereich kollisionsfrei bewegen kann. Die Tür der WZM sollte offen sein, sodass eine Erfassung des Arbeitsraums der WZM möglich ist. Dabei wird die durch den Sensor erfasste Umgebung als Punktwolken zur Verfügung gestellt und durchläuft im Anschluss einen Filter. Dieser Filter sorgt dafür, dass der IR sich nicht als Kollisionsobjekt ansieht, sondern dies aus den erfassten Daten entfernt wird. Die nun gefilterten Punktwolken werden auf dem OctomapServer zu einer Octomap zusammengeführt. Diese Octomap wird anschließend als Ausgangslage für die Bestimmung der nächsten Sensorpositionen genutzt. Im Rahmen dieser Bestimmung kommt eine Kombination von mehreren bestehenden Ansätzen zum Einsatz, die in zwei Methoden mündet. Die erste Methode zielt darauf ab, möglichst schnell viele unbekannte Bereiche zu scannen, während die zweite Methode verdeckte Bereiche erkundet. So kann der Fortschritt oder die Vollständigkeit der Karte mittels der Entropie, einem Kennwert aus der Informationstheorie, angegeben werden [STAC03]. Sobald ein bestimmter Schwellwert unterschritten wird, wird die Karte als vollständig angesehen.

6.1.1 Auswahl der Sensorik zur Erfassung der Umgebung

Selection of the sensor for capturing the environment

Für die Erfassung der Umgebung wird ein kleiner, robuster und kostengünstiger Sensor benötigt, der am TCP des Roboters befestigt werden kann. Um mögliche Investitionskosten zu rechtfertigen, sollte er auch für weitere Aufgaben im Rahmen der Beschickung, wie dem Griff in die Kiste, einsetzbar sein. Alternativ kann ein bereits montierter Sensor am TCP für dieses Verfahren genutzt werden, solange dieser als Ergebnis eine Punktwolke ausgibt. Dadurch ist es möglich, diesen Ansatz zur Absicherung bei bereits bestehenden Lösungen im Feld nachzurüsten.

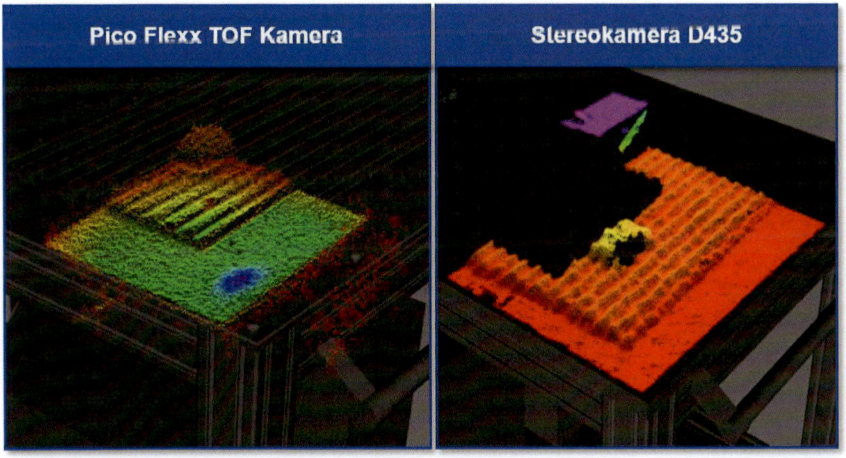

Bild 6.2: Vergleich der Punktwolken von der ToF-Kamera (links) und Stereokamera (rechts)
Comparison of the point clouds from the ToF camera (left) and stereo camera (right)

In Kapitel 2.4.1 sind drei Verfahren und die damit einhergehenden Vor- und Nachteile für die Erfassung der Umgebung erläutert worden. Basierend auf dieser Klassifizierung und den Anforderungen für diesen Anwendungsfall werden Lidar Sensoren ausgeschlossen, da sie mit vergleichsweise hohen Anschaffungskosten und einem hohen

Bauvolumen verbunden sind. Zusätzlich ist deren Einsatz für weitere Tätigkeiten eingeschränkt. In der Folge werden ToF-Kameras und Stereokameras verstärkt betrachtet. Als Vertreter der jeweiligen Kategorie werden die Pico Flexx TOF Kamera der Firma PMD Technologies und die Stereokamera D435 von Intel unter realen Bedingungen getestet.

Bild 6.2 zeigt den direkten Vergleich der Rohdaten zwischen ToF-Kamera und Stereokamera. Es ist deutlich zu erkennen, dass bei der ToF-Kamera der Rand des Bildes stärker verrauscht ist. Unabhängig davon verfügt die genutzte Stereokamera über eine bessere Auflösung, einen größeren Öffnungswinkel und eine höhere Genauigkeit, sodass in der Folge diese Kamera genutzt wird.

6.1.2 Robot Self Filter

Robot Self Filter

Durch das Bewegen der Kamera wird neben der Umgebung auch der IR erfasst. In der Folge wird der IR in seiner aktuellen Stellung als statisches Kollisionsobjekt in der Karte vermerkt. Das führt dazu, dass der IR sich nicht mehr bewegen kann, da er in der Planung ständig mit sich selbst kollidieren würde.

Um diese fehlerhafte Kartierung zu verhindern, muss, bevor die aufgenommene Punktwolke zu einer Octomap zusammengeführt wird, der IR aus den Daten entfernt werden. Zu diesem Zweck wird das frei verfügbare Software-Paket *robot_self_filter* verwendet, das basierend auf dem Wissen über die einzelnen Gelenkpositionen und der aktuellen Pose der Kamera die Daten bereinigen kann [MARD24]. **Bild 6.3** zeigt den Vergleich zwischen mit und ohne Filter. Inhaltlich wird für jeden einzelnen Punkt in der Punktwolke berechnet, ob dieser innerhalb eines Gelenkkörpers oder innerhalb eines gewissen Bereichs um den Gelenkkörper liegt, und ggf. aus den Daten entfernt.

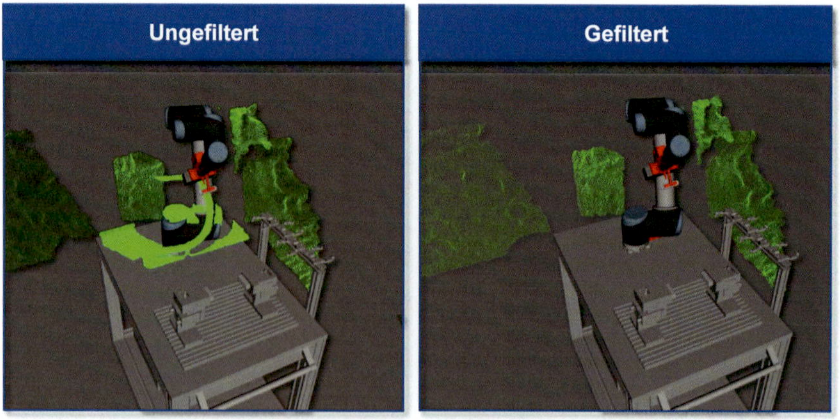

Bild 6.3: Erzeugte Punktewolke vor und nach der Filterung

Generated point cloud before and after filtering

6.1.3 Kartierung

Mapping

Für das Zusammenführen der einzelnen Punktwolken zu einer gemeinsamen Karte existieren verschiedene Ansätze, Methoden und Optimierungen, die in Kapitel 2.4.2 bereits erläutert wurden. In [BLAN20] sind die drei Verfahren Point Cloud Stitching, OctoMap Framework und RTAB-MAP SLAM zur Erstellung einer Umgebungskarte gegenübergestellt worden. In den Experimenten zeigte sich, dass das OctoMap Framework aufgrund seiner vergleichsweisen hohen Genauigkeit und des zeitgleich geringen Ressourcenverbrauches am besten geeignet ist.

Für die Umsetzung wird das ROS Paket *octomap_server* von Armin Hornung verwendet, das zur Erstellung von 3D-Karten auf Basis einer Octomap existiert [HORN13]. Diese ROS Node empfängt die gefilterten Punktwolken und erzeugt basierend auf dem in Kapitel 2.4.3 beschriebenen Verfahren die Octomap. Das Ergebnis wird im Anschluss in verschiedenen Formaten in unterschiedlichem Detailgrad auf mehreren Topics für die weitere Verarbeitung veröffentlicht. Über mehrere Parameter kann das Verfahren beeinflusst werden. Wesentlicher Parameter für die Performance ist die Größe der Voxel. Je kleiner die Voxel sind, desto ressourcen- und zeitintensiver ist der Prozess, weshalb im Rahmen der Evaluierung in Kapitel 6.2 eine optimale Größe bestimmt werden muss.

Für die weitere Verarbeitung existiert eine ROS Node, die die jeweils aktuelle Octomap an die Bewegungsplanung überträgt, sodass diese immer auf der aktuellen Grundlage planen kann. Im Rahmen dieses Prozesses wird auch der in dem vorherigen Kapitel beschriebene Sicherheitsabstand hinzugefügt.

6.1.4 Erkundungsalgorithmus

Exploration algorithm

Entscheidend für eine schnelle Erkundung der Umgebung ist die Wahl der nächsten Sensorposition. Daher ist das Ziel des Erkundungsalgorithmus, den IR so zu bewegen, dass die Umgebung um den IR möglichst schnell und vollständig erfasst wird, sodass eine kollisionsfreie Bahnplanung garantiert werden kann. Um dies zu ermöglichen, wird ein zweistufiger Ansatz gewählt. Bei der groben Kartierung liegt der Fokus darauf, durch das Drehen des Handgelenks des IR an bestimmten Frontiers möglichst viele Informationen über die Umgebung zu gewinnen, wohingegen bei der detaillierten Kartierung unbekannte, in der Regel verdeckte Bereiche im Vordergrund stehen, die durch das grobe Kartieren nicht erfasst werden konnten. Der Übergang zwischen diesen Verfahren kann entweder basierend auf einem festdefinierten oder einem dynamisch definierten Schwellwert erfolgen. Vorteil des dynamischen Schwellwerts ist, sich an unterschiedliche Orte schneller anzupassen. Dabei wird der Informationsgewinn über die letzten Iterationen beobachtet; ist dieser zu gering, wird das Verfahren gewechselt. Die Bewertung des Fortschritts der Erkundung erfolgt basierend auf der Entropie. Hierzu wird die Umgebung abhängig von der gewünschten Größe und Auslösung der Karte in Voxel unterteilt. Wenn das Voxel noch nicht erfasst und somit unbekannt ist, trägt es mit dem Faktor 1 zur Entropie bei. Sobald es erfasst wurde, beeinflusst es die Entropie nicht mehr. Dies bedeutet, dass die initiale und damit maximale Entropie $\boldsymbol{E_{init}}$ einer Karte von der Größe der Karte (***B*** x ***H*** x ***T***) und der Größe der Voxel ($\boldsymbol{m_{res}}$) abhängig ist und sich wie folgt berechnet:

$$E_{init} = \frac{\mathrm{B} * \mathrm{H} * \mathrm{T}}{{m_{res}}^3} * 1\ bit \qquad (2)$$

Somit ist die Entropie maximal, wenn keine Information über die Umgebung vorliegt, und minimal, wenn die Umgebung komplett bekannt ist. Daher ist das Ziel, diese bis zu einem bestimmten Schwellwert zu minimieren. Eine Reduktion auf 0 ist hinsichtlich des Mehrwerts in Bezug auf den Aufwand und die Zeit im Allgemeinen nicht zielführend.

Grobe Kartierung

Die grobe Kartierung baut auf den in Kapitel 2.4.4 beschriebenen Ansätzen der Frontier-basierten Erkundung auf und überträgt diese auf die Erfassung der Umgebung durch einen am TCP befestigten Sensor ins Dreidimensionale. **Bild 6.4** gibt einen Überblick über den Ablauf des Prozesses, der nachfolgend im Detail erläutert wird.

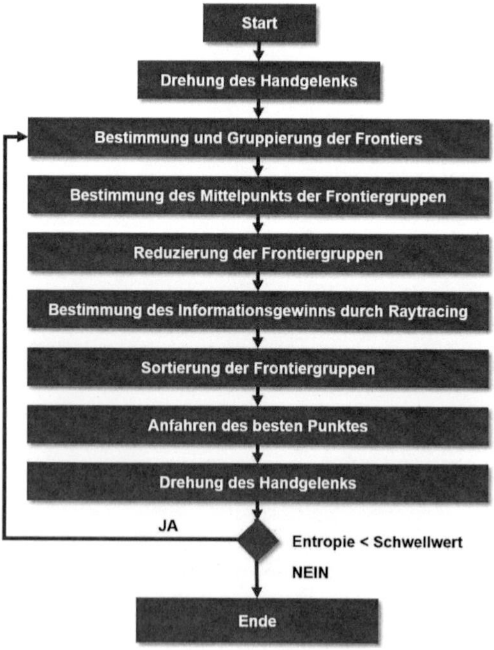

Bild 6.4: Ablauf der groben Kartierung
Process of Coarse Mapping

Zum Start wird der IR in eine Startposition bewegt, an der er sich in einem definierten Radius um sein Handgelenk frei bewegen kann. Dies ist nötig, da der Algorithmus aus zwei Teilen besteht, dem Scannen und dem Finden des nächsten Aussichtspunkts.

Das Scannen umfasst ein Drehen des Handgelenks des IR in alle Richtungen, sodass der Sensor die gesamte Umgebung von seinem aktuellen Blickpunkt einmal erfasst hat. Um das Kollisionsrisiko zu minimieren, erfolgt die Drehung maßgeblich durch die Bewegungen in der 4. und 5. Achse, (unter der Annahme eines 6-Achs Knickarmroboters). Die Bewegung in den beiden Achsen lässt sich limitieren, um ggf. Zuleitungen für Endeffektoren zu berücksichtigen. Ebenso kann die Schrittweite bei der Drehung parametriert werden, um unterschiedliche Sichtbereiche und Auflösungen bei den Sensoren zu ermöglichen.

Nach dem Scannen werden die Grenzgebiete, die Voxel, die auf der Grenze zwischen bekanntem und unbekanntem Gebiet liegen, in der aktualisierten Octomap bestimmt, vgl. **Bild 6.5** (links). Die Farben der Voxel in der Darstellung repräsentieren nur die Höhe, geben jedoch keinen Aufschluss über den möglichen Informationsgewinn an dieser Stelle. Um den Lösungsraum von möglichen neuen Aussichtspunkten einzuschränken, wird die Anzahl der möglichen Voxel reduziert. Hierzu werden diese zuerst hinsichtlich ihrer Nähe zueinander gruppiert. Von jeder dieser Gruppen wird im Anschluss der Mittelpunkt bestimmt und in eine Liste von möglichen Aussichtspunkten aufgenommen.

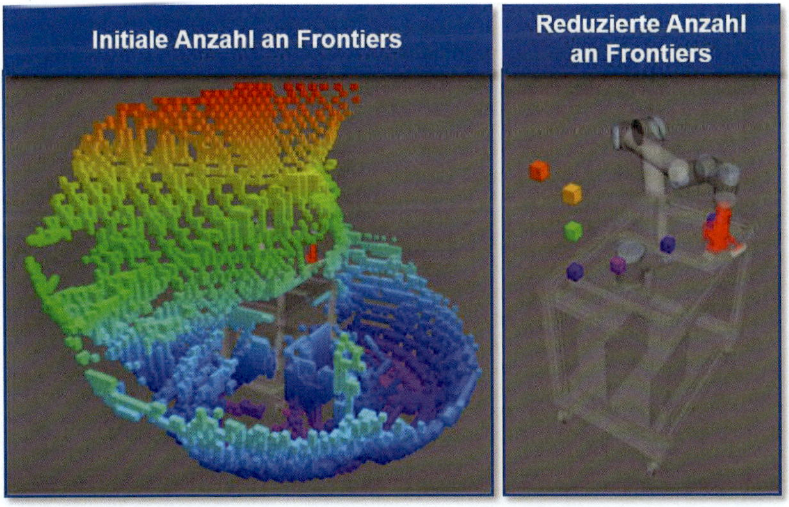

Bild 6.5: Grenzgebiet nach dem Scannen (links) und mögliche neue Aussichtspunkte (rechts)

Frontiers after scanning (left) and possible new viewpoints (right)

Basierend auf den nachfolgenden Kriterien wird diese Liste weiter reduziert:

1. Der Punkt liegt im Arbeitsraum des IR.
2. Der Punkt liegt in einem Abstand zwischen 0,2 m und 0,5 m zur aktuellen Position.
3. In einem gewissen Radius um den Punkt sind keine Hindernisse, sodass ein Scannen an dieser Position ohne Kollision möglich ist.

Nach der Filterung enthält die Liste ***M*** eine Reihe von möglichen neuen Aussichtspunkten. Es ist jedoch unbekannt, wie groß der Informationsgewinn durch den potenziell neuen Aussichtspunkt ist. Bei einer zufälligen Auswahl könnte dies dazu führen, dass mehrere Male Aussichtspunkte in demselben Bereich gewählt werden, die in der Folge keine neuen Informationen über die Umgebung liefern. Des Weiteren kann der Prozess hierdurch deutlich verlangsamt werden. Aus den genannten Gründen sollten die Punkte in der Liste in einer geeigneten Weise priorisiert werden. Ein Kriterium könnte der Informationsgewinn sein. Hierfür ist es jedoch nötig, den möglichen Informationsgewinn an den jeweiligen Punkten im Vorfeld zu bestimmen. Aus diesem Grund wird das Scannen, das heißt das Drehen des Handgelenks, an den möglichen Aussichtspunkten simuliert. Dies geschieht mittels Raytracing, einer Technik aus der Bildverarbeitung, die beispielsweise bei der Berechnung von Schatten in 3D-Umgebungen eingesetzt wird. Bei diesem Verfahren werden Strahlen von einem möglichen Aussichtspunkt in alle möglichen Blickrichtungen geschossen und alle Voxel in der Octomap bestimmt, die diese Strahlen durchlaufen, bis sie auf ein Hindernis stoßen oder das Ende des Sichtbereiches des Sensors erreichen. Somit ist der erwartete Informationsgewinn (***IG(i)***) am Aussichtspunkt ***i*** abhängig von der Anzahl an unbekannten Voxel, die durch die Strahlen getroffen wurden, und berechnet sich wie folgt, wobei ***Y_i*** die Menge aller durchs Raytracing getroffenen Voxel an der Position ***i*** ist:

$$\mathrm{IG(i)} = \sum_{\upsilon \in \Upsilon_i} I(\upsilon) \tag{3}$$

$$\mathrm{I(\upsilon)} = \begin{cases} 1, & \text{falls } \upsilon \text{ unbekannt ist} \\ 0, & \text{falls } \upsilon \text{ bekannt ist} \end{cases}$$

Somit könnte die Liste nach dem Informationsgewinn sortiert werden. In der Praxis kann dies jedoch darin resultieren, dass große Bewegungen in allen Achsen nötig sind, was die Gefahr einer möglichen Kollision stark erhöht. Aufbauend auf den Ansätzen von STACHNISS im zweidimensionalen wird deshalb die nötige Bewegung ebenfalls als Kriterium in die Bewertung miteinbezogen [STAC06]. Welches der beiden Kriterien wie stark auf die finale Bewertung Einfluss hat, kann über den Prozessparameter ***α*** gesteuert werden, sodass zusammenfassend der Wert eines möglichen neuen Aussichtspunkts ***C(i)*** sich folgendermaßen bestimmen lässt:

$$\mathrm{C(i)} = \alpha * \frac{IG(i)}{\max_{i \in M}\left(IG(i)\right)} + (1 - \alpha) * \frac{\lVert J_{current} - J_i \rVert}{\max_{i \in M}\left(\lVert J_{current} - J_i \rVert\right)} \tag{4}$$

Im ersten Term wird der Informationsgewinn mit dem maximal möglichen Informationsgewinn normalisiert und mit dem Parameter α gewichtet. Für die Klassifizierung der Bewegung im zweiten Term wird der Abstand zwischen der aktuellen Gelenkposition $J_{current}$ und der Gelenkposition J_i an Position i verwendet und ebenfalls normalisiert, jedoch in diesem Fall mit der längsten Bewegung. Die Gewichtung erfolgt mit dem Term $(1\text{-}\alpha)$, da dieser sich nur zwischen 0 und 1 bewegt. Falls $\alpha = 0$ ist, wird die kürzeste Bewegung am höchsten bewertet. Ist $\alpha = 1$, wird der Punkt mit dem höchsten Informationsgewinn am stärksten gewichtet. In Kapitel 6.2 erfolgt eine Untersuchung des Parameters auf das Ergebnis der erstellten Karte.

Nach diesem Bewertungsschema kann die Liste schließlich sortiert werden. Daraufhin wird versucht, zu dem Punkt mit der höchsten Bewertung einen kollisionsfreien Pfad zu planen. Falls keiner gefunden werden kann, wird so lange der Punkt mit der nächstniedrigeren Bewertung gewählt, bis ein Pfad erfolgreich geplant werden kann. Dieser wird im Anschluss ausgeführt und ein Scannen an dem neuen Aussichtspunkt initiiert. Falls die Entropie der Karte dann immer noch über dem Schwellwert liegt, wird die grobe Kartierung fortgesetzt. Ansonsten wechselt der Algorithmus zur zweiten Stufe, der feinen Kartierung.

Feine Kartierung

Die feine Kartierung hat zum Ziel, die Bereiche, die bei der groben Kartierung nicht erfasst werden konnten, weil sie beispielsweise verdeckt sind, zu erfassen. Dabei sind die initialen Schritte vergleichbar. Statt die Voxel im Grenzgebiet zu gruppieren, werden alle unbekannten Voxel gruppiert. Im Anschluss wird wieder der Mittelpunkt für jede dieser Gruppen bestimmt, unter der Annahme, dass wenn dieser erfasst wird, alle anderen Voxel in dieser Gruppe auch erfasst werden. Als Nächstes werden die Gruppen hinsichtlich ihres Informationsgewinns für die Umgebung sortiert; das bedeutet, wie stark die Entropie sinken würde, wenn alle Voxel in dieser Gruppe erfasst würden. Die Entropie ergibt sich aus der Anzahl unbekannter Voxel in der Gruppe.

Nach der Sortierung ergeben sich die Herausforderungen, aus welchem Winkel und Position diese Bereiche erfasst werden können und ob eine Position ausreicht. Da der Sensor nur im Arbeitsraum des IR bewegt werden kann, wird eine Reihe von möglichen Aussichtspunkten bestimmt, die auf dem Rand des Arbeitsraums liegen. In der linken Hälfte von **Bild 6.6** werden mögliche Aussichtspunkte für die Erfassung des roten Voxel gezeigt, die basierend auf den folgenden Kriterien weiter reduziert werden:

1. Zwischen dem Punkt und dem Mittelpunkt des unbekannten Bereichs sind keine Hindernisse, die die Sicht versperren.
2. Um den Punkt herum befinden sich in einem gewissen Radius keine Hindernisse.

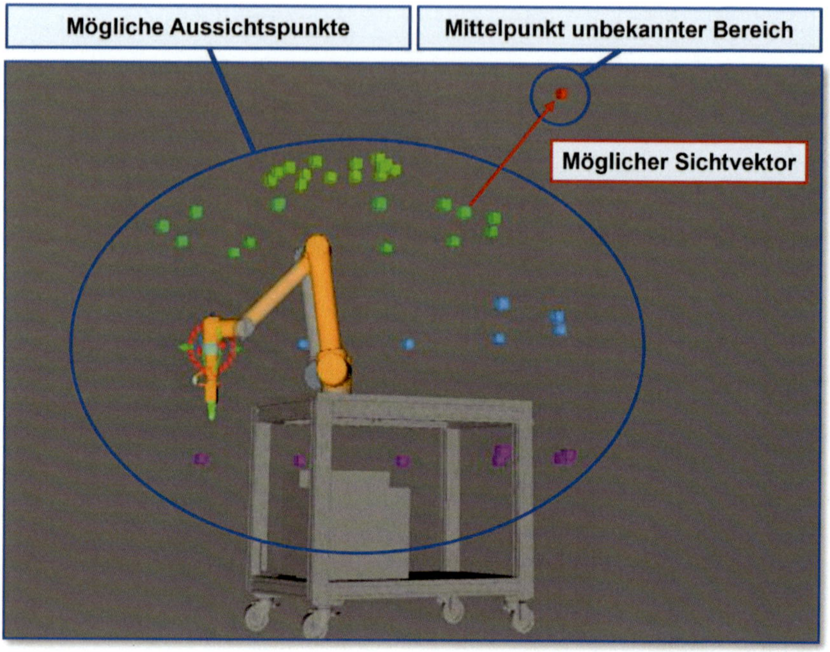

Bild 6.6: Mögliche Aussichtspunkte für die Erfassung des roten Voxel
Possible viewpoints for capturing the red voxel

Im Anschluss wird versucht, zu den einzelnen Punkten einen kollisionsfreien Pfad zu planen und diesen, wenn möglich, auch auszuführen, sodass der bisher unbekannte Bereich vollständig erfasst werden kann. Dies kann dazu führen, dass derselbe Bereich von unterschiedlichen Positionen mehrmals erfasst wird. Die jeweilige Orientierung der einzelnen Aussichtspunkte ergibt sich aus dem Richtungsvektor zwischen Aussichtspunkt und Mittelpunkt des zu scannenden Bereichs, vgl. roter Vektor im **Bild 6.6**. Wenn alle Bereiche erfasst wurden, stoppt der Algorithmus.

Um die Integration in das bestehende Ökosystem zu gewährleisten, sind die Algorithmen in einem ROS-Service gekapselt worden. Über die zuvor vorgestellten Parameter lässt sich das Verhalten beeinflussen und an den jeweiligen Anwendungsfall anpassen und optimieren

6.2 Evaluierung und Parameteroptimierung

Evaluation and parameter optimisation

Im Rahmen dieses Kapitels wird die zuvor vorgestellte Methodik evaluiert, die Unterschiede zwischen der groben und feinen Kartierung in der Qualität der Karte dargestellt und analysiert, welchen Einfluss die Prozessparameter auf das Ergebnis haben.

6.2.1 Evaluierung vor der WZM

Evaluation in front of the machine tool

Um die vorgestellte Methodik zu validieren, wird der IR (Universal Robot UR10) inklusive der ausgewählten Kamera (Intel Realsense D435) vor einer WZM platziert und der Prozess zur Erstellung der Umgebungskarte gestartet.

Zur Überwachung des Prozessfortschritts und Evaluierung des Systems wird die Entropie nach jeder Iteration bestimmt. Ausgehend vom einem Arbeitsradius von 1,3 m wird die Größe der Octomap nach oben abgeschätzt und auf 4 m x 4 m x 2 m festgelegt. Bei einer Auflösung von 0,05 m ergibt sich damit eine initiale Entropie von 256.000 bits gemäß Formel (2). Der Wert α beträgt 0,95.

Bild 6.7 zeigt die beschriebene Ausgangssituation und den Fortschritt des Prozesses über die Zeit. In der Ausgangssituation ist zu erkennen, wie der IR vor der WZM steht, die Tür offen ist und um den IR mehrere Kollisionsobjekte zu sehen sind. Nach dem initialen Scannen (15 Sekunden) ist bereits die direkte Umgebung um den IR erfasst. Mit zunehmender Zeit lassen sich immer mehr Details erkennen, beispielsweise die offene Tür der WZM oder das Regal links. Zu Beginn fällt die Entropie besonders stark, da durch die ersten Scans in alle Richtungen viele unbekannte Bereiche bereits erfasst werden. Mit zunehmender Zeit wird es immer schwieriger, neue unbekannte Bereiche zu finden, sodass der zweistufige Algorithmus bei einem bestimmten Schwellwert, in diesem Fall bei 105.000 bits, von der groben Kartierung auf die feine Kartierung wechselt. Die feine Kartierung schärft einzelne Bereiche und schließt Lücken, benötigt hierfür im direkten Vergleich jedoch mehr Zeit. In den letzten 104 Sekunden fällt die Entropie nur um 10.971 bits. In der dargestellten Bildsequenz sind Änderungen in diesem Detailgrad schwer zu erkennen. Insgesamt steigert dieses Verfahren jedoch die Qualität der erstellten Karten deutlich. Abgeschlossen wird die Kartierung nach 290 Sekunden, und die finale Entropie liegt zu diesem Zeitpunkt bei 66.308 bits. Diese Differenz resultiert daraus, dass die Karte auch Objekte wie die WZM, die Schränke oder die mobile Plattform unter dem IR beinhaltet, die von außen, aber nur eingeschränkt bis gar nicht im Inneren erfasst werden können. Dies führt auch dazu, dass die finale Entropie von Szenario zu Szenario leicht unterschiedlich und nicht direkt vergleichbar ist.

Des Weiteren fällt beim näheren Betrachten der erstellten Karte auf, dass rechts vom IR keine Voxel zu erkennen sind. Dies lässt die Vermutung zu, dass dieser Bereich nicht erfasst wurde. Vielmehr ist es so, dass in diesem Bereich keine Kollisionsobjekte sind, sondern in der Realität hier eine Freifläche ist. Da in der Karte nur Hindernisse innerhalb der definierten Kartengröße dargestellt werden, werden alle Objekte außerhalb möglicherweise vom Sensor erfasst, aber fließen nicht in die Karte ein.

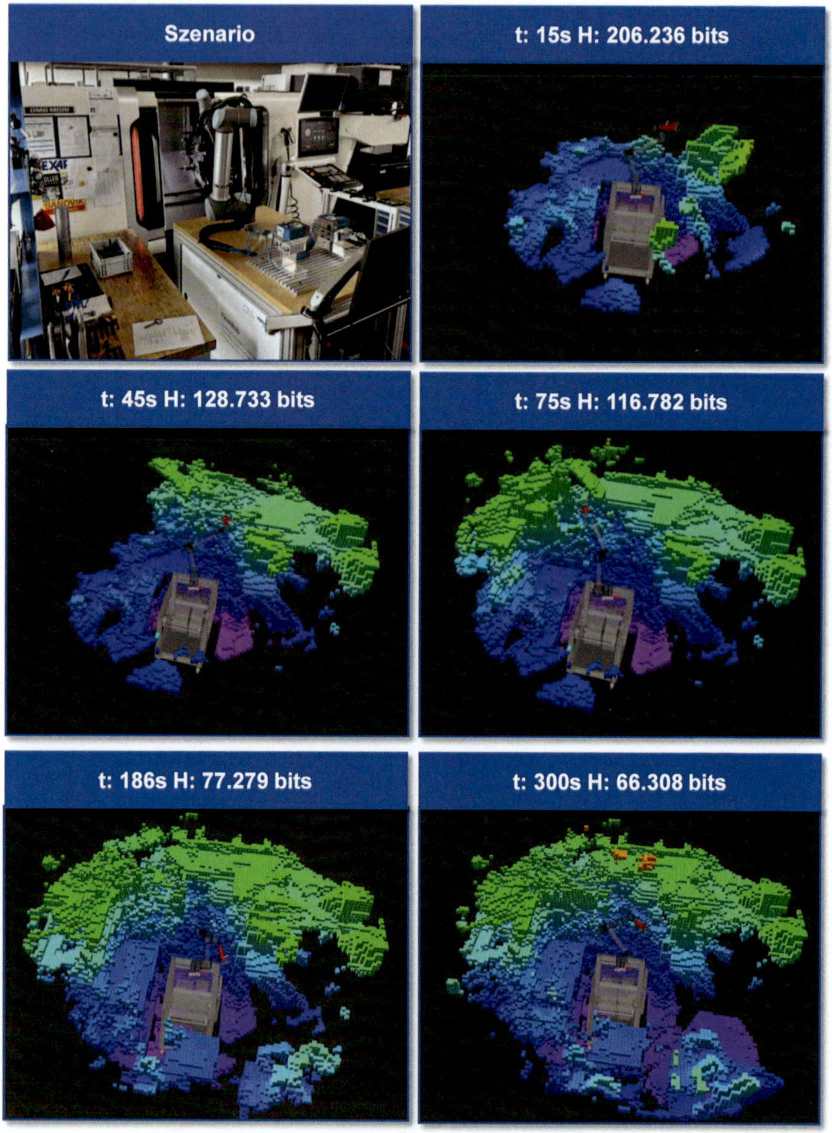

Bild 6.7: Ausgangssituation und die erstellte Umgebungskarte über die Zeit
Initial situation and the created environment map over the time

Um den Effekt der feinen Kartierung auf die Qualität der Karte darzustellen, zeigt **Bild 6.8** den direkten Vergleich zwischen der groben und feinen Kartierung. In den roten

Kreisen sind die Unterschiede hervorgehoben. Obwohl die Entropie nur minimal reduziert wird, gewinnt die Karte deutlich an Qualität.

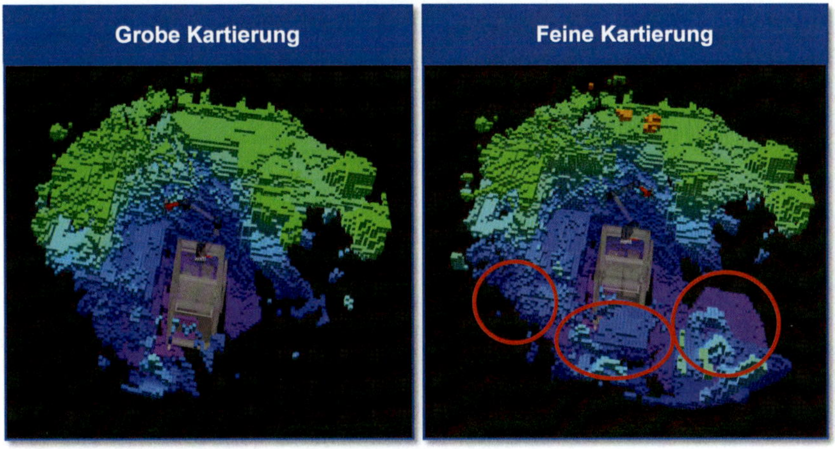

Bild 6.8: Vergleich zwischen grober und feiner Kartierung
Comparison between coarse and fine mapping

6.2.2 Einfluss der Prozessparameter

Influence of the process parameters

Während für die initiale Evaluierung der Methodik vor der WZM sowohl die Größe der Voxel und damit die Auflösung der Karte als auch der Parameter **α** frei gewählt wurden, soll in diesem Kapitel der Einfluss dieser beiden Prozessparameter auf die Geschwindigkeit und Qualität der Karte untersucht werden. Das Anwendungsszenario hat sich im Vergleich zu dem vorherigen nicht geändert. Die Grenzwerte, an denen die Verfahren von der groben Kartierung auf die feine Kartierung wechseln, betragen jeweils 40 % der initialen Entropie, was 102.400 bits bei einer Auflösung von 0,05 m sind.

Auflösung der Karte

Um den Einfluss der Voxelgröße zu untersuchen, sind drei verschiedene Auslösungen (0,05 m; 0,10 m; 0,15 m) jeweils dreimal getestet worden, vgl. **Tabelle 6.1**. Die initialen Entropien ergeben sich gemäß der bekannten Formel (2) und ändern sich mit der Auflösung.

Beim Vergleich der Tests mit denselben Auflösungen lässt sich feststellen, dass die finale Entropie und die benötigte Zeit auf einem vergleichbaren Niveau sind, mit Ausnahme von Test #3 bei 0,05 m, sodass davon ausgegangen werden kann, dass der Prozess stabil und in der Regel vergleichbare Resultate liefert. Zudem ist es zu keinen

Kollisionen oder Schäden gekommen. Darüber hinaus lässt sich anhand der Zeitpunkte, wann ein bestimmter Schwellwert, beispielsweise 25 % der initialen Entropie, erreicht wird, erkennen, dass jeder Durchlauf etwas anders abläuft. Dies ist maßgeblich eine Folge vom Sensorrauschen und der daraus resultierenden unterschiedlichen Gewichtung der Grenzgebiete, sodass bei jedem Durchlauf unterschiedliche Aussichtspunkte als jeweils nächstes ausgewählt werden. Auch die Gruppierung und Bildung des Mittelpunkts innerhalb der Grenzgebiete (grobe Kartierung) und der unbekannten Voxel (fein Kartierung) unterliegen einer gewissen Dynamik, sodass ein definiertes, vergleichbares Verhalten schwer vorhersehbar ist.

Tabelle 6.1: Einfluss der Voxelgröße auf die Geschwindigkeit

Influence of the voxel size on the speed

		Test #1	Test #2	Test #3
0,05 m	Initial Entropy ($H_{0,05}$) [bits]	256.000		
	$t_{25\%*H_{0,05}}$ $[s]$	25.14	33.18	24.79
	$t_{50\%*H_{0,05}}$ $[s]$	50.32	65.67	51.97
	$t_{75\%*H_{0,05}}$ $[s]$	144.89	198.29	134
	Final Entropie [bits]	66308	65497	77837
	Totaltime [s]	289.791	297.57	268.87
0,1 m	Initial Entropy ($H_{0,1}$) [bits]	32.000		
	$t_{25\%*H_{0,1}}$ $[s]$	29.86	21.13	32.68
	$t_{50\%*H_{0,1}}$ $[s]$	52.875	56.11	52.76
	$t_{75\%*H_{0,1}}$ $[s]$	132.79	130.07	146.12
	Final Entropie [bits]	11443	9797	9982
	Totaltime [s]	265.60	260.15	292.25
0,15 m	Initial Entropy ($H_{0,15}$) [bits]	9.481		
	$t_{25\%*H_{0,15}}$ $[s]$	21.20	39.19	40.18
	$t_{50\%*H_{0,15}}$ $[s]$	54.88	88.18	81.69
	$t_{75\%*H_{0,15}}$ $[s]$	124.38	113.85	123.9
	Final Entropie [bits]	3834	4137	3813
	Totaltime [s]	248.77	227.69	247.39

Bezogen auf die Geschwindigkeit sind Unterschiede hinsichtlich der Auflösung erkennbar, auch wenn diese kleiner sind, als möglicherweise initial zu erwarten gewesen wären. Im Allgemeinen ist der Prozess aber immer früher beendet, desto größer die Voxel sind. Dieses Verhalten ist unter anderem dahingehend erklärbar, dass dieselbe Menge an Informationen sich nicht mehr auf mehrere Voxel verteilt, sondern auf ein größeres Voxel konzentriert, das in der Folge seinen Belegungszustand (unbekannt, frei, belegt) schneller wechselt. Andererseits führt eine größere Auflösung zu einer deutlich gröberen Karte, was sich negativ auf die Anwendung auswirken kann, sodass in Summe evaluiert werden muss, ob eine höhere Auflösung eine im Durchschnitt 30 Sekunden längere Kartierung nicht rechtfertigt.

Parameter α

Neben der Größe der Karte kann bei der groben Kartierung auch über den Parameter ***α*** Einfluss auf das Verhalten genommen werden. Je näher dieser an der 1 ist, desto höher wird der Informationsgewinn gegenüber der Pfadlänge gewichtet, was bedeutet, dass die Bewertung der nächsten Aussichtspunkte verändert werden kann.

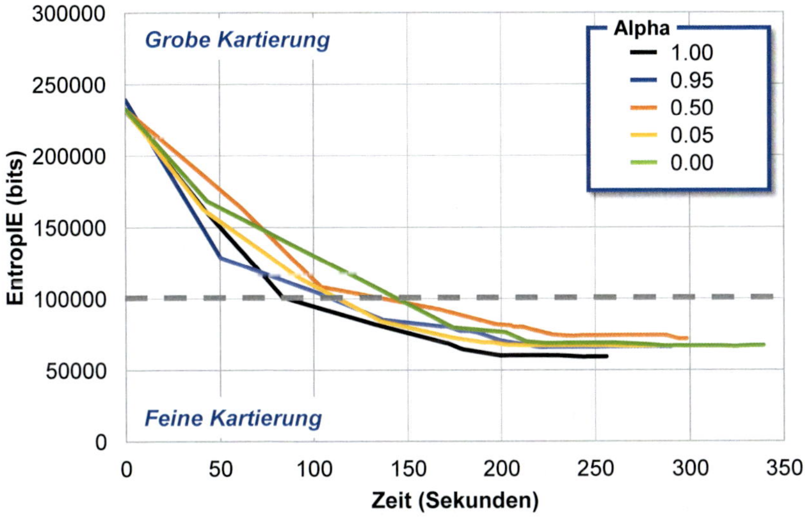

Bild 6.9: Einfluss des Parameters α auf das Ergebnis
Influence of the parameter α on the result

Um diesen Einfluss zu analysieren, sind ebenfalls Untersuchen durchgeführt worden. Aus Gründen der Übersichtlichkeit ist eine repräsentative Reihe pro Parameter ausgewählt und in **Bild 6.9** dargestellt worden. Das Bild zeigt den zeitlichen Verlauf der Entropie abhängig vom Parameter ***α*** bei einer konstanten Auflösung von 0,05 m. Da der

Parameter einzig Einfluss auf die grobe Kartierung hat, ist nur der Verlauf oberhalb der grau gestrichelten Linie relevant. Es lässt sich erkennen, dass unabhängig vom Wert α die grobe Kartierung zwischen 100 und 150 Sekunden den Grenzwert durchschreitet. Eine leichte Tendenz ist dahingehend erkennbar, dass wenn α gegen 1 geht, die Entropie deutlich stärker fällt. Jedoch ist dies nicht zwingend durchgehend der Fall und unterliegt ebenfalls einer gewissen Dynamik. Diese Dynamik resultiert daraus, dass die Aussichtspunkte gemäß der Formel (4) bewertet und sortiert werden und im Anschluss versucht wird, einen kollisionsfreien Pfad zu diesem Punkt zu planen. Während der Versuche konnte beobachtet werden, dass häufig zu dem höchst gewichteten Punkt und teilweise bis zu den drei nächst niedrigeren Punkten kein kollisionsfreier Pfad in einer definierten Zeit, in diesem Fall fünf Sekunden, gefunden werden konnte. Dies führt dazu, dass stückweise die Gewichtung mittels α aufgehoben wird, sodass direkte Abhängigkeiten nicht deutlich sichtbar und allgemein ableitbar werden.

6.3 Optimierung des Ablaufs

Optimisation of the process

Ziel der dynamisch erstellten Umgebungskarte ist es, den in der IBN programmierten Ablauf zu optimieren und die Kollisionsfreiheit sicherzustellen. Hierzu wird zuerst ein Benchmarking bestehender Bahnplanungsalgorithmen durchgeführt, bevor analysiert wird, welche Pfade optimiert werden können und was für einen Effekt dies auf die Taktzeit hat.

6.3.1 Benchmarking von Bahnplanungsalgorithmen

Benchmarking of motion planning algorithms

Für die Planung eines IR existieren verschiedene Ansätze (vgl. Kapitel 2.3.3), die jeweils Stärken und Schwächen aufweisen, weshalb nachfolgend verschiedene Algorithmen getestet werden und der beste für den Anwendungsfall ausgewählt werden soll. Die evaluierten Algorithmen umfassen eine Auswahl von Sampling-based Algorithmen aus der OMPL-Bibliothek sowie die beiden optimierten Algorithmen CHOMP und STOMP [SUCA12; RATL09; KALA11]. Um die Algorithmen zu evaluieren, wird keine mit der Intel Realsense D435 aufgenommene Umgebung genutzt, sondern es wird eine künstliche Umgebung mit mehreren Kollisionsobjekten in der Simulation verwendet. In dieser Simulationsumgebung sind unterschiedliche Start- und Endposen definiert worden, wovon eine Auswahl in **Bild 6.10** gezeigt wird.

Bewertet werden die Algorithmen hinsichtlich der Wahrscheinlichkeit, einen Pfad zu finden, der benötigten Berechnungszeit und der nötigen Pfadlänge, die sich aus der Summe der zurückgelenkten Gelenkwinkel zusammensetzt. Da die betrachteten Algorithmen, obwohl die Start- und Endpose gleich ist, unterschiedliche Ergebnisse liefern können, wird jeder mehrfach getestet und die Ergebnisse gemittelt.

Für die Wahrscheinlichkeit, einen kollisionsfreien Pfad zu planen, zeigt sich, dass diese mit steigender Berechnungszeit zunimmt. Bei einer maximalen Berechnungsdauer von 0,1 s kann keiner der Algorithmen eine Lösung für alle Konfigurationen finden. Mit steigender Zeit liefern immer mehr Algorithmen eine Lösung. So konnten zehn der 21 verglichenen Algorithmen zu über 80 % der Konfiguration innerhalb von einer Sekunde eine Lösung finden. Eine detaillierte Aufschlüsselung der Ergebnisse hinsichtlich der unterschiedlichen Berechnungszeiten befindet sich in Anhang 10.D.

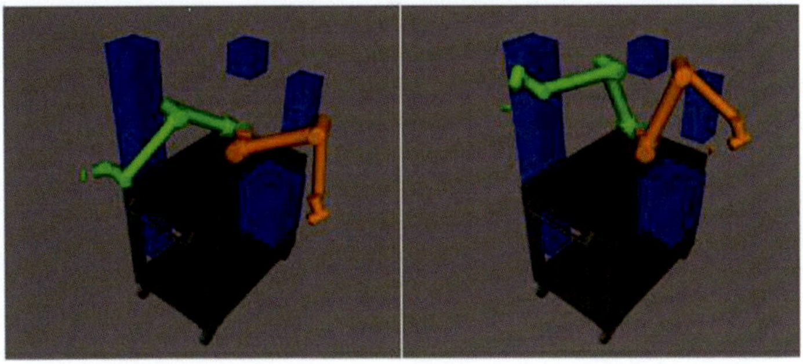

Bild 6.10: Unterschiedliche Start- und Endposen in der Simulationsumgebung

Different start and end configurations in the simulation environment

Für die Untersuchung der Pfadlänge sind nur noch Algorithmen betrachtet worden, die innerhalb von 10 s stets eine Lösung in allen Konfigurationen berechnen konnten. Die Ergebnisse sind in **Tabelle 6.2** dargestellt.

Tabelle 6.2: Pfadlänge unterschiedlicher Algorithmen für die Konfiguration aus Bild 6.11

Path length of different algorithms for the configuration from Figure 6.11

Pfadlänge [rad]	Konfiguration 1				Konfiguration 2			
Rechenzeit [s]	0,1	1,0	10,0	60,0	0,1	1,0	10,0	60,0
RRT	15,49	15,60	16,32	15,83	22,88	27,61	28,82	27,9
RRT*	10,71	10,15	9,06	8,77	18,04	15,15	12,84	12,22
RRTConnect	14,93	14,96	14,99	15,15	27,94	30,58	30,17	30,45
BiTRRT	17,61	17,01	16,86	16,86	27,91	30,19	30,88	28,78
FMT	-	-	9,07	9,03	-	-	13,44	13,30
EST	20,46	21,26	22,13	23,50	28,82	42,73	44,87	48,26
BiEST	20,92	20,13	19,92	19,0	35,79	44,94	43,78	41,69
LazyPRM	12,95	11,92	11,36	10,93	23,38	20,19	16,69	15,94
LazyPRM*	10,82	9,93	9,17	9,10	21,79	15,61	13,30	12,93
PDST	17,35	18,69	17,47	17,41	35,11	36,12	36,40	36,70

Basierend auf den Ergebnissen in **Tabelle 6.2** wird für die nachfolgende Optimierung der RRT* Algorithmus verwendet, da dieser unabhängig von der Berechnungsdauer in den meisten Fällen das beste Ergebnis liefert, das heißt, den kürzesten Weg zwischen Start- und Endpose berechnet.

6.3.2 Evaluation

Evaluation

Ausgehend von dem erstellten Ablauf aus Kapitel 5.3.4 sollen die programmierten Pfade auf Basis der dynamisch erstellten Karte optimiert und auf Kollisionsfreiheit geprüft werden. Dabei muss zuerst geklärt werden, welche Pfade optimiert werden sollen und ob eine Optimierung hinsichtlich der Pfadlänge ebenso möglich ist. Bei näherer Betrachtung des Ablaufs in **Bild 5.24** fällt auf, dass die Pfade innerhalb der jeweiligen Skills nur kleine Bewegungen sind und diese durch den Menschen explizit programmiert wurden, um beispielsweise das Werkstück passend im Spannfutter zu positionieren. Zwar existiert an diesen Stellen eine Karte, doch die Auflösung der Karte ist im Verhältnis zur benötigten Genauigkeit unzureichend, um die Bahnen zu optimieren oder zu überprüfen. Unabhängig von den Bewegungen in den Skills existieren die Bewegungen zwischen den Skills, beispielsweise die Bewegung zwischen Spannfutter und Ablageposition, wo bisher der Mensch durch das Setzen von zusätzlichen Zwischenpositionen die Kollisionsfreiheit möglicherweise sichergestellt hat.

Bild 6.11 greift dies auf und stellt die Situation schematisch dar. Die gelben Pfeile zeigen die Bewegung in den Skills, während die roten Pfeile den durch den Menschen geplanten Pfad veranschaulichen; der grüne Pfad wäre der optimale Pfad.

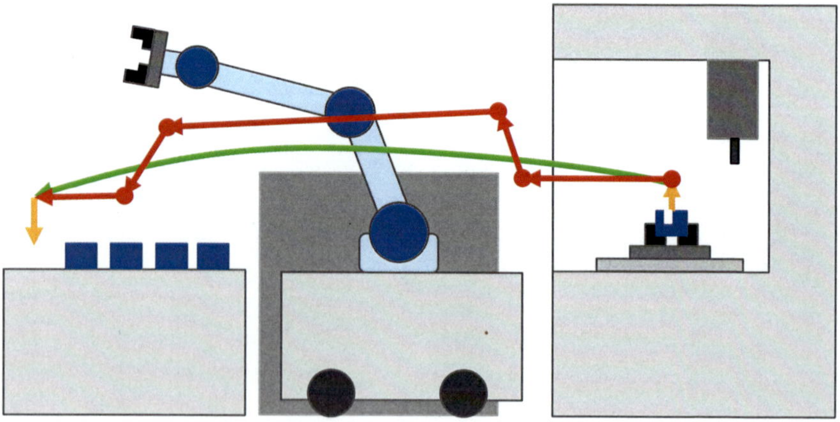

Bild 6.11: Vergleich zwischen Teach-In Verfahren (roter Pfad) und optimiertem Pfad basierend auf der Umgebungskarte (grüner Pfad)

Comparison between teach-in method (red path) and optimised path based on the environment map (green path)

Basierend auf dieser Skizze und der dahinterliegenden Problematik existiert hier zum einen ein hohes Potenzial für die Optimierung der Pfade. Zum anderen kann der Aufwand für den Mitarbeitenden im Rahmen der IBN deutlich reduziert werden, da keine Zwischenpunkte zur Sicherstellung der Kollisionsfreiheit einprogrammiert werden müssen. Bezogen auf das Beispiel aus **Bild 5.24** ergibt sich entsprechendes Potenzial sowohl für die Bewegungen zwischen Aufnahmeposition und Spannposition beim Be- und Entladen als auch für die Bewegungen zwischen Spannposition und Warteposition während der Bearbeitung. Falls für jede dieser vier Bewegungen vier Zwischenpositionen programmiert werden müssen und jede Programmierung inklusive Testen bis zu 60 s dauert, können bei der IBN bis zu 16 min eingespart werden. Diese Einsparung übersteigt die Dauer für die Erstellung der Umgebungskarte deutlich. Darüber hinaus kann der Mitarbeitende in der Zeit andere Tätigkeiten übernehmen, da die Erstellung der Karte autark abläuft.

Des Weiteren kann die Verantwortung für die Kollisionsfreiheit von dem Mitarbeitenden genommen werden und die Pfade zusätzlich noch in Bezug auf den RRT* Algorithmus hinsichtlich ihrer Pfadlänge optimiert werden. In der Folge wirkt sich dies positiv auf die Produktivität der WZM aus, da während der Be- und Entladung keine wertschöpfende Tätigkeit durchgeführt werden kann. Ein vergleichbarer Pfad, der wie in der Skizze dargestellt ist, konnte durch eine solche Optimierung um 3,9 Sekunden verkürzt werden, was bei vier Bewegungen dieser Art pro Bauteil und einer durchschnittlichen Taktzeit von 86 Sekunden vor der Optimierung eine Steigerung des Durchsatzes um zehn Werkstücke pro Stunde bedeuten würde.

6.4 Zwischenfazit

Interim conclusions

Kapitel 5 endet damit, dass nach der IBN immer noch Restunsicherheiten vorhanden sind, die zu minimieren sind. Diese beziehen sich im Wesentlichen auf die Kollisionsfreiheit und die optimale Pfadlänge. Kapitel 6 greift dies auf und stellt ein Vorgehen vor, wie bereits programmierte Abläufe durch eine dynamisch erstellte Umgebungskarte optimiert werden können.

Im ersten Teil ist eine Methodik entwickelt worden, die eine autarke Erkundung der Umgebung durch einen am TCP befestigten Sensor ermöglicht. Diese Methodik besteht aus mehreren einzelnen Modulen, die jeweils einen Teil in dem autarken Prozess übernehmen. Für die Erfassung der Umgebung wird nach einem Vergleich zwischen mehreren Verfahren eine Stereokamera (Intel Realsense D435) verwendet. Ein versehentlich erfasster Roboterarm wird durch ein entsprechendes Modul aus den Daten gefiltert, bevor die einzelnen Punktwolken zu einer Karte zusammengeführt werden. Das Finden des nächsten Aussichtspunkts erfolgt nach einem zweistufigen Ansatz, der sich über Prozessparameter an den jeweiligen Anwendungsfall anpassen lässt. In Summe konnte festgestellt werden, dass der entwickelte Algorithmus in der Regel stabil und eine gleichbleibende Qualität liefert und es zu keinen Kollisionen gekommen ist.

In der Evaluation zeigt sich, dass sich die Variation der Parameter auf die Qualität der erstellten Umgebungskarten und die Geschwindigkeit auswirkt, aber teilweise weniger stark als erwartet. Die Erstellung mit einer Voxelauflösung von 0,05 m dauert im Vergleich zu einer Auflösung von 0,15 m zwar länger; eine Zeit von 30 Sekunden lässt hier aber die Frage zu, ob eine höhere Auflösung nicht die 30 Sekunden mehr Zeit wert sind. Andererseits wird bei der Planung ein zusätzlicher Sicherheitsabstand von 0,2 m zu den erfassten Hindernissen hinzugefügt. Deshalb ist eine detailliertere Karte nur bis zu einem gewissen Grad einer längeren Erfassung vorzuziehen. In der Folge hat sich eine Auflösung von 0,1 m, die Hälfte vom Sicherheitsabstand, bewährt.

Des Weiteren wurde der Einfluss des Parameter α untersucht, der entscheidet, ob eher ein Aussichtspunkt mit einem hohem Informationsgewinn als ein in der Nähe liegender Punkt als Nächstes angefahren werden soll. Die Untersuchungen zeigen, dass wenn der Parameter sich gegen 1 nähert, die grobe Kartierung tendenziell schneller den Schwellwert erreicht, aber auch, dass dies einer gewissen Dynamik unterliegt und nicht allgemeingültig ist. Dies resultiert daraus, dass zu den höchst gewichteten Punkten nicht immer ein kollisionsfreier Pfad gefunden werden kann, weshalb in der Folge geringer bewertete Punkte angefahren werden.

Basierend auf der erfolgreich erstellten Umgebungskarte werden im zweiten Teil die geplanten Pfade optimiert. Hierzu sind zuerst in einer künstlichen Simulationsumgebung verschiedene Bahnplanungsverfahren getestet und nach den Kriterien Wahrscheinlichkeit, eine Lösung zu finden, Pfadlänge und Berechnungsdauer bewertet worden. Der RRT* Algorithmus hat diese Anforderungen im Test am besten erfüllt und wird in der Folge für die Planung genutzt.

Aufgrund des groben Rasters der Umgebungskarte können nur Bewegungen zwischen den Skills und nicht in den Skills optimiert werden. Die Bewegungen zwischen den Skills sind zum einen deutlich kollisionsanfälliger und werden zum anderen bisher von den Mitarbeitenden geplant. Dabei wird erwartet, dass sie ausreichend Zwischenpunkte für die Kollisionssicherheit hinzugefügt haben, was mit der vorgestellten Methode nicht mehr nötig ist und die IBN somit beschleunigt und sicherer macht.

Zusammenfassend stellt die Methode ein wertvolles Werkzeug für eine schnelle und kollisionsfreie IBN dar, da die Mitarbeitenden von der Aufgabe und der Verantwortung befreit werden, kollisionsfreie Pfade zu planen und zusätzliche Zwischenpunkte zu programmieren. Zusätzlich zeigt sich im Rahmen der Evaluierung, dass sich diese Zwischenpunkte negativ auf die Durchlaufzeit und Pfadlänge auswirken können, sodass in Summe die identifizierten Restunsicherheiten (optimierter Ablauf und Kollisionsfreiheit) durch die in diesem Kapitel vorgestellte Methodik minimiert werden konnten und die TF4 damit vollumfänglich beantwortet werden kann.

7 Referenzimplementierung und Evaluierung

Reference implementation and evaluation

Dieses Kapitel dient dazu, sowohl die Implementierung der in Kapitel 5 konzeptionierten Referenzarchitektur für die temporäre Automatisierung vorzustellen als auch diese zu evaluieren. Hierzu wird zuerst der mechanische Aufbau des Demonstrators erläutert, bevor auf die softwaretechnische Umsetzung eingegangen wird. Die Implementierung unterteilt sich in die unternehmensweite Applikation, die für die Interaktion mit den verschiedenen IT-Diensten und dem Wissensmanagement verantwortlich ist, und die Software im Demonstrator, was die grundlegende Architektur auf Basis von ROS sowie den Inbetriebnahme-Assistenten für die Beschickung umfasst. Abschließend wird die Implementierung am Beispiel von zwei Demonstrationsszenarien evaluiert und mit den aus Kapitel 4 abgeleiteten Anforderungen verglichen.

7.1 Mechanischer Aufbau des Demonstrators

Mechanical design of the demonstrator

Für die Evaluierung der Referenzarchitektur ist ein mobiler Demonstrator entstanden, der sich temporär vor verschiedenen WZM platzieren lässt. Im Kern besteht dieser aus einer mobilen Plattform, auf der ein kollaborativer Roboter (UR10) von Universal Robot befestigt ist, vgl. **Bild 7.1**.

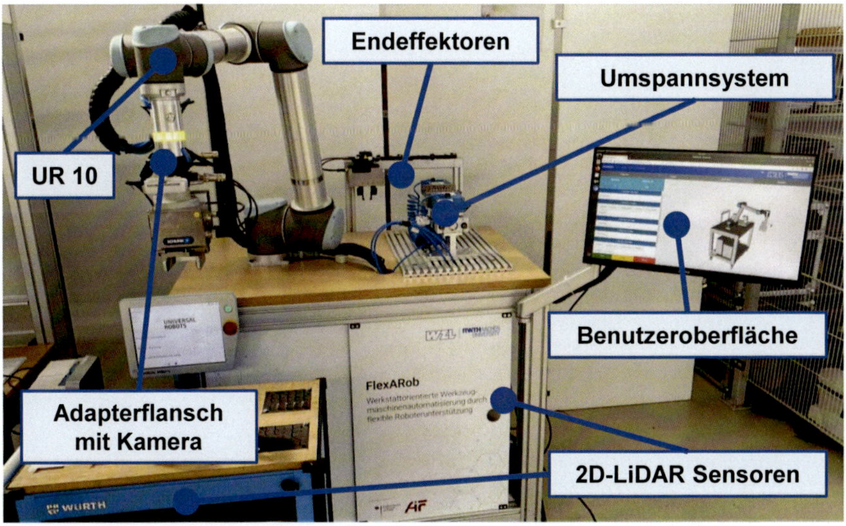

Bild 7.1: Mechanischer Aufbau des Demonstrators „FlexARob“
Mechanical structure of the demonstrator "FlexARob"

Mit einem Arbeitsradius von 1300 mm und einer Traglast von bis zu 10 kg verfügt der 6-achsige Roboterarm über die nötigen Voraussetzungen, verschiedene Beschickungsaufgaben zu übernehmen. Um diese Flexibilität auch bei der Handhabung unterschiedlicher Werkstücke zu gewährleisten, ist ein multifunktionaler Adapterflansch entstanden. Dieser verfügt über eine Taste zum Aktivieren des FreeDrive-Modus, mit dem der Roboter per Hand bewegt werden kann, ohne dass der Knopf am Teachpad parallel gedrückt werden muss. Dies erleichtert die Programmierung von neuen Posen deutlich. Zusätzlich ist ein Leuchtring integriert worden, der die unterschiedlichen Status des Systems farblich anzeigt. Des Weiteren befindet sich hier eine Halterung für eine Kamera, wie in diesem Fall für die Intel Realsense D435. Am Ende des Flansches befindet sich ein Greiferwechselsystem von der Firma Schunk, das ein flexibles Wechseln zwischen verschiedenen Endeffektoren (aktuell: WSG 50-110 von Weiss Robotics, EGL 90-CN von Schunk) erlaubt. Für die Ansteuerung und die Kommunikation stehen sowohl Druckluft, elektrische Energie als auch Ethernet inkl. Power over Ethernet (PoE) zur Verfügung.

Zur Überwachung des Arbeitsraums befindet sich auf zwei gegenüberliegenden Ecken der mobilen Plattform jeweils ein 2D-LiDAR-Sensor (TiM561-2050101) von der Firma Sick. Die erfassten Daten – einschließlich der Signale der Sensoren und Aktoren – werden im Schaltschrank innerhalb der mobilen Plattform zusammengeführt. Die zentrale Datenverarbeitung wird durch ein Nvidia Jetson TX2 realisiert, ein leistungsfähiges Embedded-Computermodul zur parallelen Verarbeitung von Sensordaten und KI-basierten Algorithmen, auf dem zusätzlich die entwickelten ROS-Module ausgeführt werden. Der verbaute Revolution Pi, ein industriegerechtes Steuerungssystem auf Basis eines Raspberry Pi, dient in diesem Zusammenhang primär der Erfassung und Ansteuerung von Ein- und Ausgängen (I/Os).

7.2 Referenzimplementierung von FlexARobOS-Cloud

Reference implementation of FlexARobOS-Cloud

Die unternehmensweite Applikation FlexARobOS-Cloud, die unabhängig vom Namen auch als On-Premise-Installation ausgeführt werden könnte, dient sowohl der Interaktion zwischen den bestehenden IT-Systemen als auch der zentralen Ablage von Wissen über vergangene IBN. In Kapitel 5.1.3 ist bereits die grundlegende Architektur dargestellt, ebenso wurden die einzelnen Sichten erläutert. In diesem Kapitel folgt analog die Beschreibung der Implementierung in den einzelnen Ebenen.

Communication Layer

Da auf dieser Ebene nicht nur die Kommunikation zu anderen IT-Systemen, sondern auch zu den Assets auf dem Shopfloor erfolgt, verfügt die Applikation über eine universelle REST-API, die von den einzelnen Teilnehmern proaktiv aufgerufen werden kann. Durch entsprechende Services können die Daten dann von anderen

IT-Systemen abgerufen und in diese Applikation importiert werden, was eine gute Dokumentation der Schnittstelle voraussetzt, weshalb im Zuge der Realisierung u. a. das Python Framework FastAPI gewählt worden ist. Dies ermöglicht eine Entwicklung von modernen, schnellen Webapplikationen auf Basis von Python 3.8+ [RAMÍ24]. Im Vergleich zu anderen Frameworks verpflichtet es die Entwickelnden dazu, obwohl es grundsätzlich in Python nicht nötig ist, Typen für die Variablen und Datenmodelle zu definieren. In der Folge existieren entsprechende Datenmodelle inkl. Typenbezeichnungen, zulässigen Wertbereichen und Beschreibungen. Diese Modelle werden dann bei der Definition der REST-Endpunkte verwendet, weshalb daraus automatisiert eine Dokumentation der Schnittstelle abgeleitet werden kann. **Bild 7.2** zeigt, wie sich die Annotation im Datenmodell auf die Dokumentation auswirkt.

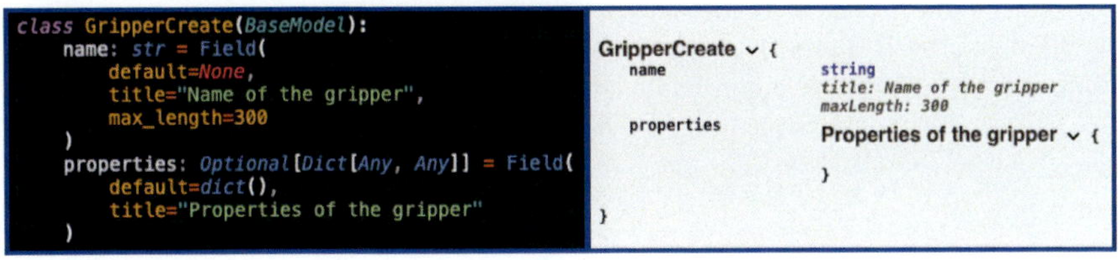

Bild 7.2: Annotation in den Datenmodellen und die korrespondierende Dokumentation
Annotation in the data models and the corresponding documentation

Persistence Layer

Während im vorherigen Abschnitt der Fokus auf der Schnittstelle und deren Datenmodellen lag, werden in dieser Ebene die empfangenen Daten in die interne Datenstruktur überführt. Hierfür wird ein objektrelationales Datenbankmanagementsystem namens PostgreSQL eingesetzt. In Kombination mit den Frameworks SQLAlchemy und Alembic bietet es die Möglichkeit, die Struktur der Datenbank im Programmcode unabhängig von dem verwendeten Datenbanksystem zu definieren und die Migration zwischen verschiedenen Datenbankversionen automatisch zu bestimmen. Demnach erkennt es automatisch, welche Datenbankversion aktuell verwendet wird und welche Operationen, z. B. das Hinzufügen einer neuen Spalte, für ein Update nötig sind. Dies ermöglicht sowohl eine iterative Entwicklung als auch eine einfache Updatefähigkeit im produktiven Umfeld.

Basierend auf den Anforderungen ist das Datenbankmodell iterativ entwickelt worden, wobei der Fokus insbesondere auf der IBN und dem nachgelagerten Wissensmanagement liegt. Jede IBN stellt ein eigenes Projekt dar, das auf der einen Seite an einen Prozessschritt und auf der anderen Seite mit dem Programm verknüpft ist. Über die Beziehung zum Prozessschritt erfolgt die Verknüpfung zur Maschine, zum Werkstück und zu den Aufspannungen inkl. der einzelnen IPWs und Greifpositionen. Das Programm teilt sich dann in die einzelnen Skills und lokale Koordinatensysteme auf. Neben den Informationen zu der IBN existieren noch Tabellen für die Verwaltung der zur Verfügung stehenden Maschinen und Betriebsmittel, wie Greifer.

Application Core Layer

Auf dieser Ebene erfolgt zum einen die logische Verknüpfung der eingehenden Daten über die Schnittstelle mit der Datenbank und zum anderen existieren grundlegende Funktionalitäten, wie z. B. die Erzeugung der Meta-Struktur des Ablaufs basierend auf den hinterlegten Informationen und Randbedingungen, wie etwa Bauteil, Maschine oder Aufspannungen. Bei der Erzeugung erfolgt ein Abgleich mit vergangenen IBN-Prozessen, sodass auf Basis dessen ggf. die IBN beschleunigt werden kann.

Service Layer

Mithilfe des Service Layers kann die bestehende Architektur selektiv ergänzt und mit weiteren Funktionalitäten ausgestattet werden. Dies ist nötig, da jedes Unternehmen unterschiedliche IT-Systeme einsetzt und es an herstellerübergreifenden und vollumfänglichen Standards für den Austausch mangelt. Aufbauend auf der implementierten REST-Schnittstelle und entsprechend eingeräumten Berechtigungen können die entwickelten Services auf die internen Daten zugreifen, diese bearbeiten oder neue hinzufügen.

Exemplarisch sind zwei Services umgesetzt worden. Der erste Service ermöglicht einen Import von Daten aus dem CAM-System der Firma Exapt. Dabei erhalten die importierten Daten Informationen zum Bearbeitungsprozess, den Aufspannungen und den einzelnen IPWs inkl. den zulässigen Greifpositionen. Diese werden eingelesen, teilweise transformiert und dann in der Datenbank persistiert. Der zweite implementierte Service ermöglicht die Erstellung von bauteilspezifischen Greiffingern, analog zu dem Konzept aus Kapitel 5.3.3.

Security Layer

In heutigen IT-Systemen spielt Sicherheit eine immer größere Rolle, weshalb die Kommunikation mit externen Systemen entsprechend abgesichert werden muss, sodass nur die jeweils berechtigten Personen und Systeme Zugriff auf die Daten haben oder bestimmte Operationen durchführen können. Zu diesem Zweck sind Rollen und Berechtigungsstufen definiert und in die Schnittstelle integriert worden. Das dafür nötige Identitäts- und Zugriffsmanagement erfolgt über die Open Source Software Keycloak, die auch die Einbindung in ein vorhandenes Unternehmensverzeichnis, wie LDAP oder Active Directory, ermöglicht.

7.3 Referenzimplementierung vom CPSTS

Reference implementation from CPSTS

Neben der unternehmensübergreifenden Applikation muss auch die Software für das CPSTS basierend auf der konzeptionierten Architektur aus Kapitel 5.1.4 implementiert werden. Nachfolgend wird zuerst der Fokus auf das Assistenzsystem für die Beschickung gelegt, bevor anschließend auf die grundlegende Architektur und spezifische Aspekte eingegangen wird.

7.3.1 Assistenzsystem für die Beschickung

Assistance system for feeding

Ein zentrales Element für die beschleunigte IBN ist die Verkettung der Daten aus den einzelnen LZP, die in Kapitel 5.3 beschrieben ist. Für den Werkenden wird diese Verkettung der Informationen im Assistenzsystem für die Beschickung erstmalig sichtbar. Das umgesetzte System soll den Werkenden bei der IBN unterstützen und durch den mehrstufigen Prozess sicher begleiten. Um eine intuitive Nutzung und Bedienung im Webbrowser und per Touchscreen zu ermöglichen, ist eine Web-Applikation auf Basis der Webframeworks VueJS und Bootstrap entstanden, die im Folgenden vorgestellt wird. Angelehnt an das Mockup und die verschiedenen LZP aus Kapitel 5 besteht der Prozess aus vier Stufen (Konfiguration, Programmierung, Optimierung und Betrieb), die nacheinander durchlaufen werden müssen.

Konfiguration

Jede Beschickung stellt ein neues Projekt dar und beginnt mit der Konfiguration, die sich auf folgende Bereiche erstreckt: Werkstück, Prozess, Werkstückhandling und die zu beschickende WZM. Die Konfiguration kann sowohl am MTS an der WZM als auch in der Arbeitsvorbereitung geschehen. Bereits vorhandene Daten werden dabei aus der FlexARobOS-Cloud geladen und dort später für das Wissensmanagement auch persistiert. **Bild 7.3** zeigt den grundsätzlichen Aufbau der Webapplikation mit dem Fokus auf die generellen Informationen zu der Beschickung und dem Auftrag.

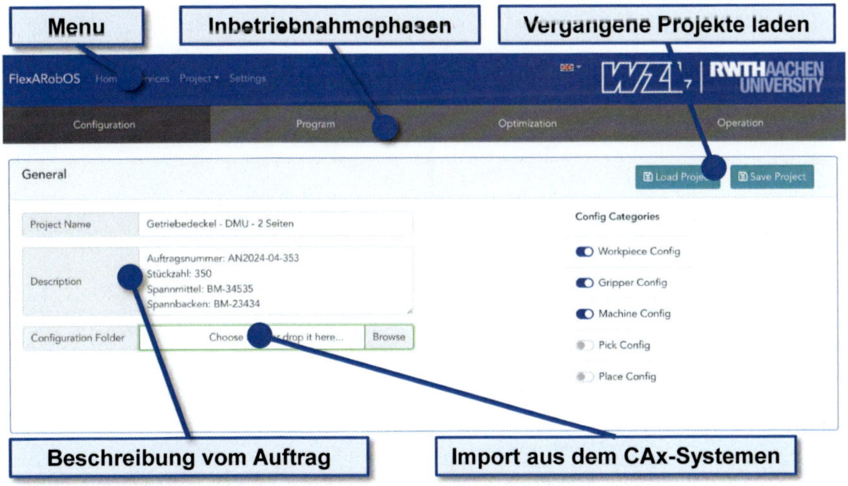

Bild 7.3: Inbetriebnahme Assistent: Konfiguration

Commissioning Wizard: Configuration

Auf die allgemeinen Informationen folgen die Einstellungen in den jeweiligen Modulen. Bezugnehmend auf die importierten und abgeleiteten Informationen aus dem CAM-System wird im Konfigurationsmodul „Werkstück" der Prozess vom Roh- zum Fertigteil angezeigt. Es wird für den Werkenden direkt sichtbar, wie häufig das Werkstück umgespannt werden muss und wie sich das Werkstück und seine Eigenschaften nach jeder Bearbeitung verändern. Durch die interaktive 3D-Ansicht werden neben dem Bauteil auch zulässige Greifpositionen für die anstehende Programmierung angezeigt. Zusätzlich zu der 3D-Darstellung werden auch allgemeine Eigenschaften wie das Gewicht und der Schwerpunkt veranschaulicht (vgl. **Bild 7.4**). Diese Informationen sind relevant für die interne Regelung des IR und werden situativ zur Laufzeit an diesen übermittelt.

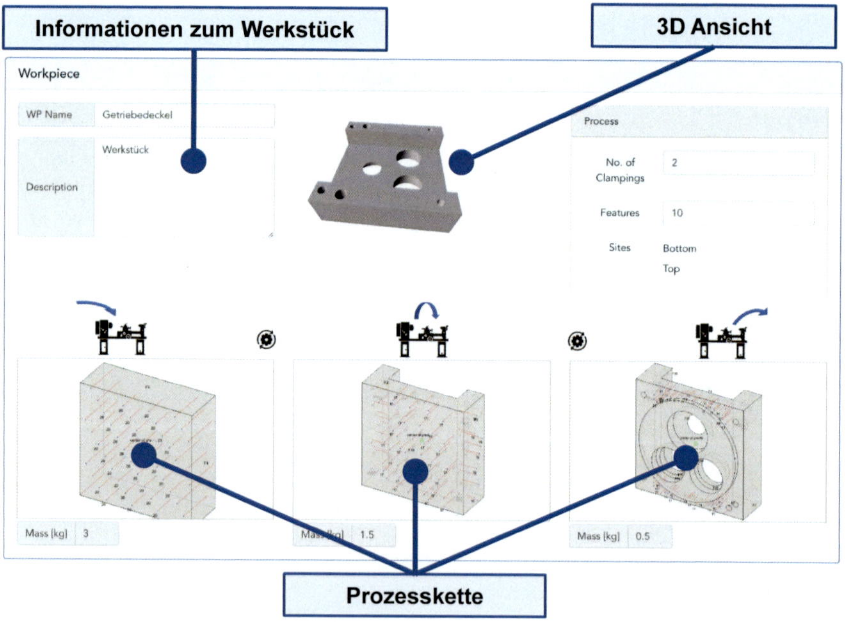

Bild 7.4: Inbetriebnahme Assistent: Werkstück
Commissioning Wizard: Workpiece

Für das Werkstückhandling wird basierend auf dem Werkstück ein optimaler Greifer ausgewählt. Die Greiffinger sind entweder durch die beschriebenen Services individuell erstellt und gefertigt worden oder es wird auf bereits existierende Greiffinger zurückgegriffen. Dabei hat der Werkende im Rahmen der Konfiguration sicherzustellen, dass der Greifer inkl. des ausgewählten Greiffingers im Wechselsystem vorhanden ist.

Es besteht jedoch auch die Möglichkeit, den Vorschlag des Systems zu überschreiben und anzupassen.

Neben den passenden Greifern gehören zum Werkstückhandling auch die Bereitstellung und Ablage der Werkstücke, die in Abhängigkeit von den Anforderungen in drei Formen geschehen kann. Die Ablage an einem konstanten Punkt, beispielsweise bei einer Zuführung über ein Förderband, der Griff in die Kiste sowie das Palettieren stellen die drei verbreitetsten Formen dar. Jede dieser Konfigurationen kann über einen Namen und eine Beschreibung eindeutig in der Datenbank beschrieben werden. Des Weiteren erfolgt die Programmierung in einem lokalen Koordinatensystem, das basierend auf den Alvar-Markern referenziert werden kann. **Bild 7.5** zeigt beispielsweise den Assistenten für die Palettierung. Dieser setzt voraus, dass die Werkstücke gleichmäßig in x- und y-Richtung verteilt sind. Im Rahmen der IBN müssen dann nur die Positionen in den drei Ecken (1, 2, 7) eingemessen werden, die verbleibenden Positionen werden automatisiert bestimmt.

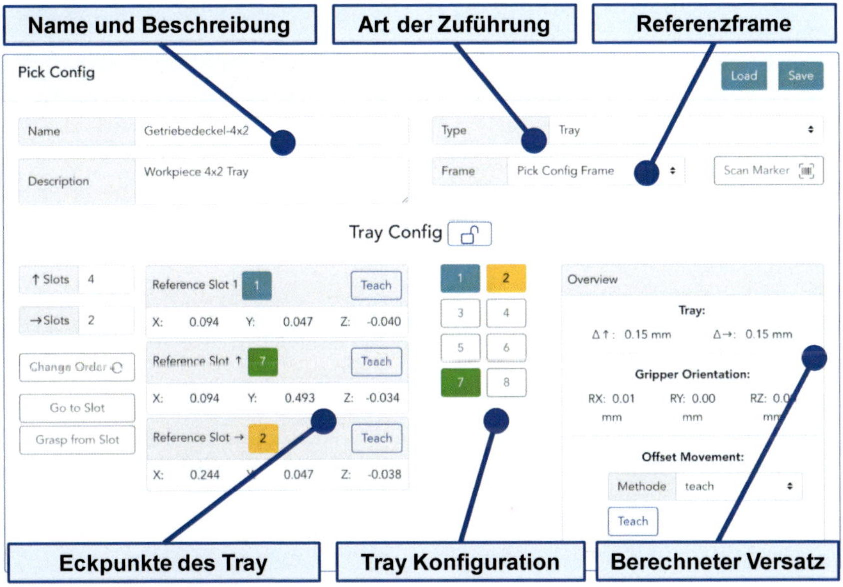

Bild 7.5: Inbetriebnahme Assistent: Werkstückzuführung
Commissioning Wizard: Pick pipeline

Die Konfiguration der Maschine erfolgt nach einem vergleichbaren Muster. Auch hier kann die Maschine eindeutig beschrieben und referenziert werden. Abweichend besteht die Möglichkeit, die Maschinenschnittstelle global zu definieren, beispielsweise wie die Tür über OPC-UA geöffnet oder der Prozess gestartet werden kann, sodass diese Informationen immer wieder verwendet werden können, anstatt diese jedes Mal neu zu programmieren. Ähnliches gilt für Positionen, die werkstückunabhängig sind, z. B. die Warteposition vor der Maschine.

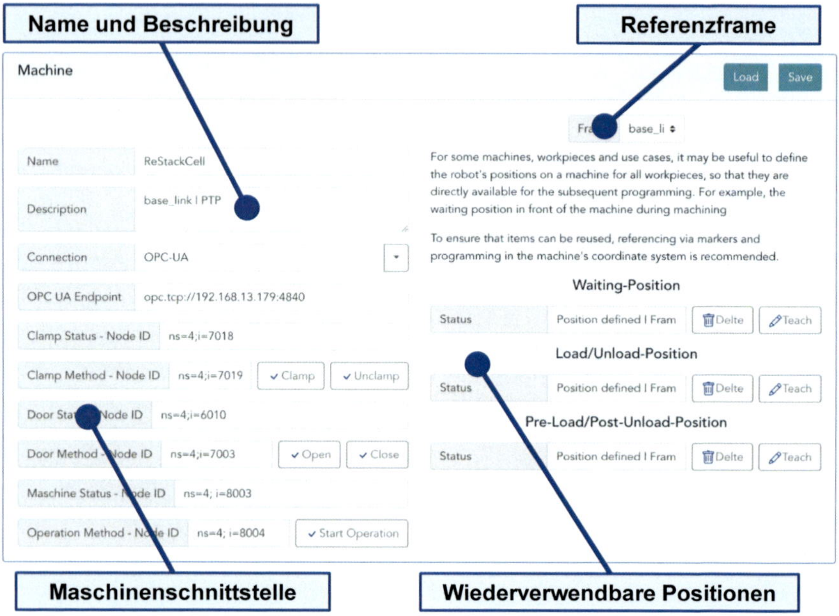

Bild 7.6: Inbetriebnahme Assistent: Maschine
Commissioning Wizard: Machine

Programmierung

Nachdem die Konfiguration in den einzelnen Abschnitten erfolgt ist, beginnt die Programmierung des Ablaufs. Hierbei kann entweder mit einem leeren Programm oder mit einem Grundgerüst gestützt auf den Eingaben aus den vorherigen Konfigurationen gestartet werden. Grundlage bilden die in Kapitel 5.3 konzeptionierten Services, die mittels der Metainformationen (Ansteuerung der Maschine, Anzahl an Umspannung, Bauteilaufnahme und -ablage) einen groben Ablauflauf erzeugen, der in **Bild 7.7** zu sehen ist und noch entsprechend parametriert werden muss. Die einzelnen Aktionen sind übersichtlich in die einzelnen Skills gruppiert. Dabei lässt sich die Reihenfolge der Skills und Aktionen per Drag&Drop intuitiv ändern. Ebenso können neue Skills und Aktionen hinzugefügt werden. Durch das Klicken auf eine Aktion öffnet sich auf der rechten Seite ein Popup, in dem die Aktion parametriert und getestet werden kann. In diesem Fall ist es eine Greifoperation.

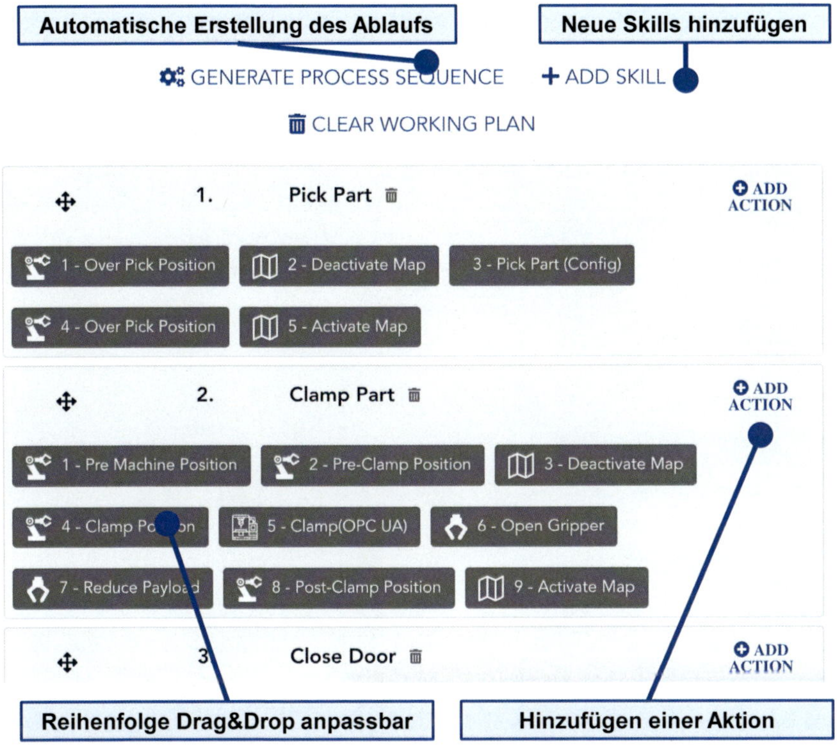

Bild 7.7: Inbetriebnahme Assistent: Programmierung
Commissioning Wizard: Programming

Optimierung

Im Anschluss an die Programmierung erfolgt die Optimierung auf Basis einer erstellten Umgebungskarte. Der Werkende kann entweder eine bereits erstellte Karte laden oder eine neue Karte gemäß dem Vorgehen aus Kapitel 6 dynamisch erstellen lassen. In der Benutzeroberfläche wird der kontinuierliche Fortschritt angezeigt.

Betrieb

Auf die erfolgreiche IBN folgt die operative Ausführung des Ablaufs. Die hierfür entwickelte Ansicht verfolgt zwei Ziele: Zum einen soll der Mitarbeitende in die Lage versetzt werden, den aktuellen Status des Systems und den Prozessfortschritt zu überwachen, und zum anderen soll er den Prozess steuern können.

In **Bild 7.8** ist die entwickelte Benutzeroberfläche zu sehen. Im linken Drittel befinden sich Informationen zum aktuellen Status und Prozessfortschritt sowie Bedienelemente für die Steuerung. Auf der rechten Seite wird über eine Websocket-Verbindung zum ROS-System der aktuelle Zustand des Systems in einer 3D-Ansicht dargestellt.

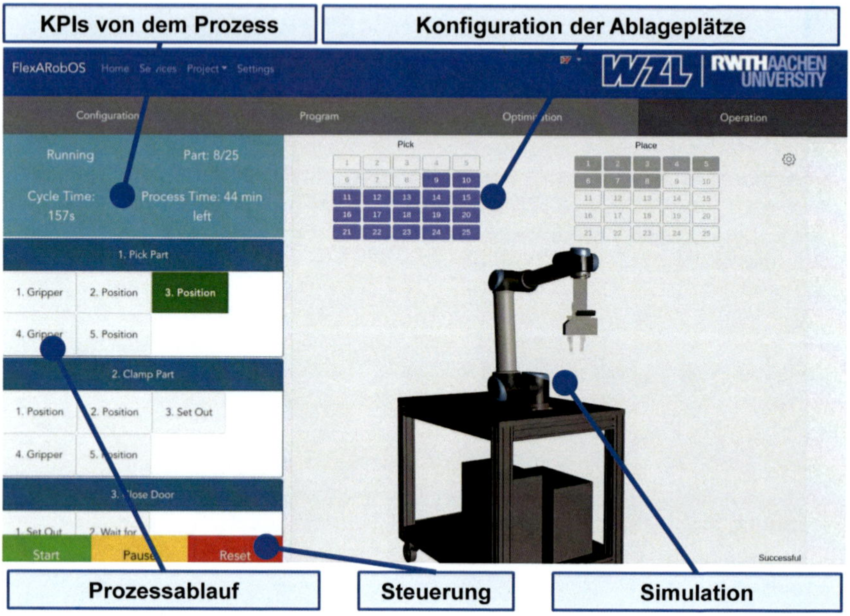

Bild 7.8: Beschickungsassistent: Betrieb
Feeding Wizard: Operation

Bevor der Mitarbeitende den Prozess startet, kann er beim Palettieren noch konfigurieren, an welchen Stellen Werkstücke vorhanden sind oder wo freie Plätze sind. Hierfür ist die Konfiguration in der oberen Hälfte der 3D-Ansicht verantwortlich. Im laufenden Prozess zeigt es den Belegungszustand der einzelnen Ablageplätze an. In diesem Fall liegen noch 17 Bauteile (Position 9–25) für die Bearbeitung bereit und acht Teile (Position 1–8) sind bereits gefertigt.

Durch diese Funktionalität und die grundsätzliche Prozesssteuerung in dieser Ansicht kann eine Trennung zwischen Maschineneinrichter und -bediener mit unterschiedlichen Berechtigungen erzielt werden.

7.3.2 CPSTS Kern

CPSTS Core

In diesem Abschnitt wird die grundlege Software-Architektur innerhalb vom MTS basierend auf dem Konzept aus **Bild 5.4** erläutert. Im Rahmen von Kapitel 7.1 ist bereits der mechanische Aufbau des CPSTS beschrieben worden. Abhängig vom Anwendungsfall kann es jedoch nötig sein, IR mit anderen Traglasten oder Greifer mit anderen Charakteristiken einzusetzen. Um auf diese oder ähnliche Situationen reagieren zu können, ist eine modulare Softwarearchitektur entstanden, die den flexiblen Austausch einzelner Assets ermöglicht. Anstatt diese grundsätzlich neu zu konzeptionieren und zu entwickeln, ist auf das Open Source Framework ROS, im Detail ROS Melodic (Ubuntu 18.04), aufgebaut worden. Wie bereits in Kapitel 2.3.4 erläutert, bietet dieses zum einen eine grundlegende Plattform und Kommunikationsarchitektur. Zum anderen stehen durch die Community viele Algorithmen, Methoden und Treiber für verschiedene Assets (Roboter, Greifer, ...) zur freien Verfügung, die als Grundlage für die Entwicklung genutzt werden können.

In der Folge erleichtert dies einerseits die Umsetzung und ermöglicht einen längerfristigen Einsatz und Support, andererseits müssen Lösungen für existierende Einschränkungen des Frameworks gefunden werden. Eine Einschränkung existiert bei der Standardisierung der Services und bei den Treibern für die Assets, mit Ausnahme der Roboter, die in der Regel über das Framework MOVEit angesteuert werden können. Dies resultiert maßgeblich aus dem Open Source Ansatz, in dessen Folge es den Entwickelnden überlassen ist, wie der Service/Treiber für das Asset gestaltet ist, insbesondere wie die Konfiguration oder das Austauschformat strukturell aufgebaut ist. Bei einer fixen Konfiguration können individuelle Eigenheiten in der Software einfach kompensiert werden. Wenn abhängig von den Anwendungsfällen dynamisch der Greifer getauscht werden soll, und sich in der Folge auch dessen Ansteuerung ändert, ist dies in der Software deutlich komplexer abbildbar. Diese Einschränkung geht sogar so weit, dass der Einsatz eines Greiferwechselsystems bisher nur schwer in ROS abbildbar ist; es bestehen nur erste Ansätze, wie sie in [MALV23] existieren. Die Schwierigkeit liegt in der Tatsache begründet, dass beim Start des Robotersystems die sogenannten Unified Robot Description Format (URDF) und Semantic Robot Description Format (SRDF)-Dateien von dem Robotersystem geladen werden, in denen der kinematische Aufbau inklusive Endeffektor definiert ist. Hier nutzen andere Nodes die dort enthaltenen Informationen beispielsweise für die Pfadplanung. Bei einer Aktualisierung muss sichergestellt werden, dass alle Teilkomponenten diese Informationen empfangen und auch verarbeiten, was nicht zwingend garantiert wird. Demnach resultiert die Notwendigkeit, dass für jede Konfiguration bestehend aus Greifer und Greiffinger entsprechende URDF- und SRDF-Dateien existieren, die beim Start geladen werden können. Nachfolgend wird daher der Fokus auf das Scheduling der einzelnen Skills, der automatisierten Generierung der URDF- und SRDF-Dateien und die Erweiterbarkeit gelegt.

Scheduling der einzelnen Skills

Ausgehend von dem Konzept aus Kapitel 5.3.5 und den beschriebenen Einschränkungen oder Herausforderungen besteht der erste notwenige Schritte für die Orchestrierung und das Scheduling der verschiedenen Akteure darin, die jeweiligen Komponenten des MTS in das ROS-Ökosystem zu integrieren und Treiber zu entwickeln, falls diese noch nicht vorhanden sind. Für die Ansteuerung der WZM ist kein ROS-Treiber nötig, da die Kommunikation über OPC UA und das konzeptionierte Informationsmodell läuft, sodass hier nur ein entsprechender OPC-UA-Client entwickelt werden muss. In der Folge sorgt der übergeordnete Scheduling-Service für die Synchronisation der beiden Kommunikationskanäle und Systeme.

Unabhängig von der Integration besteht noch die Herausforderung, aus den bewusst abstrahierten Anweisungen des Mitarbeitenden während der IBN für jedes Asset individuell das richtige Kommunikationsformat und Befehle abzuleiten. Zu diesem Zweck existiert das Service Interface, das eine Liste mit allen verfügbaren Assets inklusive deren unterstützenden Aktionen enthält, die abstrahierten Anweisungen entsprechend übersetzt und im richtigen Format an das jeweilige Asset überträgt. Um diese Übersetzung zu veranschaulichen, zeigt **Bild 7.9** den Prozess einer Greifbewegung. Basierend auf der *asset_id*, die aus dem Namen, Modell und Seriennummer besteht, und dem *action_type* kann eine entsprechende Funktion gefunden werden, die im Anschluss mit den Parametern aus dem Abschnitt *data* aufgerufen wird. Innerhalb dieser Funktion erfolgt die Übersetzung aus der abstrakten Beschreibung in das herstellerspezifische Format, in diesem Fall den Aufruf eines ROS-Services. Daraufhin wird die Greifbewegung ausgeführt und das Ergebnis an den Zustandsautomaten zurückgespielt.

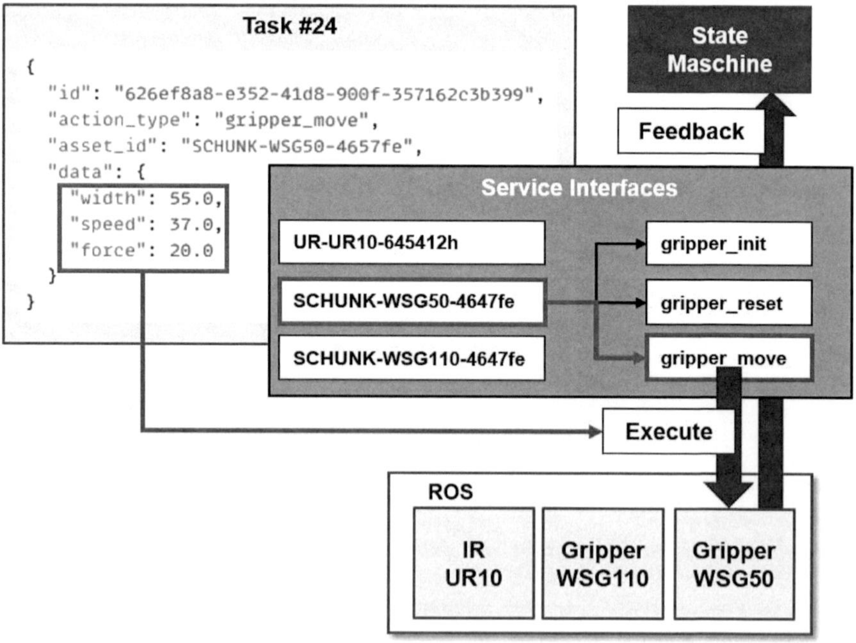

Bild 7.9: Ausführen einer Greifbewegung
Executing a gripping movement

Analog zur Bewegung des Greifers existieren entsprechende Templates und Funktionen für die anderen Aktionen, die im Rahmen der Beschickung benötigt werden, sodass die Programmierung des Ablaufs unabhängig von den Kommunikationsprotokollen und den Eigenarten der einzelnen Assets erfolgen kann und so die IBN für den Mitarbeitenden vereinfacht wird.

Für die Überwachung des Fortschritts und des aktuellen Zustands des Systems existiert ein Zustandsautomat, der nach der Ausführung einer Aktion je nach dem Ergebnis aktualisiert wird. Sollte die Aktion erfolgreich ausgeführt worden sein, wird die nächste Aktion aus der Liste gestartet, bis die Liste leer ist. Durch diese Art der Abarbeitung ist nur eine sequenzielle Abfolge möglich, basierend auf dem Prozess ist eine parallele Abarbeitung jedoch nicht nötig. Sollte eine Aktion in einen Fehler laufen oder die Abarbeitung durch eine Benutzerinteraktion unterbrochen werden, stoppt die Ausführung und der Automat wechselt in einen entsprechenden Zustand.

In der Regel sind mehrere Aktionen in einem Skill zusammengefasst. Bevor die Aktionen in einem Skill ausgeführt werden, ist eine Routine vorhanden, die beispielsweise das Referenzkoordinatensystem entsprechend setzt. Durch diese Art und Weise können die einzelnen programmierten Skills leichter wiederverwendet werden.

Automatisierte Generierung der URDF- und SRDF-Dateien

Die automatisierte Generierung der URDF- und SRDF-Dateien stellt eine Alternative zu der manuellen Erstellung der Dateien dar und gliedert sich in die vorhandene Kette für die Erstellung von bauteilspezifischen Greiffingern nahtlos ein. Im Inneren der Dateien verbirgt sich eine XML-ähnliche Struktur, die den kinematischen Aufbau des MTS beschreibt. Abhängig vom Endeffektor und den Greiffingern ändert sich dieses Modell jedoch. Die Datei folgt einem strukturellen, wiederkehrenden Ablauf, sodass durch den Vergleich von mehreren Dateien unterschiedlicher Konfiguration die dynamischen Felder identifiziert, durch Platzhalter ausgetauscht und in der Folge ein Template daraus abgeleitet werden kann. Zu den dynamischen Feldern zählen beispielsweise der Pfad zu den Kollisionsmodellen und Mesh-Files oder die Verschiebung zwischen dem Koordinatenursprung des Endeffektors und den Greiffingern. Aufgrund der durchgehenden digitalen Prozesskette sind die Verschiebungen konstant, da alle erstellten Greiffinger denselben Koordinatenursprung haben, lediglich die Modelle ändern sich. Aufbauend auf diesen Informationen können mithilfe eines Template-Generators die benötigten Konfigurationsdateien für alle Varianten automatisiert erstellt werden.

Erweiterbarkeit

Während der Fokus der Implementierung hauptsächlich auf dem CPCT, insbesondere dem MTS, lag, ist das CSSTS, das das MTS im operativen Betrieb unterstützen soll, nicht im Detail betrachtet, sondern wird vielmehr als Erweiterungsmöglichkeit des Systems verstanden. Durch die offene Kommunikationsarchitektur von ROS können leicht weitere ROS Nodes zu dem vorhanden ROS Master eingebunden werden, Daten aufnehmen und die Ergebnisse an das MTS zurückspielen. Beispielsweise könnten die Abläufe zwischen MTS und WZM aufgezeichnet werden, um Optimierungspotenziale zu identifizieren.

7.4 Demonstrationsszenarien

Demonstration scenarios

In dem vorliegenden Kapitel erfolgt die Demonstration des Gesamtsystems. Durch die Einführung eines Beispiels in Kapitel 5 ist der Informationsfluss zwischen den einzelnen LZP bereits adressiert und demonstriert worden. Die vorangegangenen Abschnitte in Kapitel 7 runden dies ab, indem auf den mechanischen Aufbau und die Implementierung der Software eingegangen wird. Insbesondere die Vorstellung des Assistenzsystems für die Beschickung zeigt anschaulich, wie die Mitarbeitenden durch den Prozess begleitet und durch die angereicherten Informationen unterstützt werden. Für die vollständige Evaluierung und Validierung des Systems ist es jedoch nötig, den Beschickungsprozess zu testen und zu validieren. Deshalb steht nachfolgend das Zusammenspiel zwischen MTS und WZM besonders im Fokus der Analyse.

Zu diesem Zweck sollen zwei verschiedene Maschinen be- und entladen werden. Dabei handelt es sich zum einen um eine Drehmaschine (CTX beta 800) von DMG Mori und zum anderen um eine am Lehrstuhl entwickelte Fertigungszelle (ReStackCell) zum Entgraten von Bauteilen. Das entwickelte Konzept aus Kapitel 5.2 setzt voraus, dass beide Maschinen über eine automatisierte Tür und Spannfutter verfügen und von extern ansteuerbar sind. Zwar erfüllt die zur Evaluation zur Verfügung stehende Drehmaschine diese beiden Anforderungen nicht, dafür aber die Anforderungen für den Retrofit-Ansatz. Die ReStackCell erfüllt hingegen beides. Aufgrund der Eigenentwicklung liegt zudem der Quellcode der intern verbauten Steuerung (Siemens S7-1200) vor und kann entsprechend erweitert werden. Im Zuge der Erweiterung ist der OPC UA Server gemäß dem entwickelten Informationsmodell aus Kapitel 5.2.5 in der Steuerung umgesetzt worden. Dies umfasst sowohl die Variablen, Zustandsautomaten als auch die Methodenaufrufe. Im Rahmen des Konzepts sollten die sicherheitskritischen Signale ebenfalls über OPC UA übertragen werden. Aufgrund des verhältnismäßig neuen Standards und der fehlenden Unterstützung im Engineering-Tool konnte diese Funktionalität nicht umgesetzt werden, kann jedoch zu einem späteren Zeitpunkt ergänzt werden. Des Weiteren legt die für die ReStackCell erweiterte Steuerung die Grundlage für das Retrofitting der Drehmaschine, denn die Maschine kann durch eine solche Steuerung erweitert werden. Die Kommunikation erfolgt im Anschluss auf Basis von digitalen I/Os, z. B. beim Spannfutter. Ferner kann die Automation der Tür, wie in Kapitel 5.2.2 beschrieben, auch über den Roboter erfolgen. Nachdem die Erweiterung und das Nachrüsten abgeschlossen sind, sind beide Maschinen für eine externe Beschickung erfolgreich umgerüstet.

In der Folge ist vor jeder Maschine das MTS durch einen Mitarbeitenden platziert worden. Unerfahrenen Mitarbeitenden fehlte in den ersten Versuchen die nötige Erfahrung, um einschätzen zu können, wieviel Abstand von der WZM nötig ist und wie sich der IR verhält. Entsprechende Markierungen auf dem Boden erleichtern diesen Vorgang, ebenso wie entsprechende Schulungen im Umgang mit dem System. Die eigentliche IBN erfolgte im Anschluss über die entwickelte Benutzeroberfläche. Dabei ist die nahtlose Integration des Systems in die vorhandenen Systeme für die Arbeitsvorbereitung positiv erwähnt worden, da sie mit diesen bereits vertraut sind und keine zusätzliche Einarbeitung erfordern.

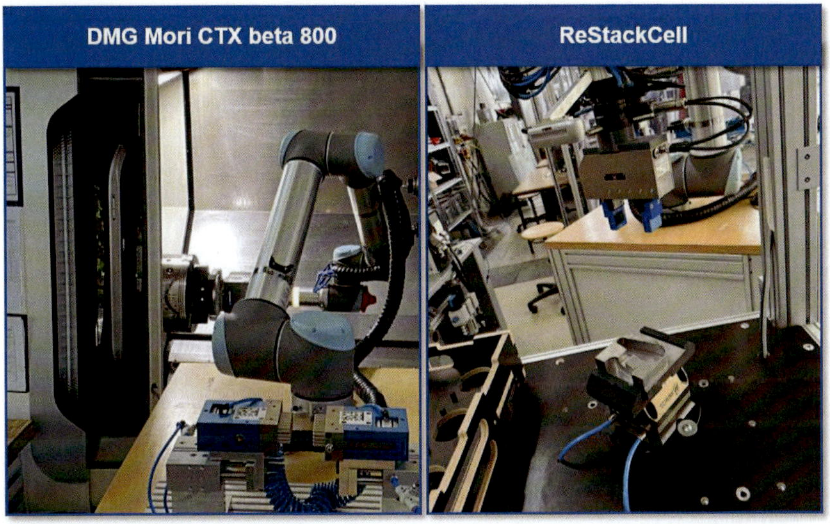

Bild 7.10: Demonstrationsszenarien
Demonstration scenarios

Die aus der CAM-Planung abgeleiteten Abläufe sorgten dafür, dass eine erste Orientierung für die Programmierung existierte, die nur vervollständigt werden musste. So zeigte die intuitive Oberfläche direkt auf, welche Aktionen noch zu programmieren sind oder welche fertig sind. Im Rahmen dieses Prozesses ist aber auch noch Verbesserungspotenzial identifiziert worden. Durch den Freedrive-Modus kann der IR per Hand beliebig bewegt werden, für die Aufnahme von Werkstücken ist eine fixe Orientierung in z-Richtung häufig wünschenswert. Eine Verkippung des TCP um wenige Grad sorgt bereits für eine nicht erfolgreiche Aufnahme von Werkstücken. In der neuesten Version von PoloscopeX, der Software des IR, ist ein Sperren einzelner Achsen bereits erhalten, jedoch nicht in der eigenen entwickelten Software. Des Weiteren ist beim Testen sichtbar geworden, dass die Bedienenden dafür sensibilisiert werden müssen, beim Testen einzelner Aktionen den Gesamtablauf vor Augen zu haben, da zum Zeitpunkt des Ablaufs beispielsweise der IR von einer anderen Position kommt oder ein Spannfutter schon geöffnet ist. Außerdem zeigte sich, dass beim Ablegen des Werkstücks im Spannfutter der ReStackZell eine deutlich höhere Positioniergenauigkeit nötig ist als bei der Drehmaschine. Durch das zentrische Spannen können Ungenauigkeiten leichter kompensiert werden. Beim Spannfutter ist somit größere Sorgfalt zu leisten oder in das NC-Programm das Antasten des Werkstücks zu integrieren, sodass Ungenauigkeiten ausgeglichen werden können. Die Automation der Tür durch den Roboter ist technisch möglich, aber aufgrund der fehlenden Prozessstabilität nicht zu empfehlen. Insbesondere, da die dafür nötigen Kräfte teilweise die zulässigen Grenzwerte des Cobots übersteigen, sodass dieser intern einen Nothalt auslöst. Abseits von den identifizierten Verbesserungspotenzialen und Erfahrungen konnten am Ende beide Maschinen erfolgreich beladen und die Abläufe mit den bekannten Methoden aus Kapitel 6 optimiert werden.

7.5 Evaluation der Referenzimplementierung

Evaluation of the reference implementation

In Bezug auf die in Kapitel 4 abgeleiteten Anforderungen soll nachfolgend die Referenzimplementierung evaluiert werden. Die Evaluierung teilt sich in die technische und wirtschaftliche Bewertung des Systems auf.

7.5.1 Technische Bewertung

Technical evaluation

Zu den technischen Anforderungen des Systems zählen die Benutzeranforderungen B1 bis B5, die in Summe 31 Systemanforderungen beinhalten. Die Bewertung dieser Anforderungen erfolgt gemäß einer qualitativen Beurteilung, bis zu welchem Grad diese erfüllt sind. Gemäß dem Bewertungsmaßstab aus **Bild 7.11**, der für die verbleibenden Benutzeranforderungen ebenfalls verwendet wird, kann der Erfüllungsgrad in fünf Abstufungen (voll erfüllt, nahezu erfüllt, teilweise erfüllt, kaum erfüllt und nicht erfüllt) quantifiziert werden.

B1 – Maschinenflexibilität

Zentrale Anforderung für die temporäre Automatisierung von WZM ist die Flexibilität hinsichtlich der zu beschickenden WZM, weshalb insbesondere in Kapitel 5.2 der Fokus auf die Schnittstelle zwischen WZM und MTS gelegt worden ist. Ausgehend von der physischen, prozesstechnischen und der informationstechnischen Sicht auf die Interaktion ist eine universelle Schnittstelle auf Basis von OPC UA entstanden, in der das MTS die Rolle des Masters übernimmt und den Beschickungsprozess koordiniert. Im Rahmen der Demonstrationsszenarien ist auch die praktische Umsetzung sowohl an neuen als auch älteren Maschinen erfolgreich demonstriert und validiert worden. Ermöglicht wurde dies durch den Einsatz einer Steuerung, die die internen Maschinensignale mittels eines standardisierten OPC-UA-Servers verfügbar macht, sodass neue und ältere Maschinen über dieselbe Schnittstelle angesteuert werden konnten.

Die Integration einer zusätzlichen Steuerung in eine vorhandene Maschine und die Schaffung der nötigen Voraussetzungen (automatische Tür und Spannfutter) sind jedoch mit entsprechenden finanziellen Aufwänden verbunden, auch wenn diese nur initial fällig sind. Für die Übertragung der sicherheitskritischen Signale ist ebenfalls auf OPC UA, insbesondere Teil 15 der Spezifikation, gesetzt worden. Während der Konzeptionierung und Erstellung des Informationsmodells konnte dies noch vollständig berücksichtigt werden. Bei der Umsetzung auf der Steuerung zeigte sich, dass das betreffende Engineering-Tool diese Funktionalitäten noch nicht unterstützen, weshalb die Anforderung (S1.6) nur teilweise erfüllt werden konnte. **Bild 7.11** fasst die Bewertung der einzelnen Systemanforderungen hinsichtlich der Maschinenflexibilität noch einmal zusammen.

	Systemanforderungen	Bewertung
S1.1	**Komptabilität**	●
S1.2	**Nachrüsten von älteren Maschinen**	●
S1.3	**Hardware-Schnittstelle**	●
S1.4	**Interaktionsmodell**	●
S1.5	**Informationsmodell**	●
S1.6	**Sicherheitskonzept**	◑
S1.7	**Integrationsaufwand**	◕

Bewertungsmaßstab
○ nicht erfüllt ◔ kaum erfüllt ◑ teilweise erfüllt
◕ nahezu erfüllt ● voll erfüllt

Bild 7.11: Bewertung der Maschinenflexibilität
Evaluation of machine flexibility

B2 – flexibles Werkstückhandling

Die gewünschte Flexibilität bezieht sich nicht ausschließlich auf die WZM, sondern betrifft auch das Werkstückhandling, worunter die Fähigkeit verstanden wird, unterschiedliche Werkstücke effizient und präzise zu handhaben. Dafür ist dies sowohl im mechanischen Aufbau als auch in der Software berücksichtigt worden. Der konzeptionierte Adapterflansch am TCP des Cobots ermöglicht dank des Wechselsystems die Aufnahme von Greifern mit unterschiedlicher Topologie und Leistungsklasse. Im Rahmen der IBN eines neuen Werkstücks werden die Informationen entlang der digitalen

Prozesskette aggregiert, was sowohl die Ableitung von zulässigen Greifpositionen als auch die Erstellung von bauteilspezifischen Greiffingern ermöglicht. Vereint werden diese Informationen im Assistenten für die Beschickung. Für die Bauteilaufnahme stehen in dem Assistenten verschiedene Varianten zur Verfügung. Neben der Aufnahme an einer konstanten Position ist der Fokus auf das Palettieren gelegt worden. Der Griff in die Kiste ist konzeptionell vorgesehen. So können die abgeleiteten zulässigen Greifpositionen genutzt werden, um bestehende Ansätze für den Griff in die Kiste, wie Dex-Net, zu erweitern, sodass die Werkstücke nur an den zulässigen Greifpositionen gegriffen werden. Jedoch zeigt sich insbesondere in der Praxis hinsichtlich der Robustheit und des Umspannens noch Handlungsbedarf, weshalb diese Anforderung nur kaum erfüllt ist. Dies wirkt sich auch auf die Bauteilorientierung aus, da z. B. das Umspannen nur eingeschränkt umgesetzt werden konnte. Bei den anderen Greifstrategien konnte die Bauteilorientierung jedoch berücksichtigt werden, sodass diese zumindest teilweise erfüllt werden konnte. Die Absolutgenauigkeit und Wiederholgenauigkeit konnten grundsätzlich erfüllt werden, jedoch hängen diese von dem eingesetzten Roboter, dem Gewicht des Werkstücks und dem Spannmittel ab, weshalb bei der Auswahl hierauf besonders Rücksicht genommen werden sollte. Zusammenfassend ergibt sich die in **Bild 7.12** dargestellte Bewertung.

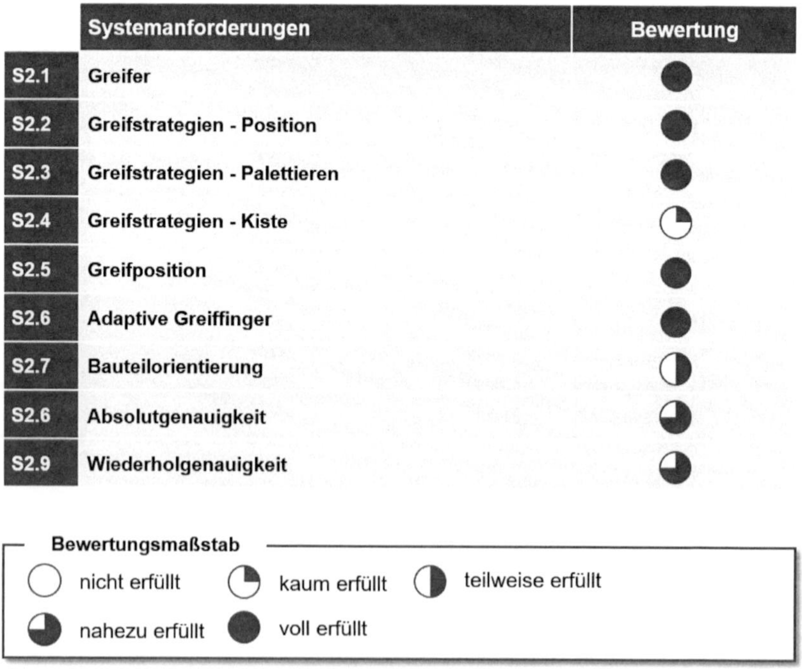

Bild 7.12: Bewertung des Werkstückhandlings

Evaluation of work piece handling

B3 – schnelle Inbetriebnahme

Die temporäre Automatisierung ist durch einen ständigen Wechsel der zu beschickenden WZM geprägt, sodass für die Wirtschaftlichkeit des Systems die Zeit für die IBN minimal sein sollte. Ermöglicht wird dies durch eine Verkettung der eingesetzten Systeme, woraus eine digitale Durchgängigkeit entsteht. Anschaulich ist dies am Beispiel von zwei Werkstücken in Kapitel 5.3 dargestellt worden. In Kombination mit dem intuitiven Assistenzsystem für die Beschickung sind auch Werkende ohne Programmiererfahrung nach der Teilnahme an entsprechenden Schulungen in der Lage, selbstständig die Einrichtung von neuen Bauteilen durchzuführen. Im Hintergrund des Systems existiert zudem eine Datenbank, die als Wissensdatenbank dient. Durch diese ist es möglich, aus vergangenen IBN zu lernen und zukünftige zu beschleunigen. Aufgrund seiner modularen Struktur lässt sich die Datenbank zudem erweitern und auf die individuellen Anwendungsfälle anpassen. In Summe ergibt sich die Bewertung analog zu **Bild 7.13**.

	Systemanforderungen	Bewertung
S3.1	**Digitale Durchgängigkeit**	●
S3.2	**Intuitive Bedienbarkeit**	◕
S3.3	**Schnelle Inbetriebnahme von neuen Bauteilen**	●
S3.4	**Wissensmanagement**	◕
S3.5	**Selbstständigkeit**	◕
S3.6	**Erweiterbarkeit**	●

Bild 7.13: Bewertung der Inbetriebnahme
Assessment of commissioning

B4 – hohe Prozesssicherheit:

Resultierend aus der Anforderung, dass der Werkende selbstständig die IBN durchführen soll, gepaart damit, dass jede Unterbrechung und jede Kollision einen wirtschaftlichen Schaden zur Folge haben, spielt die Prozesssicherheit eine große Rolle bei dem zu entwickelnden System. **Bild 7.14** zeigt die Bewertung der abgeleiteten Systemanforderungen hinsichtlich der Prozesssicherheit.

	Systemanforderungen	Bewertung
S4.1	**Kollisionsfreiheit**	◕
S4.2	**Aktive Kollisionsvermeidung**	●
S4.3	**Inline Prozessüberwachung**	○
S4.4	**Arbeitssicherheit**	◕

Bild 7.14: Bewertung der Prozesssicherheit
Assessment of process reliability

Die Auswertung zeigt, dass die Anforderungen hinsichtlich Kollisionsfreiheit und aktiver Kollisionsvermeidung weitestgehend erfüllt werden konnten. Dies resultiert maßgeblich aus der in Kapitel 6 entwickelten Methodik zur Minimierung der Restunsicherheit. Aufgrund der Einschränkung, dass die Bewegung innerhalb der Skills nicht auf Kollisionsfreiheit geprüft werden kann, ist diese Anforderung nur nahezu erfüllt. Im Rahmen der Inline Prozessüberwachung sind Ansätze beispielsweise per Kamera angedacht, jedoch nicht implementiert worden, sodass diese nicht erfüllt ist. Für die Arbeitssicherheit ist hingegen ein Konzept entwickelt worden, wie durch den Einsatz von zwei Lidar-Sensoren an den gegenüberliegenden Ecken der Plattform der Arbeitsraum überwacht werden kann, und sobald eine Person diesen betritt, die Geschwindigkeit reduziert wird und die Anwendung stoppt, sodass diese Anforderung als weitestgehend erfüllt gilt. Eine entsprechende Zertifizierung durch Dritte steht jedoch aus.

B5 – räumliche Mobilität:

Die letzte Benutzeranforderung bezieht sich auf die räumliche Mobilität des Systems. Für die temporäre Automatisierung ist es entscheidend, dass das System einfach bewegt werden kann. Dies wird durch die mobile Plattform, die sich dank der verbauten Rollen leicht manövrieren lässt, erreicht. Am Einsatzort wird nur eine Aufstellfläche von 1,2 qm^2 benötigt. Um eine optimale Ausrichtung und die benötige Stabilität zu erreichen, können die vier Standfüße individuell ausgefahren werden. Falls größere Strecken zurückgelegt werden müssen, kann das System auch mit einem Hubwagen oder Stapler bewegt werden. Insgesamt kann festgestellt werden, dass alle Anforderungen erfüllt werden konnten (vgl. **Bild 7.15**).

	Systemanforderungen	Bewertung
S5.1	**Beweglichkeit**	●
S5.2	**Gewicht**	●
S5.3	**Aufstellfläche**	●
S5.4	**Stabilität**	●
S5.5	**Transport**	●

Bild 7.15: Bewertung der Mobilität
Assessment of mobility

7.5.2 Wirtschaftliche Bewertung
Economic evaluation

Für die wirtschaftliche Bewertung existieren verschiedene Methoden, die für die Bewertung des Systems herangezogen werden können, wie beispielsweise eine Kostenvergleichsrechnung oder Kosten-Nutzen-Analyse. Dabei hängt die Auswahl der Methodik wesentlich davon ab, was bewertet werden soll, welche Aussage davon abgeleitet werden soll und welche Annahmen getroffen wurden. Die temporäre Automatisierung stellt eine neue Form der Automatisierung von WZM dar, die aus dem Bedarf resultiert, dass eine dauerhafte und ortsfeste Automation an einer einzigen WZM nicht ausreichend rentabel ist, weshalb diese in der Lage sein soll, flexibel unterschiedliche Maschinen zu beladen. Zudem wird Unternehmen dadurch eröffnet, situativ zu entscheiden, ob die Beladung durch einen Mitarbeitenden oder durch den Roboter erfolgen soll. Aufgrund des schwankenden Produktvolumens je Auftrag stellt sich die Frage, ab welcher Stückzahl sich die temporäre Automatisierung gegenüber der manuellen Tätigkeit lohnt. Deshalb soll nachfolgend, basierend auf einem Anwendungsbeispiel, der Grenzwert exemplarisch bestimmt werden. Darüber hinaus soll die Amortisationsdauer berechnet werden. Für beide Bestimmungen ist es erforderlich, die Kosten der Mitarbeitenden und des Systems zu kennen, die je nach Unternehmen und Automationslösung variieren können.

Kostensatz der Mitarbeitenden

Bei der Berechnung der Kostensätze der Mitarbeitenden muss zwischen dem Maschinenbedienenden, der das Gesamtsystem bedient, beaufsichtigt und sich um den Materialtransport kümmert, und dem Maschineneinrichter, der neue Werkstücke oder die Automation einrichtet und einfährt, unterschieden werden. Um insbesondere die Automation einzurichten, ist der Besuch entsprechender Schulungen und Qualifizierungen nötig, sodass dies in der Folge auch im Stundenlohn berücksichtigt werden muss. Abhängig von der Erfahrung, der Qualifikation und des Einsatzortes schwanken die Stundenlöhne zusätzlich. Angelehnt an Zahlen in Stellenanzeigen wird für den Maschinenbediener ein Stundenlohn i. H. v. 24 € und für den Maschineneinrichter aufgrund seiner höheren Qualifikation 28 € angesetzt. Werden dazu die indirekten Personalkosten (Gesetzliche Sozialkosten, tarifliche oder freiwillige Sozialleistungen, Schichtzulagen, Urlaubs- und Weihnachtsgeld, Lohnfortzahlung bei Krankheit, ...) mit 50 % eingeschätzt, ergibt sich für den Maschinenbedienenden ein Kostensatz von 36,00 €/h [37,08 €; 38,19 €; 39,34 €; 40,52 €; 41,73 €] und für den Maschineneinrichtenden 42,00 €/h [43,26€, 44,56 €; 45,89 €; 47,27 €; 48,69 €], die von Unternehmen zu Unternehmen jedoch variieren können. In eckigen Klammern sind die Kostensätze bei einer jährlichen Lohnkostensteigerung von 3% angegeben.

In Nordrhein-Westfalen gibt es im Jahr 2023 250 Arbeitstage. Sie errechnen sich aus 365 Kalendertagen abzüglich 52 Samstagen, 53 Sonntagen sowie zehn gesetzlichen Feiertagen, die nicht auf das Wochenende fallen. Die tägliche Arbeitszeit beträgt dabei jeweils 8 Stunden und die Anzahl an Urlaubstagen 30.

Kostensatz der Automation

Der Kostensatz für die Automation wird dabei vergleichbar zum Maschinenkostensatz berechnet, wofür zunächst die Anschaffungskosten für eines solches System bestimmt werden müssen. Ausgehend von dem vorgestellten Demonstrator in Kapitel 7.1 (80 k€), der Installation von zusätzlichen Steuerungen in drei WZM (20 k€), der anteiligen Entwicklung an der Software (35 k€) sowie entsprechender Zertifizierung (15 k€) ergeben sich initiale Anschaffungskosten von zirka 150 k€.

Angenommen, das Unternehmen arbeitet im 2-Schichtbetrieb, ergibt sich bei einer durchgehenden Auslastung eine theoretische jährliche Laufleistung von 4000 h (250 Arbeitstage * 2 * 8 h). Aufgrund von Stillstandzeiten, Auftragsschwankungen und Reparaturen variiert die Laufleistung, weshalb nachfolgend mit einer Auslastung von 90 %, das heißt 3600 h, gerechnet wird, was sich mit den Rückmeldungen von Anwendern deckt. Gemäß [UNIV14] hat der Roboter eine garantierte Lebensdauer von 35.000 Betriebsstunden unter voller Last. Wenn das restliche System eine ähnliche Lebenserwartung hat, wäre eine Nutzung deutlich über den sechs Jahren laut AfA-Tabelle möglich, da sich der Roboter während der Bearbeitung durch die WZM nicht bewegt und somit im Leerlauf befindet.

Die kalkulatorischen Zinsen können mithilfe der Durchschnittswertmethode bestimmt werden, indem der Zinssatz mit der Hälfte der Anschaffungskosten multipliziert wird. In diesem Fall ist die Hälfte der Anschaffungskosten 75.000 € (150.000 € / 2), worauf dann die 5 % angewandt werden. Die resultierenden 3.750 €/a werden auf die 3600 Nutzungsstunden pro Jahr verteilt, sodass sich die Zinskosten auf 1,04 € pro Stunde belaufen. Für die Stromkosten von 0,35 €/h wird von einem Stromverbrauch von zirka 1 KWh ausgegangen, der aus einer Referenzmessung resultiert. Wartungs- und Reparaturkosten sind schwierig im Vorfeld zu bestimmen, weshalb hier vorsorglich jährlich 5000 € berücksichtigt werden, was sich ebenso mit der Einschätzung von Experten deckt. Zusätzlich sind, basierend auf der garantierten Lebensdauer von 10 Jahren, eine jährliche Rücklage in Höhe von 20 k€ berücksichtigt worden, was 10% eines geschätzten Neupreises in 10 Jahren entspricht. In Summe ergibt sich ohne Personalkosten bei einer jährlichen Laufleistung von 3600 h ein Kostensatz für die Automation von 15,28 €/h (vgl. **Tabelle 7.1**).

Tabelle 7.1: Stundensatzberechnung für die Automation

Hourly rate calculation for automation

Position	Betrag	Einheit	Annahme
AfA pro Jahr	25.000	€/a	Nutzungsdauer gemäß AfA-Tabelle: 6 Jahre
AfA pro Nutzstunde	6,94	€/h	Jährliche Laufleistung: 3600 h
Zinskosten auf ⌀ Kapital	3.750	€/a	Zinssatz von 5 %
Zinskosten pro Stunde	1,04	€/h	Jährliche Laufleistung: 3600 h
Stromkosten	0,35	€/h	Stromverbrauch: 1 KWh
Wartungs- und Reparaturkosten	1,39	€/h	Kosten: 5000 €/a
Rücklagen für Neuanschaffung	5,56	€/h	10% vom Neupreis in 10 Jahren: 200.000 €
Summe Durchschnittskosten	**15,28**	**€/h**	

Anwendungsszenario

Nachdem die Kostensätze für die Mitarbeitenden und die Automation berechnet sind, muss das Anwendungsszenario bestimmt werden. In der Lohnfertigung gibt es ein breites Spektrum an Aufträgen, die sich hinsichtlich des Auftragsvolumens, der Art der Bearbeitung, der Prozesslänge und der Komplexität unterscheiden können, Eine Berücksichtigung dieser Varianz erschwert die Wirtschaftlichkeitsrechnung. Deshalb wird angenommen, dass ein Prozess repräsentativ für alle Aufträge des Unternehmens ist. Dieser Prozess entspricht einem Beispiel aus der Industrie, bei dem ein Werkstück von zwei Seiten bearbeitet werden muss.

Im Rahmen eines Projekts sind die Zeiten für die einzelnen Prozessschritte sowohl für den manuellen als auch den automatisierten Fall aufgenommen worden. In Anhang 10.E befindet sich ein Sequenzdiagramm, das die Zeiten sowohl für die Einrichtungsphase als auch für den Betrieb im Detail aufschlüsselt. Für den manuellen Prozess ergibt sich eine Einrichtezeit für die WZM von 90 Minuten. Die Betriebsphase gliedert sich auf in 114 Sekunden für die Bearbeitung von beiden Seiten und in 18,5 Sekunden für die Beschickung, sodass sich eine durchschnittliche Produktionszeit von 132,5 Sekunden pro Teil ergibt.

Für denselben Prozess befindet sich in Anhang 10.F ebenfalls für die Automation ein Sequenzdiagramm. Der Einrichteprozess umfasst dabei nicht nur die WZM, sondern auch die Automation. Für die Einrichtung der Automation sind 45 min veranschlagt. Sofern es sich um ein neues Werkstück handelt, sind zusätzlich 90 min für die Programmierung und IBN vorgesehen, sodass sich in Summe für ein neues Werkstück eine Einrichtezeit von 225 min und für eine erneute Automatisierung eine reduzierte Einrichtezeit von 135 min ergibt. Die Bearbeitungszeit bleibt konstant bei 114 Sekunden. Für die automatisierte Beschickung werden 53,2 Sekunden benötigt, sodass sich eine Produktionszeit im Durchschnitt von 167,2 Sekunden pro Teil ergibt. Außerdem ist es notwendig, dass ein Maschinenbedienender nach 50 produzierten Teilen das Magazin auffüllt, wofür weitere 170 Sekunden nötig sind.

Kostenvergleich zwischen Mensch und Automation

Basierend auf den Kostensätzen der Mitarbeitenden und der Automation sowie den Prozesszeiten sowohl für die manuelle als auch die automatische Beschickung sind die Einrichtungskosten und Kosten pro Bauteil für die Beschickung berechnet worden. **Bild 7.16** zeigt die Kosten für die Beschickung in Abhängigkeit zu der Stückzahl. Die rote Linie stellt die Kosten für den manuellen Prozess dar und ist die Referenz zu der Automation, während die blaue Linie die Automation für die erste Programmierung sowie die IBN zeigt. Die grüne Linie stellt die Kosten bei einer erneuten Automation dar.

Aus den Zahlen wird deutlich, dass die temporäre Automation für diesen speziellen Auftrag ab einer Stückzahl von 165 günstiger wäre, als wenn diese Tätigkeit manuell durch einen Mitarbeitenden durchgeführt worden wäre. Sofern es sich um eine erneute Automation handelt, würde es sich bereits bei 55 Teilen lohnen. Dies zeigt, dass sich eine temporäre Automatisierung bereits bei kleinen Stückzahlen für die Unternehmen lohnen kann. Zusätzlich geht daraus hervor, dass bei größeren Stückzahlen, in diesem Fall 400 Stück, bereits Kosteneinsparungen durch die Automation von 201,03 € realisiert werden können.

Dieser Vergleich betrachtet nur die Kosten für Mitarbeitenden und Automation im Kontext der Beschickung. Der Maschineneinrichter, auch wenn er nach der IBN nicht mehr aktiv in den Beschickungsprozess involviert ist, ist trotzdem noch wertschöpfend tätig und verursacht Kosten, jedoch außerhalb des Betrachtungsrahmens. In der Folge kann der bestimmte Grenzwert nur eingeschränkt als Kennziffer verwendet werden. Vielmehr muss angestrebt werden, die Automation dauerhaft auszulasten, da der Mitarbeitende aufgrund seiner Flexibilität auch andere Tätigkeiten übernehmen kann. Demnach lohnt sich dies für alle Aufträge, bei denen die Kosten für IBN der Automation geringer sind als die des Mitarbeitenden, der die Maschine belädt. In dem betrachteten

Fall sind dies 75 Stück für die erste Automation und 25 Stück bei einer erneuten Automation.

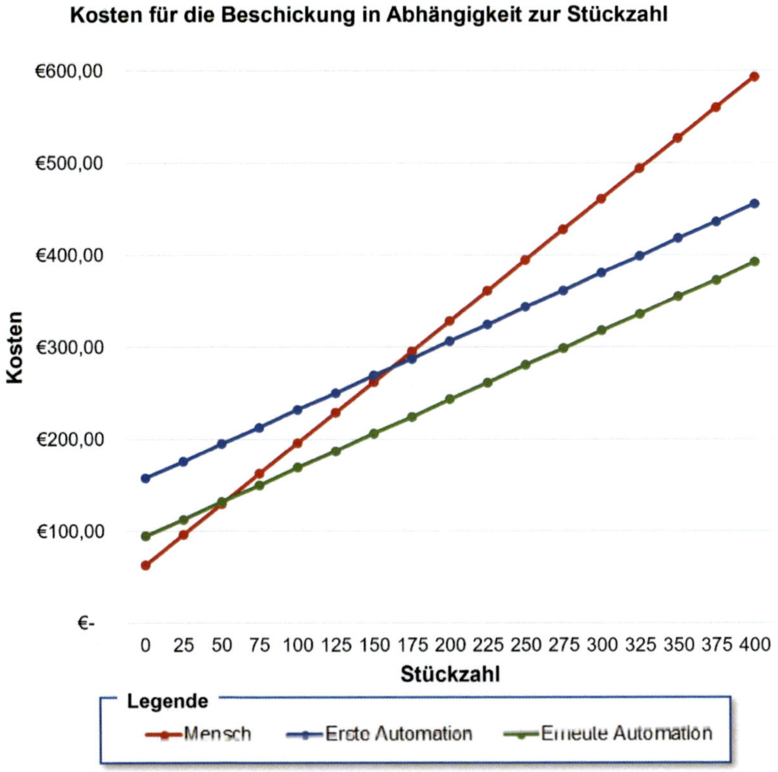

Bild 7.16: Kosten für die Beschickung in Abhängigkeit zur Stückzahl
Feeding costs depending on the number of units

Amortisationsdauer

Um vorzusagen, ab wann sich eine Investition für ein Unternehmen finanziell auszahlt, wird die Amortisationsdauer berechnet, hier an dem bereits eingeführten Beispiel. Da eine temporäre Automatisierung erst sinnvoll ist, wenn mehr als eine WZM existiert, wird als Ausgangslage angenommen, dass zwei WZM existieren, die durch einen Maschinenbediener und -einrichter bedient werden. Daraus ergeben sich jährliche Personalkosten für den Maschinenbediener von 72.000 € (36,00 € * 8 h * 250 Arbeitstage) und für den Maschineneinrichter von 84.000 € (42,00€ * 8 h * 250 Arbeitstage). Aufgrund des 2-Schicht-Betriebs ergeben sich damit jährliche Personalkosten von 312.000 €.

Durch die Investition in eine Automatisierungslösung in Höhe von 150.000 € ist nur noch ein Maschineneinrichter pro Schicht für den Betrieb der zwei WZM nötig, sodass sich die jährlichen Personalkosten auf 168.000 € reduzieren. Hinzu kommen jedoch Betriebskosten resultierend aus den Zinsen, elektrische Energie, Wartung, möglichen Reparaturen und Rückstellungen in Höhe von 34.314 € pro Jahr und die jährliche Abschreibung von 25.000 €, sodass die jährlichen Aufwendungen bei 227.314 € liegen. In dem vorgestellten Szenario ist die Automation deutlich langsamer als der Mensch, was daraus resultiert, dass das Bauteil gedreht werden muss. Dies stellt für den Menschen eine einfache Tätigkeit dar, ist für den Roboter aufgrund der fehlenden zweiten Hand dagegen komplizierter. Bei anderen Aufträgen kann dieses Verhältnis in beide Richtungen abweichen. Im Gegensatz zur manuellen kommt es bei einer automatisierten Beladung nicht zu Stillständen während Pausen-, Urlaubs- oder Krankheitstagen, sodass angenommen wird, dass die zusätzliche Zeit, die die Automation benötigt, nicht für eine Reduzierung der Produktivität sorgt.

Tabelle 7.2 schlüsselt die Kosten für die manuelle Beschickung und die Automation über die Jahre verteilt unter Berücksichtigung der Lohnkostensteigerung von 3% auf. Es ergibt sich ein jährlich wachsender Kostenvorteil für die Automation, sodass durch die Investition ein zusätzlicher Gewinn realisiert wird.

Tabelle 7.2: Berechnung des jährlichen Kostenvergleichs und Rückfluss

Calculation of savings

Zeitraum	Kosten manuell	Kosten Automation	Jährlicher Kostenvorteil	Abschreibung Automation	Jahresrückfluss
1. Jahr	312.000 €	227.314 €	84.686 €	25.000 €	109.686 €
2. Jahr	321.360 €	232.354 €	89.006 €	25.000 €	114.006 €
3. Jahr	331.001 €	237.545 €	93.456 €	25.000 €	118.456 €
4. Jahr	340.931 €	242.892 €	98.039 €	25.000 €	123.039 €
5. Jahr	351.159 €	248.399 €	102.759 €	25.000 €	127.759 €
6. Jahr	361.694 €	254.072 €	107.621 €	25.000 €	132.621 €

Für die Berechnung der Amortisationsdauer wird der Jahresrückfluss benötigt. Dieser setzt sich aus der Summe des zusätzlichen Gewinns durch die Investition und der Abschreibung zusammen. Basierend auf einem durchschnittlichen Jahresrückfluss von 120.927,84 € ergibt sich eine Amortisationsdauer von 1,24 Jahren oder 14,88 Monaten.

Zwischenfazit

Die durchgeführte Analyse konnte die grundlegende Wirtschaftlichkeit eines solchen Systems bestätigen und bietet die Basis, um die Wirtschaftlichkeit für das individuelle Unternehmen abzuschätzen. Weitere Faktoren, wie eine dritte mannlose Schicht oder

Maschinenstillstand aufgrund von Fachkräftemangel oder Krankheit sind ebenso wie die Inflation in der Analyse nicht betrachtet worden und wirken sich zusätzlich positiv auf die Wirtschaftlichkeit aus.

8 Zusammenfassung und Ausblick

Summary and outlook

8.1 Zusammenfassung

Summary

Die Beschickung von WZM gehört zu den häufigsten und bekanntesten Anwendungsfällen von IR. Trotz der zahlreichen Vorteile, wie Steigerung der Produktivität, Verbesserung der Termintreue und dem Einsatz einer dritten mannlosen Schicht, weisen spanende Bearbeitungsprozesse kleiner und mittlerer Unternehmen (KMU) nur einen geringen Automatisierungsgrad auf. Geprägt durch den steigenden Fachkräftemangel, geringe Stückzahlen und immer kürzer werdende Produktlebenszyklen wächst zeitgleich der Bedarf nach flexiblen Automatisierungslösungen. Flexible Fertigungszellen versuchen, die meist gegenläufigen Zielgrößen Produktivität und Flexibilität in sich zu vereinen, binden die Automation jedoch fest an eine Maschine. Die temporäre Automatisierung bricht diese starre Verbindung auf und stellt eine neue Form der Automatisierung dar, die eine ortsflexible, situationsabhängige Beschickung unterschiedlicher WZM ermöglicht. Zeitgleich resultieren hieraus Herausforderungen hinsichtlich der Handhabung der Werkstücke, der Kommunikation zwischen WZM und Roboter, der IBN und der Wirtschaftlichkeit eines solchen Systems, die adressiert und gelöst werden müssen.

Daher verfolgt die vorliegende Arbeit das Ziel, eine Referenzarchitektur für die temporäre Automatisierung von WZM zu konzeptionieren und zu implementieren, auf deren Basis Mitarbeitende in die Lage versetzt werden, den Be- und Entladeprozess selbstständig und ohne die Hilfe von Experten/Expertinnen zu automatisieren. Basierend auf einer durchgeführten Studie, einer Marktanalyse sowie Interviews und Workshops mit potenziellen Endanwendern sind System- und Benutzeranforderungen an ein solche Referenzarchitektur abgeleitet worden. Grundlage dieser Architektur bildet die ISO 23704, die beschreibt, wie smarte WZM(CPSMT) im Kontext von Industrie 4.0 mithilfe von CPSS abgebildet werden können. Im Rahmen dessen wird die Automation als ungeordnete Komponente der WZM gesehen, weshalb die vorhandene Architektur um ein „Cyber-Pysically Smart Machine Tending System“, kurz CPSTS, erweitert wird, sodass dieses autark von der WZM agieren kann (TF1).

Im Zuge der neuen Architektur sind CPSMT und CPSTS gleichgestellt, müssen für das übergeordnete Ziel jedoch zusammenarbeiten. Ausgehend von der physischen, prozesstechnischen und informationstechnischen Sicht auf die temporäre Automatisierung ist eine Kommunikationsarchitektur entwickelt worden, die sowohl die Nutzung von alten als auch neuen Maschinen vorsieht. Ermöglicht wird dies durch den Kommunikationsstandard OPC UA und entsprechend abgeleitete Informationsmodelle für die WZM und das MTS (TF1).

Um die Wirtschaftlichkeit und die Flexibilität gewährleisten zu können, liegt ein Schwerpunkt der Arbeit auf der Minimierung der Zeit für die IBN. Bezugnehmend auf die Hypothese, dass durch die Verkettung der Informationen entlang der Lebenszyklusphasen die Zeit für die IBN reduziert werden kann, sind am Beispiel von zwei Fertigungsaufträgen die einzelnen Lebenszyklusphasen der temporären Automatisierung durchlaufen und aufgezeigt worden, welche Informationen vorhanden sind und wie diese im Verlaufe der IBN genutzt werden können. Exemplarisch sind hier die Ableitung des Programmablaufs oder die automatische Erstellung von bauteilspezifischen Greiffingern zu nennen (TF2). Ebenso konnte gezeigt werden, wie das Wissen aus bereits existierenden IBN auf zukünftige übertragen werden kann (TF3).

Im Hinblick auf die IBN stellen Restunsicherheiten, die durch unerfahrene Mitarbeitende bei der Programmierung zusätzlich verstärkt werden, ein Risiko dar. Diese beziehen sich im Wesentlichen auf die Kollisionsfreiheit und die optimale Pfadlänge. Mittels einer Simulation könnten diese minimiert werden, häufig fehlt jedoch ein aktuelles Modell der Umgebung. Daher ist im Rahmen dieser Arbeit eine Methodik entwickelt worden, die eine autarke Erkundung der Umgebung durch einen am TCP befestigten Sensor ermöglicht. Innerhalb weniger Minuten ist die Erstellung einer Karte der Umgebung möglich. In der Folge kann diese dazu genutzt werden, kollisionsfreie, optimierte Pfade zu planen, was sowohl den Mitarbeitenden entlastet als auch durch den Wegfall von unnötigen Zwischenpositionen Zeit spart (TF4).

Abschließend wurde die konzeptionierte Referenzarchitektur in eine Referenzimplementierung überführt, wobei wesentliche Elemente prototypisch umgesetzt wurden. Dabei ist zudem ein Demonstrator entstanden, der dazu genutzt werden konnte, die Implementierung am Beispiel von zwei Demonstrationsszenarien zu evaluieren. Die gewonnenen Ergebnisse und Erkenntnisse sind mit den zuvor aufgestellten Anforderungen verglichen worden. Während dieses Vergleichs konnte insbesondere die Wirtschaftlichkeit des Systems gezeigt und dargelegt werden, ab welcher Stückzahl sich die temporäre Automatisierung lohnt.

Zusammenfassend konnte in dieser Arbeit eine Referenzarchitektur für die temporäre Automatisierung konzeptioniert, prototypisch aufgebaut und an den Anwendungsfällen erfolgreich validiert werden. Sie bietet die nötige Grundlage, um den Automatisierungsgrad bei fertigenden KMU zu erhöhen und aktuellen Herausforderungen, wie dem Fachkräftemangel, zu begegnen.

8.2 Ausblick

Outlook

Ausgehend von der vorliegenden Arbeit ergeben sich eine Vielzahl von Aspekten, die zukünftig betrachtet werden könnten. Der Fokus der Referenzarchitektur liegt aktuell auf der temporären Automatisierung von WZM. Im Rahmen der Fertigung übernimmt der Mitarbeitende nicht nur die Aufgabe der Be-/Entladung der WZM, sondern auch Nebentätigkeiten wie das Entgraten von Bauteilen, sodass eine Ausdehnung des Funktionsumfangs denkbar wäre. Diese Erweiterung kann einerseits durch die Integration zusätzlicher Endeffektoren, wie z. B. einer Entgratspindel, erfolgen und damit die gesamte Plattform universeller nutzbarer machen. Anderseits kann die Produktivität der Automation erhöht werden, wenn diese eine weitere Tätigkeit übernimmt, während die Bearbeitung auf der Maschine läuft und die Automation ansonsten stillstehen würde.

In der aktuellen Umsetzung ist der Roboter auf einer mobilen Plattform befestigt, die durch den Mitarbeitenden von Einsatzort zu Einsatzort bewegt werden muss. Durch den Einsatz eines FTS könnte die Flexibilität um einen weiteren Freiheitsgrad gesteigert werden, sodass das System neben Handhabungs- und Bearbeitungsaufgaben auch Logistikaufgaben übernehmen könnte. Bei der Entwicklung eines solchen Systems darf die damit einhergehende Komplexität nicht unterschätzt werden. Ferner muss sorgfältig geprüft werden, inwiefern diese noch intuitiv und für KMU nutzbar ist.

Ein weiterer Aspekt könnte die grundsätzliche Programmierung der Abläufe sein, die aktuell auf den Informationen aus der digitalen Prozesskette aufbauen und den Mitarbeitenden durch den Prozess der IBN in Form eines Assistenten begleiten. Aktuelle Entwicklungen im Bereich der KI (Stichwort: Transformer-Modelle) oder das Industrial Metaverse (Stichwort: synthetische Datengenerierung) bieten das Potenzial, die grundsätzliche Art der Programmierung zu ändern, indem der Roboter basierend auf einem Modell der Umgebung die Aufgabe situativ erkennt. Beispielsweise könnten die Ablagepositionen und Spannfutter mithilfe von trainierten KI-Modellen erkannt werden. In der Folge könnte daraus die Aufgabe des Beschickens abgeleitet werden.

Abschließend wäre es wünschenswert, wenn die konzeptionierte Referenzarchitektur, das OPC-UA-Informationsmodell oder die damit verbundenen Erkenntnisse zurück in die Standardisierung, das heißt in die dafür zuständigen Gremien und Ausschüsse, fließen würden, um die Weiterentwicklung der aktuellen Normen und Modelle zu fördern.

8 Summary and outlook

8.2 Summary

Zusammenfassung

The loading of machine tools is one of the most common and well-known applications of IR. Despite the numerous advantages, such as increased productivity, improved adherence to delivery dates and the use of a third unmanned shift, machining processes in small and medium-sized enterprises (SMEs) have a low degree of automation. At the same time, the demand for flexible automation solutions is growing due to the increasing shortage of skilled workers, small batch sizes and ever shorter product life cycles. Flexible manufacturing cells try to combine the usually conflicting objectives of productivity and flexibility, but they tie automation to a single machine. Temporary automation breaks this rigid connection and represents a new form of automation that enables flexible, situation-dependent loading of different machine tools. At the same time, this results in challenges with regard to workpiece handling, communication between machine tools and robots, commissioning and the cost-effectiveness of such a system, which must be addressed and solved.

Therefore, the aim of this work is to design and implement a reference architecture for the temporary automation of machine tools, on the basis of which employees are able to automate the loading and unloading process independently and without the help of experts. Based on a study that was carried out, a market analysis, and interviews and workshops with potential end users, system and user requirements for such a reference architecture were derived. This architecture is based on ISO 23704, which describes how smart machine tools (CPSMT) can be mapped in the context of Industry 4.0 using CPSS. In this context, the automation is seen as a disordered component of the machine tool, which is why the existing architecture is extended to include a 'cyber-physically smart machine tending system', or CPSTS for short, so that it can operate autonomously from the machine tool (TF1).

In the context of the new architecture, CPSMT and CPSTS are equal, but must work together to achieve the overarching goal. Based on the physical, process-related and IT view of temporary automation, a communication architecture has been developed that allows for the use of both old and new machines. This is made possible by the OPC UA communication standard and information models derived from it for the machine tool and the MTS (TF1).

In order to ensure cost-effectiveness and flexibility, one focus of the work is on minimising the time for commissioning. Based on the hypothesis that the time for commissioning can be reduced by linking the information along the life cycle phases, the individual life cycle phases of the temporary automation were run through using the example of two production orders, and it was shown which information is available and how it can be used during the course of commissioning. Examples include the derivation of the programme sequence or the automatic creation of component-specific gripper fingers (TF2). It was also possible to show how knowledge from existing commissioning can be transferred to future ones (TF3).

With regard to commissioning, residual uncertainties, which are further increased by inexperienced employees during programming, represent a risk. These mainly relate to the avoidance of collisions and the optimal path length. These could be minimised by means of a simulation, but often an up-to-date model of the environment is not available. Therefore, a methodology has been developed as part of this work that enables a self-sufficient exploration of the environment by means of a sensor attached to the TCP. It is possible to create a map of the environment within a few minutes. This map can then be used to plan collision-free, optimised paths, which both relieves the employee and saves time by eliminating unnecessary intermediate positions (TF4).

Finally, the conceptualised reference architecture was transferred into a reference implementation, whereby essential elements were implemented prototypically. This also resulted in a demonstrator that could be used to evaluate the implementation using two demonstration scenarios. The results and findings were compared with the previously defined requirements. During this comparison, the cost-effectiveness of the system was demonstrated and it was shown from which quantity the temporary automation is worthwhile.

In summary, a reference architecture for temporary automation was designed, proto typed and successfully validated in the use cases in this work. It provides the necessary basis for increasing the level of automation in manufacturing SMEs and for meeting current challenges, such as the shortage of skilled workers.

8.2 Outlook

Ausblick

Based on the work presented here, there are a number of aspects that could be considered in the future. The focus of the reference architecture is currently on the temporary automation of machine tools. Within the scope of production, the employee not only takes over the task of loading/unloading the machine tools, but also secondary activities such as deburring components, so that an expansion of the range of functions would be conceivable. This expansion can be achieved, on the one hand, by integrating additional end effectors, such as grinding, for example, and thus making the entire platform more universally usable. On the other hand, the productivity of the automation can be increased if it takes on another activity while the machining is running on the machine and the automation would otherwise be at a standstill.

In the current implementation, the robot is mounted on a mobile platform that has to be moved from location to location by an employee. By using an AGV, flexibility could be increased by a further degree of freedom, so that the system could take on logistics tasks in addition to handling and processing tasks. When developing such a system, the associated complexity must not be underestimated. Furthermore, it must be carefully examined to what extent this is still intuitive and usable for SMEs.

Another aspect could be the basic programming of the processes, which currently build on the information from the digital process chain and guide the employee through the process of commissioning in the form of a wizard. Current developments in the field of AI (keyword: transformer models) or the Industrial Metaverse (keyword: synthetic data generation) offer the potential to change the fundamental way of programming by having the robot recognise the task based on a model of the environment in a situational way. For example, the storage positions and chucks could be recognised with the help of trained AI models. Subsequently, the task of loading could be derived from this.

Finally, it would be desirable if the conceptualised reference architecture, the OPC-UA information model or the associated findings were to flow back into standardisation, i.e. into the relevant committees and panels, in order to promote the further development of current standards and models.

9 Literaturverzeichnis

References

[ABB23] ABB: ABB präsentiert auf der EMO 2023 Lösungen für die flexible Maschinenbeschickung. URL: https://new.abb.com/news/de/detail/106510/abb-prasentiert-auf-der-emo-2023-losungen-fur-die-flexible-maschinenbeschickung [Stand: 19.01.2024].

[ALBO23] Albonico, M.; Đorđević, M.; Hamer, E.; Malavolta, I.: Software engineering research on the Robot Operating System: A systematic mapping study. In: Journal of Systems and Software. 197. Jg., 2023, S. 111574.

[ALLG24] Allgeyer, T.; Meißner, P.; Qattan, M.: asr_aruco_marker_recognition - ROS Wiki. URL: http://wiki.ros.org/asr_aruco_marker_recognition [Stand: 07.04.2024].

[ANDR23] Andreas Mathes: Flexibel und intuitiv: Maschinenbeladung mit dem Cobot LBR iisy. URL: https://www.kuka.com/de-de/branchen/loesungsdatenbank/2023/07/mairotec-maschinenbeladung-mit-cobot [Stand: 05.10.2023].

[ARTI24] ArtiMinds Robotics GmbH: A_Home DE. URL: https://www.artiminds.com/de/ [Stand: 21.01.2024].

[AUTO24] Automatic door openers | CNC AutoDoor: Automatische Türöffner | CNC AutoDoor. URL: https://www.cncautodoor.com/de/ [Stand: 28.01.2024].

[BÉLA14] Bélanger-Barrette, M.: Part Feeding and Robot Gripper Choice. URL: https://blog.robotiq.com/bid/72530/Part-Feeding-and-Robot-Gripper-Choice [Stand: 28.01.2024].

[BEND20] Bendel, O.: Die Maschine an meiner Seite. In: Buxbaum, H.-J. (Hrsg.): Mensch-Roboter-Kollaboration. Wiesbaden: Springer Gabler, 2020, S. 1–14.

[BENJ10] Benjamin, M. R.; Schmidt, H.; Newman, P. M.; Leonard, J. J.: Nested autonomy for unmanned marine vehicles with MOOS-IvP. In: Journal of Field Robotics. 27. Jg., 2010, Nr. 6, S. 834–875.

[BITK20] Bitkom Research: Deutsche Wirtschaft läuft der Digitalisierung weiter hinterher. URL: https://www.bitkom.org/Presse/Presseinformation/Deutsche-Wirtschaft-laeuft-der-Digitalisierung-weiter-hinterher [Stand: 19.05.2023].

[BLAN19] Blankemeyer, S.; Recker, T.; Raatz, A.: Hardwareseitige MRK-Systemgestaltung. In: Müller, R.; Franke, J.; Henrich, D.; Kuhlenkötter,

B.; Raatz, A.; Verl, A. (Hrsg.): Handbuch Mensch-Roboter-Kollaboration. München: Carl Hanser Verlag GmbH & Co. KG, 2019, S. 37–70.

[BLAN20] Blanke, P.; Boltes, M.; Storms, S.; Lienenluke, L.; Brecher, C.: Collision free motion planning for robots by capturing the environment. In: 2020 25th IEEE International Conference on Emerging Technologies and Factory Automation (ETFA). Proceedings : Vienna, Austria - hybrid, 08-11 September, 2020. Piscataway, NJ: IEEE, 2020, S. 636–642.

[BLAN21] Blanke, P.; Sharma, S.; Storms, S.; Brecher, C.: Flexible creation of a 3D-Map in an unknown environment by a robot. In: 2021 26th IEEE International Conference on Emerging Technologies and Factory Automation (ETFA): IEEE, 9/7/2021 - 9/10/2021, S. 1–8.

[BLAN22] Blanke, P.; Storms, S.; Brecher, C.: KI in der Lohnfertigung – Anwendungsfälle bei der Beschickung von Werkzeugmaschinen. In: Brecher, C.; Krüger, J.; Uhlmann, E.; Verl, A.; Riedel, O.; Lechler, A. (Hrsg.): KI in der Produktion – Innovative Anwendungsfälle: VDI Verlag, 2022, S. 75–88.

[BMWK22] BMWK: AG „Referenzarchitekturen, Standards und Normung“. URL: https://www.plattform-i40.de/IP/Redaktion/DE/Standardartikel/arbeitsgruppe-01.html [Stand: 20.05.2022].

[BOCK23] Bock, T.: Horváth Studie 2023: Future of Employment in Operations. URL: https://www.horvath-partners.com/fileadmin/horvath-partners.com/assets/05_Media_Center/PDFs/Studien-PDFs_fuer_MAT-Download/2023_Horvath_Future_of_Employment_in_Operations_Studie_DE.pdf [Stand: 18.01.2023].

[BOEH03] Boehler, W.; Vicent, M. B.; Marbs, A.; others: Investigating laser scanner accuracy. In: The international archives of photogrammetry, remote sensing and spatial information sciences. 34. Jg., 2003, Part 5, S. 696–701.

[BOEH84] Boehm, B. W.: Verifying and Validating Software Requirements and Design Specifications. In: IEEE Software. 1. Jg., 1984, Nr. 1, S. 75–88.

[BOHL00] Bohlin, R.; Kavraki, L. E.: Path planning using lazy PRM. In: Proceedings 2000 ICRA. Millennium Conference. IEEE International Conference on Robotics and Automation. Symposia Proceedings (Cat. No.00CH37065): IEEE, 2000, 521-528 vol.1.

[BOOS18] Boos, W.; Arntz, K.; Degen, F.; Prümmer, M.; Wollbrink, M.; Horstkotte, R.; Pothen, M.; Gerretz, V.; Landwehr, M.; Konstantin Maurer, F.: Erfolgreich CAx-Prozessketten Gestalten. Im Werkzeugbau. Aachen: WBA Aachener Werkzeugbau Akademie GmbH, 2018.

[BREC10] Brecher, C.; Roßmann, J.; Schlette, C.; Herfs, W.; Ruf, H.; Göbel, M.: Intuitive Roboterprogrammierung in der automatisierten Montage *. In: wt Werkstattstechnik online. 100. Jg., 2010, Nr. 9, S. 681–686.

[BREC13] Brecher, C.; Breitbach, T.; Ecker, C.; Lohse, W.: Environment sensing for the creation of work cell models. In: Production Engineering. 7. Jg., 2013, 2-3, S. 329–338.

[BREC14] Brecher, C.; Behnen, D.; Brumm, M.; Carl, C.; Ecker, C.; Herfs, W.; Klement, R.; Königs, M.; Komma, T.; Lohse, W.; Malik, A.; Müller, S.; Özdemir, D.: Virtualisierung und Vernetzung in Produktionssystemen. Vernetzung von Fertigungsressourcen und -informationen. In: AWK Aachener Werkzeugmaschinen-Kolloquium (Hrsg.): Integrative Produktion. Industrie 4.0 - Aachener Perspektiven. Aachen: Shaker, 2014, S. 48–55.

[BREC19a] Brecher, C.; Blanke, P.; Storms, S.: Kostengünstige Automatisierung von älteren Werkzeugmaschinen im Kontext von Industrie 4.0. In: Fachtagung Mechatronik 2019, 2019, S. 243–248.

[BREC19b] Brecher, C.; Malik, A.; Blanke, P.; Herfs, W.: Dynamic integration of manual and automated biological process skills into MES. In: 2019 24th IEEE International Conference on Emerging Technologies and Factory Automation (ETFA). Paraninfo Building, University of Zaragoza, Zaragoza, Spain, 10-13 September, 2019 : proceedings. Piscataway, NJ: IEEE, 2019, S. 1069–1076.

[BREC19c] Brecher, C.; Weck, M.: Mehrmaschinensysteme: Werkzeugmaschinen Fertigungssysteme 1: Springer Vieweg, Berlin, Heidelberg, 2019, S. 323–359.

[BREC21a] Brecher, C.; Weck, M.: Werkzeugmaschinen Fertigungssysteme 3. Berlin, Heidelberg: Springer Berlin Heidelberg, 2021.

[BREC21b] Brecher, C.; Weck, M.: Numerische Steuerungen. In: Brecher, C.; Weck, M. (Hrsg.): Werkzeugmaschinen Fertigungssysteme 3. Berlin, Heidelberg: Springer Berlin Heidelberg, 2021, S. 411–510.

[BREI15] Breitbach, T.: Effizienzsteigerung der Zellenmodellierung für Industrieroboter durch hybride Simulationsmodelle. Dissertation. Apprimus Verlag; Fraunhofer-Institut für Produktionstechnologie IPT, 2015.

[BRES17] Bresson, G.; Alsayed, Z.; Yu, L.; Glaser, S.: Simultaneous Localization and Mapping: A Survey of Current Trends in Autonomous Driving. In: IEEE Transactions on Intelligent Vehicles. 2. Jg., 2017, Nr. 3, S. 194–220.

[BRUY01] Bruyninckx, H.: Open robot control software: the OROCOS project. In: Proceedings 2001 ICRA. IEEE International Conference on Robotics and Automation (Cat. No.01CH37164): IEEE, 2001, S. 2523–2528.

[BUND19] Bundesministerium für Wirtschaft und Energie (BMWi): Leitbild 2030 für Industrie 4.0. Digitale Ökosysteme global gestalten. URL: https://www.plattform-i40.de/IP/Redaktion/DE/Downloads/Publikation/Leitbild-2030-f%C3%BCr-Industrie-4.0.pdf?__blob=publicationFile&v=1 [Stand: 11.02.2024].

[CELL22] Cellro: Kann ich meine Maschine an einen Beladungsroboter anbinden? | Cellro. URL: https://cellro.com/de/wissensbasis/maschine-beladungsroboter-anbinden/ [Stand: 28.01.2024].

[CORD22] Cordeiro, A.; Rocha, L. F.; Costa, C.; Costa, P.; Silva, M. F.: Bin Picking Approaches Based on Deep Learning Techniques: A State-of-the-Art Survey. In: 2022 IEEE International Conference on Autonomous Robot Systems and Competitions. (ICARSC) : April 29-30, 2022, Santa Maria de Feira, Portugal. Piscataway, NJ: IEEE, 2022, S. 110–117.

[DA S20] Da Silva Lubanco, D. L.; Pichler-Scheder, M.; Schlechter, T.: A Novel Frontier-Based Exploration Algorithm for Mobile Robots. In: 2020 6th International Conference on Mechatronics and Robotics Engineering. ICMRE 2020 : Barcelona, Spain, February 12-15, 2020. Piscataway, NJ: IEEE Press, 2020, S. 1–5.

[DEVA13] Devaurs, D.; Simeon, T.; Cortes, J.: Enhancing the transition-based RRT to deal with complex cost spaces. In: 2013 IEEE International Conference on Robotics and Automation: IEEE, 2013, S. 4120–4125.

[DIED22] Diedrich, C.; Schröder, T.; Belyaev, A.: Interoperabilität von Cyber Physical Systems. In: Jasperneite, J.; Lohweg, V. (Hrsg.): Kommunikation und Bildverarbeitung in der Automation. Ausgewählte Beiträge der Jahreskolloquien KommA und BVAu 2020. (Reihe: Technologien für die intelligente Automation, Bd. 14). Berlin, Heidelberg: Springer Vieweg, 2022, S. 99–115.

[DIN 14] DIN IEC. DIN Deutsches Institut für Normung e. V. 60050-351 (September, 2014). Internationales Elektrotechnisches Wörterbuch.

[DMG 24a] DMG MORI Deutschland: CLX 750 - Universaldrehen - DMG MORI Deutschland. URL: https://de.dmgmori.com/produkte/maschinen/drehen/universaldrehen/clx/clx-750 [Stand: 28.01.2024].

[DMG 24b] DMG MORI Global Marketing GmbH: MATRIS Light - Roboter Automationssystem von DMG MORI - DMG MORI Deutschland. URL:

https://de.dmgmori.com/produkte/automation/werkstueckhandling/roboter/matris-light [Stand: 19.01.2024].

[DORN11] Dornhege, C.; Kleiner, A.: A frontier-void-based approach for autonomous exploration in 3d. In: 2011 IEEE International Symposium on Safety, Security, and Rescue Robotics (SSRR 2011). Kyoto, Japan, 1 - 5 November 2011. Piscataway, NJ: IEEE, 2011, S. 351–356.

[DORS17] Dorst, W.: Industrie 4.0 – Die Bedeutung von Interoperabilität im Referenzarchitektur- modell Industrie 4.0 (RAMI 4.0). Leitfaden. URL: https://www.bitkom.org/sites/main/files/file/import/170426-LF-Industrie-40-Interoperabilitaet-von-Use-Cases-Web.pdf [Stand: 11.02.2024].

[DRAT08] Drath, R.; Luder, A.; Peschke, J.; Hundt, L.: AutomationML - the glue for seamless automation engineering. In: IEEE International Conference on Emerging Technologies and Factory Automation, 2008. ETFA 2008 ; 15 - 18 Sept., 2008, Hamburg, Germany. Piscataway, NJ: IEEE, 2008, S. 616–623.

[DRAT23] Drath, R.; Mosch, C.; Hoppem Stefan; Faath, A.; Barnstedt, E.; Fiebiger, B.; Schlögl, W.: Diskussionspapier – Interoperabilität mit der Verwaltungsschale, OPC UA und AutomationML. Zielbild und Handlungsempfehlungen für industrielle Interoperabilitäz. URL: https://opcfoundation.org/wp-content/uploads/2023/04/Diskussionspapier-Zielbild-und-Handlungsempfehlungen-fur-industrielle-Interoperabilitat-5.3-protected.pdf [Stand: 10.02.204].

[DRIE23] Driess, D.; Xia, F.; Sajjadi, M. S. M.; Lynch, C.; Chowdhery, A.; Ichter, B.; Wahid, A.; Tompson, J.; Vuong, Q.; Yu, T.; Huang, W.; Chebotar, Y.; Sermanet, P.; Duckworth, D.; Levine, S.; Vanhoucke, V.; Hausman, K.; Toussaint, M.; Greff, K.; Zeng, A.; Mordatch, I.; Florence, P.: PaLM-E: An Embodied Multimodal Language Model, 06.03.2023.

[DUBE20] Duberg, D.; Jensfelt, P.: UFOMap: An Efficient Probabilistic 3D Mapping Framework That Embraces the Unknown. In: IEEE Robotics and Automation Letters. 5. Jg., 2020, Nr. 4, S. 6411–6418.

[ELBA14] Elbanhawi, M.; Simic, M.: Sampling-Based Robot Motion Planning: A Review. In: IEEE Access. 2. Jg., 2014, S. 56–77.

[ELFE89] Elfes, A.: Using occupancy grids for mobile robot perception and navigation. In: Computer. 22. Jg., 1989, Nr. 6, S. 46–57.

[ENGE82] Engelberger, J. F.: Anwendung von Industrierobotern zur Beschickung von Werkzeugmaschinen. In: Zeitschrift für wirtschaftlichen Fabrikbetrieb. 77. Jg., 1982, Nr. 11, S. 514–517.

[ENST11] Enste, U.; Mahnke, W.: OPC Unified Architecture. In: at - Automatisierungstechnik. 59. Jg., 2011, Nr. 7, S. 397–404.

[ERIC13] Erickson, L.; LaValle, S.: A Simple, but NP-Hard, Motion Planning Problem. In: Proceedings of the AAAI Conference on Artificial Intelligence. 27. Jg., 2013, Nr. 1, S. 1388–1393.

[ERŐS19] Erős, E.; Dahl, M.; Bengtsson, K.; Hanna, A.; Falkman, P.: A ROS2 based communication architecture for control in collaborative and intelligent automation systems. In: Procedia Manufacturing. 38. Jg., 2019, S. 349–357.

[FAST16] Fast-Berglund, Å.; Palmkvist, F.; Nyqvist, P.; Ekered, S.; Åkerman, M.: Evaluating Cobots for Final Assembly. In: Procedia CIRP. 44. Jg., 2016, S. 175–180.

[FIMM23] Fimmers, C.; Blanke, P.; Wieczorek, M.; Petrovic, O.; Herfs, W.: Asset Administration Shells in Tool Lifecycle Monitoring. In: Procedia CIRP. 120. Jg., 2023, S. 1209–1214.

[FORS19] Forschungsvereinigung Programmiersprachen für Fertigungseinrichtungen e. V.; Werkzeugmaschinenlabor WZL der RWTH Aachen: Schlussbericht FlexARob (IGF-Vorhaben Nr. 19202 N). Werkstattorientierte Werkzeugmaschinenautomatisierung durch flexible Roboterunterstützung. URL: https://www.forschungsvereinigung-programmiersprachen.de/de/projekte/flexarob?file=files/fvp/downloads/publications/2019_12_13%20-%20FlexARob%20-%20Schlussbericht.pdf [Stand: 18.01.2024].

[FORS22] Forschungsvereinigung Programmiersprachen für Fertigungseinrichtungen e. V.; Werkzeugmaschinenlabor WZL der RWTH Aachen: Schlussbericht FlexARob² (IGF-Vorhaben Nr. 20922 N). Minimierung von Restunsicherheiten bei der werkstattorientierten Werkzeugmaschinen- automatisierung durch flexible Roboterunterstützung. URL: https://www.forschungsvereinigung-programmiersprachen.de/de/projekte/flexarob%C2%B2?file=files/fvp/downloads/publications/2022_06_30%20-%20FlexARob%C2%B2%20-%20Schlussbericht.pdf [Stand: 18.01.2024].

[FRAN14] Franzkowiak, M.; others: Methodik zur Strukturierung von Vorrichtungssystemen in der Lohnfertigung. Universitätsbibliothek der TU München, 2014.

[FRIE10] Friedrich, T.: Technologieorientiertes Programmier- und Steuerungssystem für Industrieroboter. Technische Universität Berlin, 2010.

[FRIE20] Friedl, S.; Heinemann, T.; Lechler, A.: Designentscheidungen für OPC-UA-Informationsmodelle/Design Decisions for OPC UA Information Models. In: wt Werkstattstechnik online. 110. Jg., 2020, Nr. 05, S. 289–294.

[GAO18] Gao, W.; Booker, M.; Adiwahono, A.; Yuan, M.; Wang, J.; Yun, Y. W.: An improved Frontier-Based Approach for Autonomous Exploration. In: 2018 15th International Conference on Control, Automation, Robotics and Vision (ICARCV): IEEE, 2018, S. 292–297.

[GAO22] Gao, Q.; Chang, F.; Ma, L.; Yi, Q.: Active Mapping Method for Agricultural Robot Using Frontier-Based Exploration. In: Proceedings 2022 Chinese Automation Congress (CAC2022). Nov. 25-27, 2022, Xiamen, China. Piscataway, NJ: IEEE, 2022, S. 334–339.

[GEBA23] Gebauer, D.; Dirr, J.; Daub, R.: Automated Design of Gripper Systems for Electrical Connectors. In: Procedia CIRP. 118. Jg., 2023, S. 924–929.

[GEBR22] Gebr. Heller Maschinenfabrik GmbH: HELLER Automationslösungen: Standardisiert & Flexibel. URL: https://www.heller.biz/de/maschinen-und-loesungen/automation/ [Stand: 28.01.2024].

[GOTZ15] Gotzig, H.; Geduld, G. O.: LIDAR-Sensorik. In: Winner, H.; Hakuli, S.; Lotz, F.; Singer, C. (Hrsg.): Handbuch Fahrerassistenzsysteme. Wiesbaden: Springer Fachmedien Wiesbaden, 2015, S. 317–334.

[GRAD19] Gradmann, M.; Henrich, D.; Orendt, E. M.; Riedelbauch, D.; Riedl, M.; Spangenberg, M.; Werner, T.: Mensch-Roboter-Interaktion. In: Müller, R.; Franke, J.; Henrich, D.; Kuhlenkötter, B.; Raatz, A.; Verl, A. (Hrsg.): Handbuch Mensch-Roboter-Kollaboration. München: Carl Hanser Verlag GmbH & Co. KG, 2019, S. 169–276.

[GRÄß21] Gräßler, I.; Pottebaum, J.; Roesmann, D.; Mandischer, N.; Gürtler, M.; Hüsing, M.; Corves, B.: Fähigkeitsorientierte Aufgabenzuordnung für die Mensch-Roboter-Kollaboration in sicherheitskritischen Einsatzsituationen: Gesellschaft für Informatik e.V, 2021.

[HALT24] HALTER CNC Automation GmbH: Universal Compact 12 - Beladeroboter. URL: https://www.haltercncautomation.com/de/produkte/universal-compact-12 [Stand: 19.01.2024].

[HAMZ10] Hamzah, R. A.; Rahim, R. A.; Noh, Z. M.: Sum of Absolute Differences algorithm in stereo correspondence problem for stereo matching in computer vision application. In: 2010 3rd IEEE International Conference on Computer Science and Information Technology. (ICCSIT 2010) ; Chengdu, China, 9 - 11 July 2010. Piscataway, NJ: IEEE, 2010, S. 652–657.

[HATT22] Hattori, T.; Omata, T.: Multifunctional Parallel Gripper With Three Actuators. In: IEEE/ASME Transactions on Mechatronics. 27. Jg., 2022, Nr. 3, S. 1391–1402.

[HAUS15] Hauser, K.: Lazy collision checking in asymptotically-optimal motion planning. In: 2015 IEEE International Conference on Robotics and Automation (ICRA): IEEE, 2015, S. 2951–2957.

[HEHE11] Hehenberger, P.: CAD/CAM-Prozesskette. In: Hehenberger, P. (Hrsg.): Computerunterstützte Fertigung. Eine kompakte Einführung. Berlin, Heidelberg: Springer, 2011, S. 118–158.

[HEHE20] Hehenberger, P.: Computerunterstützte Produktion. Berlin, Heidelberg: Springer Berlin Heidelberg, 2020.

[HEID19] Heidel, R.; Hoffmeister, M.; Hankel, M.; Döbrich, U. (Hrsg.). In: Industrie 4.0. The reference architecture model RAMI 4.0 and the Industrie 4.0 component (Reihe: Beuth Innovation). Berlin, Wien, Zürich, Berlin, Offenbach: Beuth Verlag; VDE Verlag, 2019.

[HENR12] Henry, P.; Krainin, M.; Herbst, E.; Ren, X.; Fox, D.: RGB-D mapping: Using Kinect-style depth cameras for dense 3D modeling of indoor environments. In: The International Journal of Robotics Research. 31. Jg., 2012, Nr. 5, S. 647–663.

[HERF18] Herfs, W.; Lienenlüke, L.; Storms, S.; Königs, M.: Werkstattorientierte Werkzeugmaschinenautomatisierung durch flexible Roboterunterstützung. In: Zeitschrift für wirtschaftlichen Fabrikbetrieb. 113. Jg., 2018, Nr. 5, S. 328–332.

[HONA17] Honarpardaz, M.; Tarkian, M.; Ölvander, J.; Feng, X.: Finger design automation for industrial robot grippers: A review. In: Robotics and Autonomous Systems. 87. Jg., 2017, S. 104–119.

[HÖPN22] Höpner, A.: Robotik-Pionier: „Deutschland ist nicht so digitalisiert, wie viele dachten“. URL: https://www.handelsblatt.com/unternehmen/innovationweek/reinvest-robotics-60-prozent-wachstum-pro-jahr-roboter-pionier-erklaert-den-neuen-milliarden-markt-der-cobots/28409562.html [Stand: 19.01.2024].

[HORN13] Hornung, A.; Wurm, K. M.; Bennewitz, M.; Stachniss, C.; Burgard, W.: OctoMap: an efficient probabilistic 3D mapping framework based on octrees. In: Autonomous Robots. 34. Jg., 2013, Nr. 3, S. 189–206.

[HSU97] Hsu, D.; Latombe, J.-C.; Motwani, R.: Path planning in expansive configuration spaces. In: Proceedings of International Conference on Robotics and Automation: IEEE, 1997, S. 2719–2726.

[HWAN92] Hwang, Y. K.; Ahuja, N.: Gross motion planning—a survey. In: ACM Computing Surveys. 24. Jg., 1992, Nr. 3, S. 219–291.

[IDTA24] IDTA: Teilmodelle - Industrial Digital Twin Association e. V. URL: https://industrialdigitaltwin.org/content-hub/teilmodelle [Stand: 12.02.2024].

[IFR 23a] IFR International Federation of Robotics: World Robotics 2023 Report: Asia ahead of Europe and the Americas. URL: https://ifr.org/ifr-press-releases/news/world-robotics-2023-report-asia-ahead-of-europe-and-the-americas [Stand: 28.06.2024].

[IFR 23b] IFR International Federation of Robotics: World Robotics 2023 Report: Asia ahead of Europe and the Americas. URL: https://ifr.org/ifr-press-releases/news/world-robotics-2023-report-asia-ahead-of-europe-and-the-americas [Stand: 02.02.2024].

[IFR20] Ifr: IFR presents World Robotics Report 2020. URL: https://ifr.org/ifr-press-releases/news/record-2.7-million-robots-work-in-factories-around-the-globe [Stand: 30.04.2022].

[INGA20] Ingaldi, M.; Ulewicz, R.: Problems with the Implementation of Industry 4.0 in Enterprises from the SME Sector. In: Sustainability. 12. Jg., 2020, Nr. 1, S. 217.

[ISLA16] Islam, A.; Hossain, M. A.; Jang, Y. M.: Interference mitigation technique for Time-of-Flight (ToF) camera. In: 2016 Eighth International Conference on Ubiquitous and Future Networks (ICUFN): IEEE, 2016, S. 134–139.

[ISO11] ISO. ISO 22093 (Mai, 2011). Industrielle Automationssysteme und Integration - Steuerung von Maschinen.

[ISO12] ISO. ISO 10218-1 (Januar, 2012). Industrieroboter - Sicherheitsanforderungen.

[ISO19] ISO. ISO 21919-1 (Oktober, 2019). Automation systems and integration — Interfaces for automated machine tending.

[ISO21] ISO. ISO 21919-2 (Juni, 2021). Physical device control — Interfaces for automated machine tending —.

[ISO22a] ISO. ISO 10303-242 (Dezember, 2022). Industrial automation systems and integration - Product data representation and exchange.

[ISO22b] ISO. ISO 23704-1 (Juni, 2022). General requirements for cyberphysically controlled smart machine tool systems (CPSMT).

[JÄGE15] Jäger, J.; Goerzig, D.; Paulus-Rohmer, D.; Schatton, H.; Baku, S.; Weskamp, M.; Lucke, D.: Industrie 4.0 - Chancen und Perspektiven für Unternehmen der Metropolregion Rhein-Neckar. URL: https://www.ipa.fraunhofer.de/content/dam/ipa/de/documents/Publikationen/Studien/Studie_Industrie_40_IHK_Fraunhofer_IPA.pdf [Stand: 18.01.2023].

[JANS15] Janson, L.; Schmerling, E.; Clark, A.; Pavone, M.: Fast Marching Tree: a Fast Marching Sampling-Based Method for Optimal Motion Planning in Many Dimensions. In: The International Journal of Robotics Research. 34. Jg., 2015, Nr. 7, S. 883–921.

[JOSE24] Jose Luis Blanco-Claraco; Nikos Koukis; Hunter Laux; Noa Alice; Jesus Briales; Javier Monroy; jotaraul; Mariano Jaimez Tarifa; Raghavender Sahdev; Eduardo Fernandez-Moral; Francisco Moreno; miguelcastillon; Manuel López Antequera; Arash Partow; Gaurav Yengera; Mauro Bellone; David; emilkhatib; Peter Rudolph; Yuya Ochiai; Scott Talbert; Nikolaus Demmel; Logrus; Jorge Santos Simón; Luis Díaz Más; Olzhas ADIYATOV; Randolph Voorhies; Tianwei Shen; alibenD: MRPT/mrpt: Release of v2.11.7: Zenodo, 2024.

[KALA11] Kalakrishnan, M.; Chitta, S.; Theodorou, E.; Pastor, P.; Schaal, S.: STOMP: Stochastic trajectory optimization for motion planning. In: 2011 IEEE International Conference on Robotics and Automation: IEEE, 2011, S. 4569–4574.

[KARA11] Karaman, S.; Frazzoli, E.: Sampling-based Algorithms for Optimal Motion Planning: arXiv, 2011.

[KAVR96] Kavraki, L. E.; Svestka, P.; Latombe, J.-C.; Overmars, M. H.: Probabilistic roadmaps for path planning in high-dimensional configuration spaces. In: IEEE Transactions on Robotics and Automation. 12. Jg., 1996, Nr. 4, S. 566–580.

[KAY21] Kay, S. A.; Julier, S.; Pawar, V. M.: Semantically Informed Next Best View Planning for Autonomous Aerial 3D Reconstruction. In: 2021 IEEE/RSJ International Conference on Intelligent Robots and Systems (IROS). Piscataway, NJ: IEEE, 2021, S. 3125–3130.

[KEBA24] Keba: Willkommen bei drag&bot | drag&bot. URL: https://www.dragandbot.com/de/home [Stand: 21.01.2024].

[KINK09] Kinkel, S.: Potenziale der industriellen Automatisierung. VDI/ISI-Pressekonferenz. Baden-Baden, 16.06.2009.

[KNOL15] Knoll, F. J.; Holtorf, T.; Hussmann, S.: Fast correspondence search algorithm for stereo vision range sensors. In: I2MTC. 2015 IEEE International Instrumentation and Measurement Technology Conference : proceedings : May 11-14, 2015, Palazzo dei Congressi, Pisa, Italy. Piscataway, New Jersey: Institute of Electrical and Electronics Engineers, 2015, S. 23–28.

[KOK19] Kok, K. Y.; Rajendran, P.: A Review on Stereo Vision Algorithm: Challenges and Solutions. In: ECTI Transactions on Computer and Information Technology (ECTI-CIT). 13. Jg., 2019, Nr. 2, S. 112–128.

[KONR23] Konradin-Verlag Robert Kohlhammer GmbH: Bin Picking: Roboter beim Griff in die Kiste. URL: https://automationspraxis.industrie.de/robotik/bin-picking-roboter-fuer-den-griff-in-die-kiste/ [Stand: 23.07.2024].

[KRIE11] Kriegel, S.; Bodenmuller, T.; Suppa, M.; Hirzinger, G.: A surface-based Next-Best-View approach for automated 3D model completion of unknown objects. In: 2011 IEEE International Conference on Robotics and Automation: IEEE, 2011, S. 4869–4874.

[KRIE89] Kriegman, D. J.; Triendl, E.; Binford, T. O.: Stereo vision and navigation in buildings for mobile robots. In: IEEE Transactions on Robotics and Automation. 5. Jg., 1989, Nr. 6, S. 792–803.

[KROE15] Kroehling, U.: Roboterautomation senkt die Kosten pro Bauteil. In: MaschinenMarkt, 2015, Nr. 226.

[KUFF00] Kuffner, J. J.; LaValle, S. M.: RRT-connect: An efficient approach to single-query path planning. In: Proceedings 2000 ICRA. Millennium Conference. IEEE International Conference on Robotics and Automation. Symposia Proceedings (Cat. No.00CH37065): IEEE, 2000, S. 995–1001.

[KURT12] Kurt-Yavuz, Z.; Yavuz, S.: A comparison of EKF, UKF, FastSLAM2.0, and UKF-based FastSLAM algorithms. In: 2012 IEEE 16th International Conference on Intelligent Engineering Systems (INES): IEEE, 2012, S. 37–43.

[LAVA09] LaValle, S. M.: Planning Algorithms: Cambridge University Press, 2009.

[LAVA98] LaValle, S. M.: Rapidly-exploring random trees : a new tool for path planning. In: Research Report 9811, 1998.

[LEFR22] Lefranc, G.; Lopez-Juarez, I.; Osorio-Comparán, R.; Peña-Cabrera, M.: Impact of Cobots on automation. In: Procedia Computer Science. 214. Jg., 2022, S. 71–78.

[LIME24] LimeSurvey GmbH: LimeSurvey — Free Online Survey Tool. URL: https://www.limesurvey.org/de [Stand: 18.01.24].

[LIU21] Liu, C. K.; Negrut, D.: The Role of Physics-Based Simulators in Robotics. In: Annual Review of Control, Robotics, and Autonomous Systems. 4. Jg., 2021, Nr. 1, S. 35–58.

[LOZA90] Lozano-Pérez, T.: Spatial Planning: A Configuration Space Approach. In: Cox, I. J.; Wilfong, G. T. (Hrsg.): Autonomous Robot Vehicles. New York, NY: Springer New York, 1990, S. 259–271.

[LUDM23] Ludmann, F.; Hoffmann, K.; Schreiber, T.: Industrie 4.0 Barometer 2023. URL: https://www.mhp.com/de/insights/was-wir-denken/industrie-40-barometer-2023 [Stand: 18.01.2023].

[M. L05] M. Ladd, A.; E. Kavraki, L.: Motion Planning in the Presence of Drift, Underactuation and Discrete System Changes. In: Robotics: Science and Systems I: Robotics: Science and Systems Foundation, 2005.

[MABO23] Maboudi, M.; Homaei, M.; Song, S.; Malihi, S.; Saadatseresht, M.; Gerke, M.: A Review on Viewpoints and Path Planning for UAV-Based 3-D Reconstruction. In: IEEE Journal of Selected Topics in Applied Earth Observations and Remote Sensing. 16. Jg., 2023, S. 5026–5048.

[MADE22] Made in Germany GmbH: Reshoring – Zurück in die Zukunft | Made in Germany GmbH. URL: https://www.madeingermany.online/magazin/wirtschaft/reshoring-zuruck-in-die-zukunft [Stand: 20.05.2022].

[MAHL17] Mahler, J.; Liang, J.; Niyaz, S.; Laskey, M.; Doan, R.; Liu, X.; Aparicio, J.; Goldberg, K.: Dex-Net 2.0: Deep Learning to Plan Robust Grasps with Synthetic Point Clouds and Analytic Grasp Metrics. In: Robotics: Science and Systems XIII: Robotics: Science and Systems Foundation, 2017.

[MAHN09] Mahnke, W.; Leitner, S.-H.; Damm, M.: OPC Unified Architecture. Berlin, Heidelberg: Springer Berlin Heidelberg, 2009.

[MALV23] Malvido Fresnillo, P.; Vasudevan, S.; Mohammed, W. M.; Martinez Lastra, J. L.; Perez Garcia, J. A.: Extending the motion planning framework—MoveIt with advanced manipulation functions for industrial applications. In: Robotics and Computer-Integrated Manufacturing. 83. Jg., 2023, S. 102559.

[MARD24] Marder-Eppstein, E.: robot_self_filter - ROS Wiki. URL: https://wiki.ros.org/robot_self_filter [Stand: 22.02.2024].

[MARX21] Marxer, M.; Bach, C.; Keferstein, C. P.: Digitale Prozessketten. In: Marxer, M.; Bach, C.; Keferstein, C. P. (Hrsg.): Fertigungsmesstechnik. Alles zu Messunsicherheit, konventioneller Messtechnik und Multisensorik. (Reihe: Lehrbuch). 10., vollständig überarbeitete und erweiterte Auflage. Wiesbaden, Heidelberg: Springer Vieweg, 2021, S. 305–313.

[MATH06] Mathias Perrollaz; Raphael Labayrade; Cyril Royere; Nicolas Hautiere; Didier Aubert: Long Range Obstacle Detection Using Laser Scanner and Stereovision. In: , 2006, S. 182–187.

[MATT13] Matthias, B.; Ding, H.; Miegel, V.: Die Zukunft der Mensch-Roboter Kollaboration in der industriellen Montage. In: Internationales Forum Mechatronik, 2013.

[MEAG82] Meagher, D.: Geometric modeling using octree encoding. In: Computer Graphics and Image Processing. 19. Jg., 1982, Nr. 2, S. 129–147.

[METT06] Metta, G.; Fitzpatrick, P.; Natale, L.: YARP: Yet Another Robot Platform. In: International Journal of Advanced Robotic Systems. 3. Jg., 2006, Nr. 1, S. 8.

[METZ19] Metzner, M.; Weissert, S.; Karlidag, E.; Albrecht, F.; Blank, A.; Mayr, A.; Franke, J.: Virtual Commissioning of 6 DoF Pose Estimation and Robotic Bin Picking Systems for Industrial Parts. In: IFAC-PapersOnLine. 52. Jg., 2019, Nr. 10, S. 160–164.

[MISA19] Misal; Khan, I. M.; Babar, M.; Ul Mudassir, M.: Implementation of 3D Scanning Technique for Object Model Replication and Customization Using Rapid Prototyping. In: 2019 - International Conference on Engineering & Emerging Technologies (2019-ICEET). February 21-22, 2019 : Faculty of Computer Science & Information Technology and Faculty of Engineering & Technology, the Superior College (university campus), 17-KM, Main Raiwind Road, Lahore, Pakistan. Piscataway, NJ: IEEE, 2019, S. 1–6.

[MOBA11] Mobarhani, A.; Nazari, S.; Tamjidi, A. H.; Taghirad, H. D.: Histogram based frontier exploration. In: 2011 IEEE/RSJ International Conference on Intelligent Robots and Systems: IEEE, 2011, S. 1128–1133.

[MOHA08] Mohamed, N.; Al-Jaroodi, J.; Jawhar, I.: Middleware for Robotics: A Survey. In: IEEE Conference on Robotics, Automation and Mechatronics, 2008. RAM 2008 ; 21 - 24 Sept. 2008, Chengdu, China. Piscataway, NJ: IEEE, 2008, S. 736–742.

[MOOS22] Moosmann, M.; Spenrath, F.; Rosport, J.; Melzer, P.; Kraus, W.; Bormann, R.; Huber, M. F.: Transfer Learning for Machine Learning-based Detection and Separation of Entanglements in Bin-Picking Applications. In: IROS 2022 Kyōto - IEEE/RSJ International Conference on Intelligent Robots and Systems. October 23-27, 2022, Kyōto International Conference Center, Japan. Piscataway, NJ: IEEE, 2022, S. 1123–1130.

[NAAZ22] Naazare, M.; Rosas, F. G.; Schulz, D.: Online Next-Best-View Planner for 3D-Exploration and Inspection With a Mobile Manipulator Robot. In: IEEE Robotics and Automation Letters. 7. Jg., 2022, Nr. 2, S. 3779–3786.

[NIA15] Nia, M. E.; Wong, E. K.; Sim, K. S.; Rakgowa, T.: Stereo correspondence matching with Clifford phase correlation. In: 2015 IEEE International Symposium on Robotics and Intelligent Sensors - IEEE IRIS 2015. Symposium digest : 18-20 October 2015, Berjaya Langkawi Resort, Malaysia. Piscataway, NJ: IEEE, 2015, S. 193–195.

[NIEK24] Niekum, S.: ROS Package: ar_track_alvar. URL: https://index.ros.org/p/ar_track_alvar/#melodic [Stand: 07.04.2024].

[NORL82] Norlin, B.: Anwendung von Industrierobotern zur Werkzeugmaschinenbeschickung. In: Zeitschrift für wirtschaftlichen Fabrikbetrieb. 77. Jg., 1982, Nr. 11, S. 518–520.

[NVID24] NVIDIA Developer: Isaac Sim. URL: https://developer.nvidia.com/isaac-sim [Stand: 04.02.2024].

[OBDE18] Obdenbusch, M.: Referenzarchitektur für cloudbasiertes Condition Monitoring am Beispiel von Verpackungsmaschinen. 1st ed. Aachen: Apprimus Wissenschaftsverlag, 2018.

[OPC 19] OPC Foundation: Robotics - Vertical Integration. URL: https://opcfoundation.org/developer-tools/documents/view/218 [Stand: 22.01.2024].

[OPC 22] OPC Foundation: Machine Tools. Monitoring and Job Overview. URL: https://reference.opcfoundation.org/MachineTool/v101/docs/ [Stand: 22.01.2024].

[OPC 24a] OPC Foundation: Machine Tools - Monitoring and Job Overview - OPC Foundation. URL: https://opcfoundation.org/documents/40501-1/ [Stand: 17.02.2024].

[OPC 24b] OPC Foundation: UA Part 15: Safety - OPC Foundation. URL: https://opcfoundation.org/documents/10000-15/ [Stand: 17.02.2024].

[OPEN23] OpenSCAD: OpenSCAD - About. URL: https://openscad.org/about.html [Stand: 27.01.2024].

[OSTE14] Ostermann, B.: Entwicklung eines Konzepts zur sicheren Personenerfassung als Schutzeinrichtung an kollaborierenden Roboter. Dissertation. Bergischen Universität Wuppertal, 2014.

[PERO09] Perović, B.: Spanende Werkzeugmaschinen. Ausführungsformen und Vergleichstabellen. Berlin, Heidelberg: Springer, 2009.

[PETR22] Petrovic, O.; Blanke, P.; Belke, M.; Wefelnberg, E.; Storms, S.; Brecher, C.: Evaluation of ML-Based Grasping Approaches in the Field of Automated Assembly. In: Schüppstuhl, T.; Tracht, K.; Raatz, A. (Hrsg.): Annals of Scientific Society for Assembly, Handling and Industrial Robotics 2021. (Reihe: Springer eBook Collection). 1st ed. 2022. Cham: Springer International Publishing; Imprint Springer, 2022, S. 337–347.

[PETZ21] Petzoldt, C.; Keiser, D.; Siesenis, H.; Beinke, T.; Freitag, M.: Ermittlung und Bewertung von Einsatzpotenzialen der Mensch-Roboter-Kollaboration. In: Zeitschrift für wirtschaftlichen Fabrikbetrieb. 116. Jg., 2021, 1-2, S. 8–15.

[PLAT24] Plattform Industrie 4.0: Manufacturing-X Initiative. URL: https://www.plattform-i40.de/IP/Navigation/DE/Manufacturing-X/Initiative/initiative-manufacturing-x.html [Stand: 28.06.2024].

[POTT19] Pott, A.; Dietz, T.: Typen und Einsatzbereiche von Industrierobotern. In: Pott, A.; Dietz, T. (Hrsg.): Industrielle Robotersysteme. Entscheiderwissen für die Planung und Umsetzung wirtschaftlicher Roboterlösungen. Wiesbaden: Springer Vieweg, 2019, S. 17–34.

[PUNT17] Puntel Schmidt, P.: Methoden zur simulationsbasierten Absicherung von Steuerungscode fertigungstechnischer Anlagen. Helmut-Schmidt-Universität Hamburg, 2017.

[RAMA22] Ramasubramanian, A. K.; Connolly, M.; Mathew, R.; Papakostas, N.: Automatic simulation-based design and validation of robotic gripper fingers. In: CIRP Annals. 71. Jg., 2022, Nr. 1, S. 137–140.

[RAMÍ24] Ramírez, S.: FastAPI. URL: https://fastapi.tiangolo.com/ [Stand: 29.02.2024].

[RATL09] Ratliff, N.; Zucker, M.; Bagnell, J. A.; Srinivasa, S.: CHOMP: Gradient optimization techniques for efficient motion planning. In: 2009 IEEE International Conference on Robotics and Automation: IEEE, 2009, S. 489–494.

[RIED20] Riedel, O.; Verl, A.; Deusen, J.; Richter, R.: Leitfaden Virtuelle Inbetriebnahme. Handlungsempfehlungen zum wirtschaftlichen Einstieg, 2020.

[ROBO24] RoboDK Inc.: Roboter-Simulation und Programmierung - RoboDK. URL: https://robodk.com/de/simulation [Stand: 21.01.2024].

[ROCH05] Rocha, R.; Dias, J.; Carvalho, A.: Exploring information theory for vision-based volumetric mapping. In: 2005 IEEE/RSJ International Conference on Intelligent Robots and Systems: IEEE, 2005, S. 1023–1028.

[ROTH89] Roth-Tabak, Y.; Jain, R.: Building an environment model using depth information. In: Computer. 22. Jg., 1989, Nr. 6, S. 85–90.

[SARB18] Sarbolandi, H.; Plack, M.; Kolb, A.: Pulse Based Time-of-Flight Range Sensing. In: Sensors (Basel, Switzerland). 18. Jg., 2018, Nr. 6.

[SÄRK13] Särkkä, S.: Bayesian filtering and smoothing. Cambridge: Cambridge University Press, 2013.

[SCHL12] Schlatt, A.: Kollaborierende Roboter. Mensch und Roboter arbeiten im Team. München: GBI-Genios Verlag, 2012.

[SCHL18] Schleipen, M.; Aro, J. (Hrsg.). In: Praxishandbuch OPC UA. Grundlagen – Implementierung – Nachrüstung – Praxisbeispiele. Würzburg: Vogel Business Media, 2018.

[SCHM15] Schmitt, R.; Pfeifer, T.: Qualitätsmanagement. Strategien - Methoden - Techniken. 5., überarb. Aufl. München, Wien: Hanser, 2015.

[SCHM21a] Schmidbauer, C.; Hader, B.; Schlund, S.: Evaluation of a Digital Worker Assistance System to enable Adaptive Task Sharing between Humans and Cobots in Manufacturing. In: Procedia CIRP. 104. Jg., 2021, S. 38–43.

[SCHM21b] Schmitt, M.: EUROMAP - Draft of OPC 40079 for standardized data exchange between injection moulding machine and robot published. URL: https://www.euromap.org/news/draft-of-opc-40079-published [Stand: 13.02.2024].

[SCHR18] Schröter, D.: Entwicklung einer Methodik zur Planung von Arbeitssystemen in Mensch-Roboter-Kooperation. Dissertation. Universität Stuttgart, 2018.

[SCHW88] Schwartz, J. T.; Sharir, M.: A survey of motion planning and related geometric algorithms. In: Artificial Intelligence. 37. Jg., 1988, 1-3, S. 157–169.

[SHER24] SHERPA Robotics GmbH: SherpaLoader®. URL: https://www.sherpa-robotics.com/wp-content/uploads/Brochure-SherpaLoader%C2%AE.pdf?x52937 [Stand: 19.01.2024].

[SICI16] Siciliano, B.; Khatib, O.: Springer Handbook of Robotics. Cham: Springer International Publishing, 2016.

[SILV18] Silvio Giancola; Matteo Valenti; Remo Sala: State-of-the-Art Devices Comparison. In: Giancola, S.; Valenti, M.; Sala, R. (Hrsg.): A Survey on 3D Cameras: Metrological Comparison of Time-of-Flight, Structured-Light and Active Stereoscopy Technologies. (Reihe: SpringerLink Bücher). Cham: Springer International Publishing, 2018, S. 29–39.

[SMIT90] Smith, R.; Self, M.; Cheeseman, P.: Estimating Uncertain Spatial Relationships in Robotics. In: Cox, I. J.; Wilfong, G. T. (Hrsg.): Autonomous Robot Vehicles. New York, NY: Springer New York, 1990, S. 167–193.

[SOMM18] Sommerville, I.: Software Engineering. 10., aktualisierte Auflage. Hallbergmoos: Pearson, 2018.

[STAC03] Stachniss, C.; Burgard, W.: Mapping and exploration with mobile robots using coverage maps. In: Proceedings 2003 IEEE/RSJ International Conference on Intelligent Robots and Systems (IROS 2003) (Cat. No.03CH37453): IEEE, 2003, S. 467–472.

[STAC06] Stachniss, C.: Exploration and Mapping with Mobile Robots. Dissertation. University of Freiburg, Department of Computer Science, 2006.

[STAT23] Statistisches Bundesamt: Eine Arbeitsstunde kostete im Jahr 2022 im Schnitt 39,50 Euro. URL: https://www.destatis.de/DE/Presse/Pressemitteilungen/2023/04/PD23_164_624.html [Stand: 17.04.2024].

[STOR23] Storms, S.: Automatisierte Planung und Ausführung von kollaborativen Montageprozessen. RWTH Aachen University, 2023.

[SUCA12] Sucan, I. A.; Moll, M.; Kavraki, L. E.: The Open Motion Planning Library. In: IEEE Robotics & Automation Magazine. 19. Jg., 2012, Nr. 4, S. 72–82.

[SUPP08] Suppa, M.: Autonomous robot work cell exploration using multisensory eye-in-hand systems. Dissertation, 2008.

[SYME22] Symeonidis, C.; Nikolaidis, N.: Simulation environments: Deep Learning for Robot Perception and Cognition: Elsevier, 2022, S. 461–490.

[TERA24] Teradyne Robotics (Germany) GmbH: PolyScope - die intuitive Software von Universal Robots. URL: https://www.universal-robots.com/de/produkte/polyscope/ [Stand: 19.01.2024].

[THRU02] Thrun, S.: Robotic Mapping: A Survey. In: Lakemeyer, G.; Nebel, B. (Hrsg.): Exploring Artificial Intelligence in the New Millenium: Morgan Kaufmann, 2002.

[TROL11] Troll, A.. CAx-Datenaustausch mit neutralen Datenformaten. Prozessgetriebene Konzeption eines Assistenzsystems für die Produktentwicklung. Zugl.: Bayreuth, Univ., Diss., 2011. Aachen: Shaker, 2011.

[UHLM18] Uhlmann, E.: Spanende Werkzeugmaschinen. In: Grote, K.-H.; Bender, B.; Göhlich, D.; Dubbel, H. (Hrsg.). Dubbel - Taschenbuch für den Maschinenbau. 25., neu bearbeitete und aktualisierte Auflage. Berlin, Germany: Springer Vieweg, 2018, S. 1615–1651.

[UHLM20] Uhlmann, E.; Krüger, J.: Industrieroboter. In: Bender, B.; Göhlich, D. (Hrsg.): Dubbel Taschenbuch für den Maschinenbau 2: Anwendungen. Berlin, Heidelberg: Springer Berlin Heidelberg, 2020, S. 1205–1218.

[UNIV14] Universal Robots A/S: Robotics as it should be Simple Flexible Affordable. URL: https://www.universal-robots.com/media/8641/ur_brochure_gb.pdf [Stand: 04.04.2024].

[VDI 08] VDI. VDI Verein Deutscher Ingenieure e.V. 4499 (Februar, 2008). Digitale Fabrik.

[VDI 11] VDI. VDI Verein Deutscher Ingenieure e.V. 4499 (Mai, 2011). Digitale Fabrik.

[VDI 14] VDI/VDE. VDI Verein Deutscher Ingenieure e.V. 3694 (April, 2014). Lastenheft/Pflichtenheft für den Einsatz von Automatisierungssystemen.

[VDI 16] VDI. VDI Verein Deutscher Ingenieure e.V. 3693 Blatt 1 (August, 2016). Virtuelle Inbetriebnahme - Modellarten und Glossar.

[VDI 20] VDI. VDI Verein Deutscher Ingenieure e.V. 3695 (November, 2020). Engineering von Anlagen - Evaluieren und Optimieren des Engineerings.

[VDI 21] VDI. VDI Verein Deutscher Ingenieure e.V. 2206 (November, 2021). Entwicklung mechatronischer und cyber-physischer Systeme.

[VDI 82] VDI. VDI Verein Deutscher Ingenieure e.V. 2860 (1982). Habdhabungsfunktionen, Handhabungseinrichtugnen; Begriffe, Definitionen, Symbol.

[VDMA19] VDMA e. V.: Kennzahlenkompass 2019. URL: https://woe.eu.com/vi/p1271 [Stand: 22.01.2024].

[VERE22] Verein Deutscher Werkzeugmaschinenfabriken e. V.: OPC UA for Machine Tools integrates inventory systems. New specification now also includes important shop floor data and KPIs. Frankfurt, 10.08.2022.

[WANG20] Wang, C.; Ma, H.; Chen, W.; Liu, L.; Meng, M. Q.-H.: Efficient Autonomous Exploration With Incrementally Built Topological Map in 3-D Environments. In: IEEE Transactions on Instrumentation and Measurement. 69. Jg., 2020, Nr. 12, S. 9853–9865.

[WELL19] Wellmann, F.: Datengetriebene, kontextadaptive Produktivitätssteigerung von NC-Zerspanprozessen. Dissertation, 2019.

[WERN08] Werner, M.: Information und Codierung. Grundlagen und Anwendungen ; mit 72 Tabellen. 2., vollst. überarb. und erw. Aufl. Wiesbaden: Vieweg + Teubner, 2008.

[WERN18] Werning, E.; Lentz, P.; Wittberg, V.; Sandoval, C.; Lupp, N.; Fechner, S.: Studie Digitalisierungsindex bei KMU in NRW. Ergebnisse des Digitalisierungsstands in den Branchen Industrie, Handwerk und industrienahe Leistungen, 2018.

[WILH16] Wilhelm Bauer; Manfred Bender; Martin Braun; Peter Rally; Oliver Scholtz: Leichtbauroboter in der manuellen Montage – einfach EINFACH anfangen. Erste Erfahrungen von Anwenderunternehmen, 2016.

[WITT12] Wittstock, V.: Mehrmaschinensysteme. In: Neugebauer, R. (Hrsg.): Werkzeugmaschinen. Aufbau, Funktion und Anwendung von spanenden und abtragenden Werkzeugmaschinen. (Reihe: VDI-Buch). Berlin, Heidelberg: Springer Vieweg, 2012, S. 253–287.

[XIAO17] Xiaohan, L.; Zongxi, S.: Optimization on stereo correspondence based on local feature algorithm. In: 2017 2nd International Conference on Image, Vision and Computing (ICIVC 2017). June 2-4, 2017, Chengdu, China. Piscataway, NJ: IEEE, 2017, S. 113–117.

[YAMA97] Yamauchi, B.: A frontier-based approach for autonomous exploration. In: Proceedings 1997 IEEE International Symposium on Computational Intelligence in Robotics and Automation CIRA'97. 'Towards New Computational Principles for Robotics and Automation': IEEE Comput. Soc. Press, 1997, S. 146–151.

[ZHOU20] Zhou, K.; Meng, X.; Cheng, B.: Review of Stereo Matching Algorithms Based on Deep Learning. In: Computational intelligence and neuroscience. 2020. Jg., 2020, S. 8562323.

[ZIMM09] Zimmermann, J.; Konrad, S.; Nerdinger, F. W.; Rostock: Bedarfs- und Anforderungsanalyse zur Entwicklung einer internetbasierten Kommunikationsplattform zur Unterstützung des Forschungstransfers: Universität Rostock, 2009.

10 Anhang

Appendix

A Ergebnisse der Studie zur Digitalisierung in der Lohnfertigung

Results of the study on digitalisation in contract manufacturing

Nachfolgend werden die Antworten zu den einzelnen Fragen im Rahmen der durchgeführten Studie zum Thema „Digitalisierung in der Lohnfertigung“ aus dem Jahr 2022 aufgelistet:

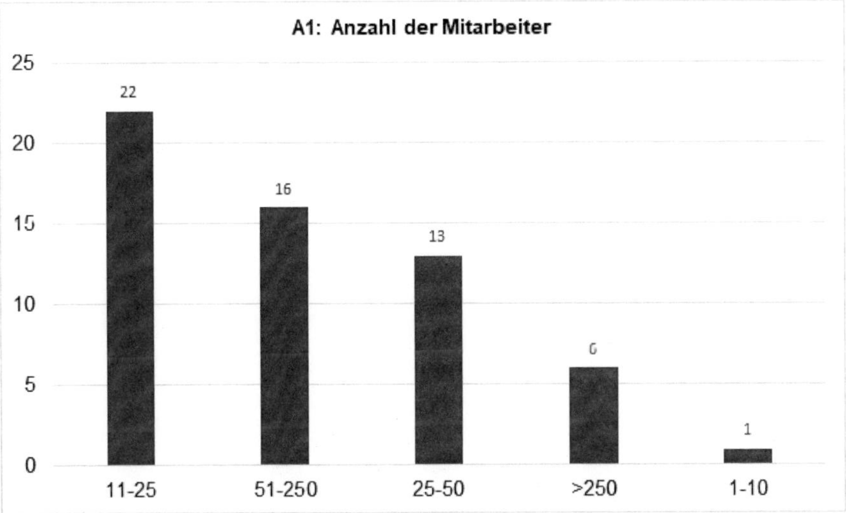

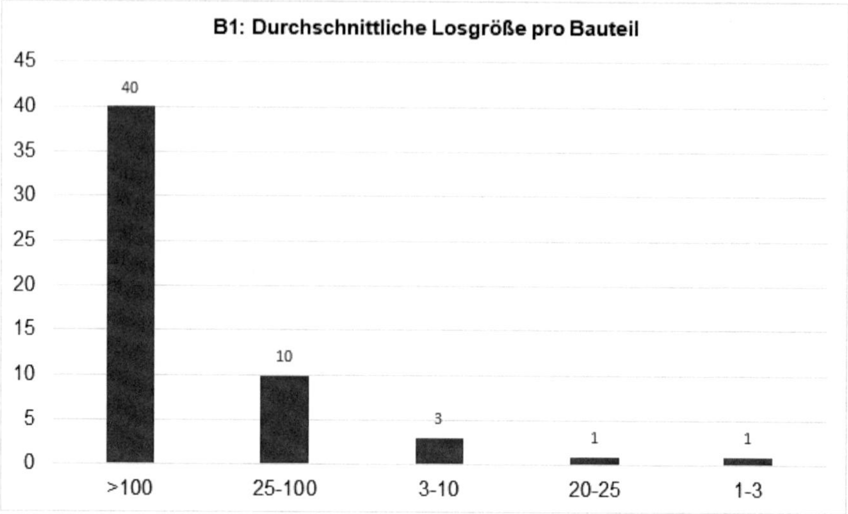
B1: Durchschnittliche Losgröße pro Bauteil
45
40
35
30
25
20
15
10
5
0
40
10
3
1
1
>100
25-100
3-10
20-25
1-3

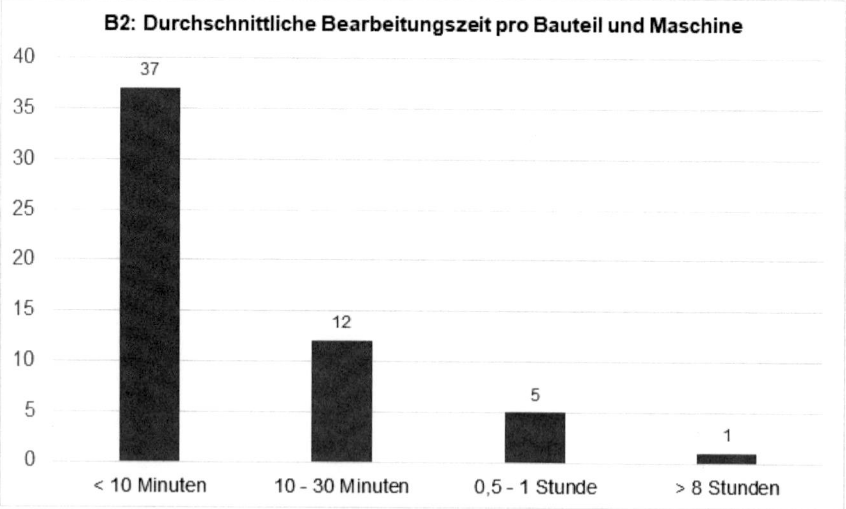
B2: Durchschnittliche Bearbeitungszeit pro Bauteil und Maschine
40
35
30
25
20
15
10
5
0
37
12
5
1
< 10 Minuten
10 - 30 Minuten
0,5 - 1 Stunde
> 8 Stunden

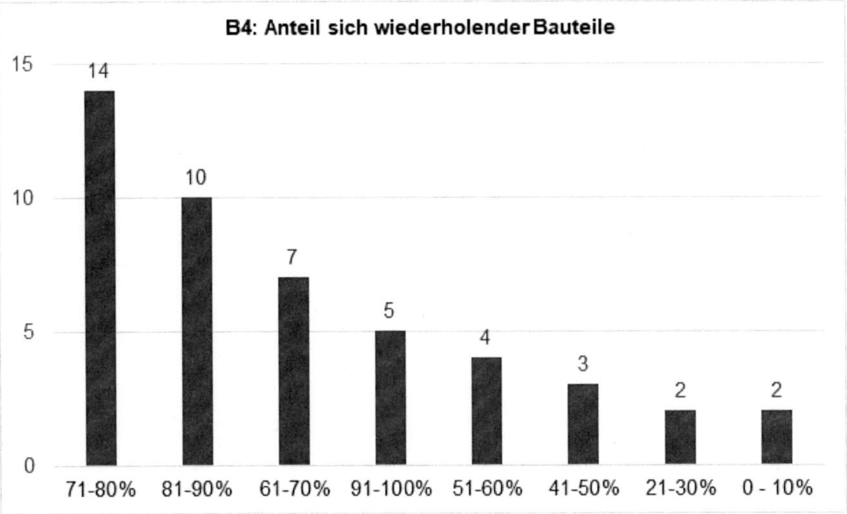
B4: Anteil sich wiederholender Bauteile
15
10
5
0
14
10
7
5
4
3
2
2
71-80%
81-90%
61-70%
91-100%
51-60%
41-50%
21-30%
0 - 10%

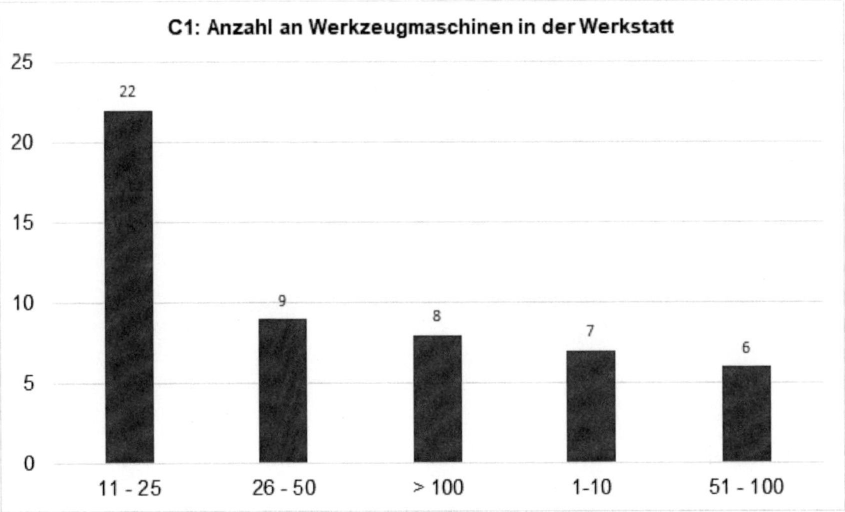
C1: Anzahl an Werkzeugmaschinen in der Werkstatt
25
20
15
10
5
0
22
9
8
7
6
11 - 25
26 - 50
> 100
1-10
51 - 100

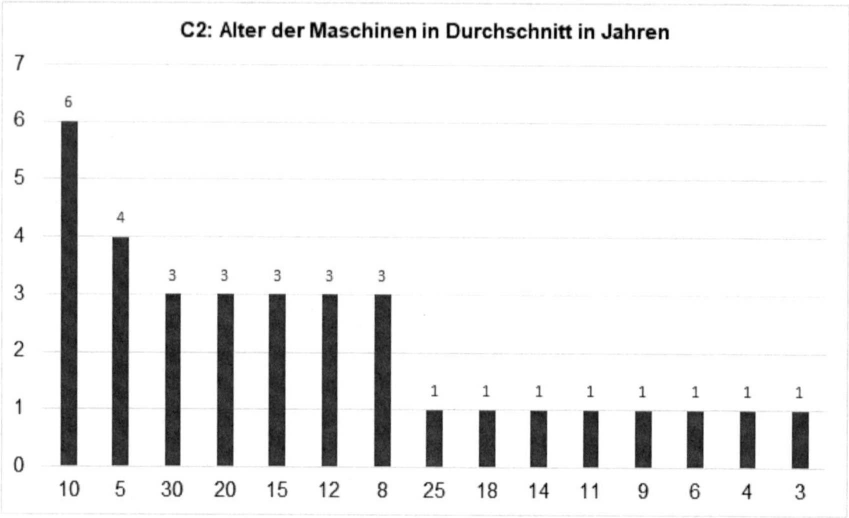
C2: Alter der Maschinen in Durchschnitt in Jahren
7
6
5
4
3
2
1
0
6
4
3
3
3
3
3
1
1
1
1
1
1
1
1
10
5
30
20
15
12
8
25
18
14
11
9
6
4
3

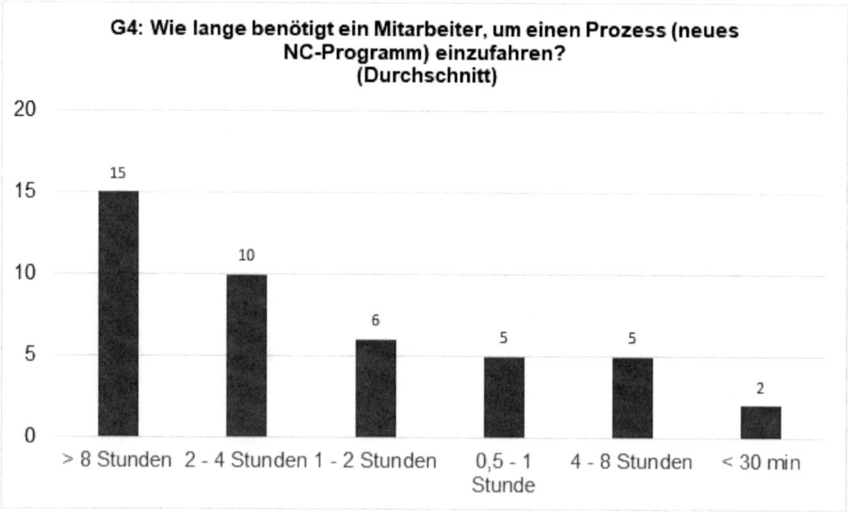
G4: Wie lange benötigt ein Mitarbeiter, um einen Prozess (neues NC-Programm) einzufahren? (Durchschnitt)
20
15
10
5
0
15
10
6
5
5
2
> 8 Stunden
2 - 4 Stunden
1 - 2 Stunden
0,5 - 1 Stunde
4 - 8 Stunden
< 30 min

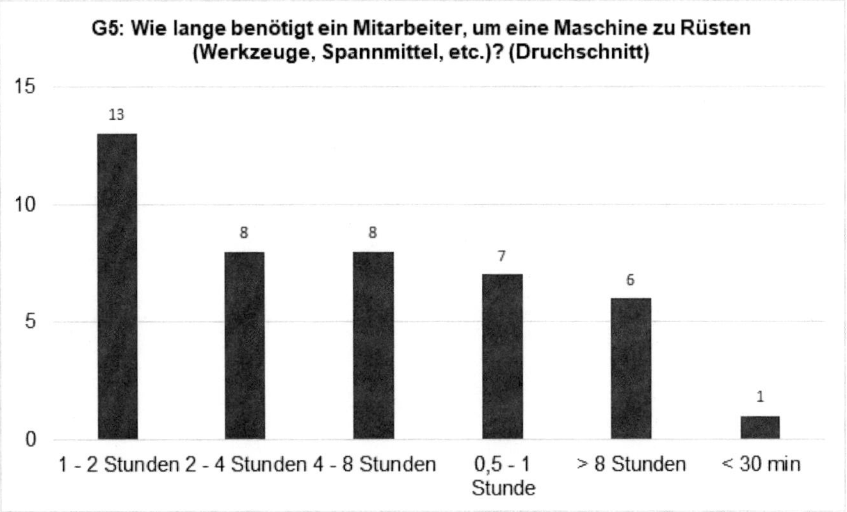
G5: Wie lange benötigt ein Mitarbeiter, um eine Maschine zu Rüsten (Werkzeuge, Spannmittel, etc.)? (Druchschnitt)
15
10
5
0
13
8
8
7
6
1
1 - 2 Stunden
2 - 4 Stunden
4 - 8 Stunden
0,5 - 1 Stunde
> 8 Stunden
< 30 min

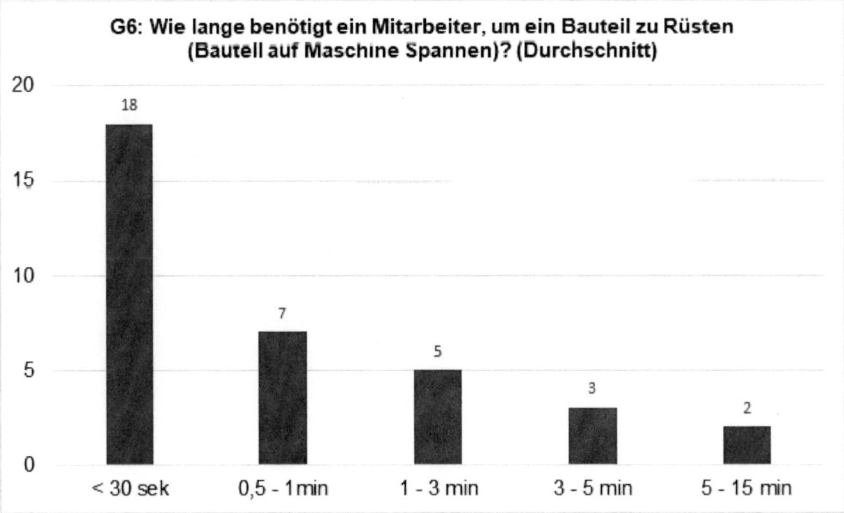
G6: Wie lange benötigt ein Mitarbeiter, um ein Bauteil zu Rüsten (Bauteil auf Maschine Spannen)? (Durchschnitt)
20
15
10
5
0
18
7
5
3
2
< 30 sek
0,5 - 1min
1 - 3 min
3 - 5 min
5 - 15 min

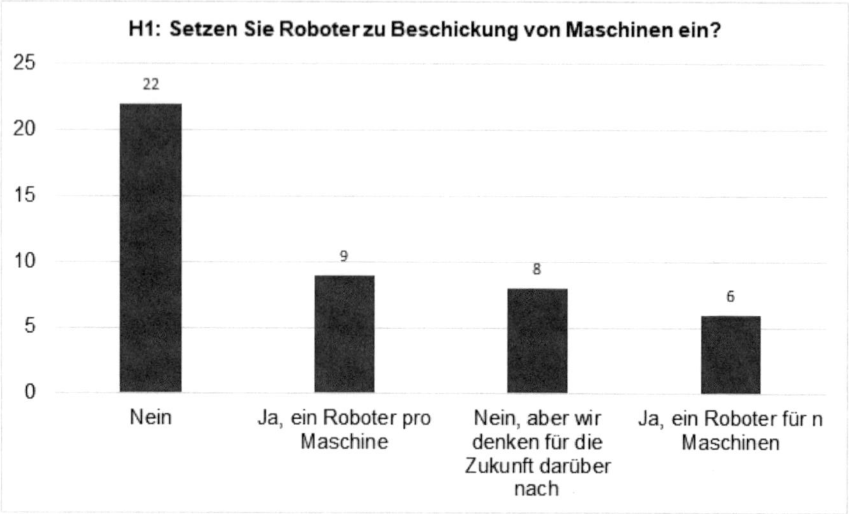
H1: Setzen Sie Roboter zu Beschickung von Maschinen ein?
25
20
15
10
5
0
22
9
8
6
Nein
Ja, ein Roboter pro Maschine
Nein, aber wir denken für die Zukunft darüber nach
Ja, ein Roboter für n Maschinen

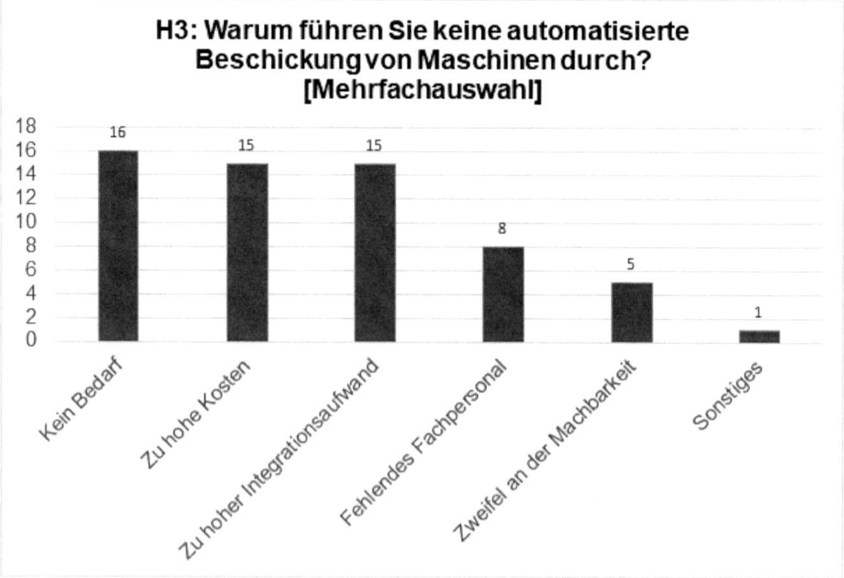
H3: Warum führen Sie keine automatisierte Beschickung von Maschinen durch? [Mehrfachauswahl]
18
16
14
12
10
8
6
4
2
0
16
15
15
8
5
1
Kein Bedarf
Zu hohe Kosten
Zu hoher Integrationsaufwand
Fehlendes Fachpersonal
Zweifel an der Machbarkeit
Sonstiges

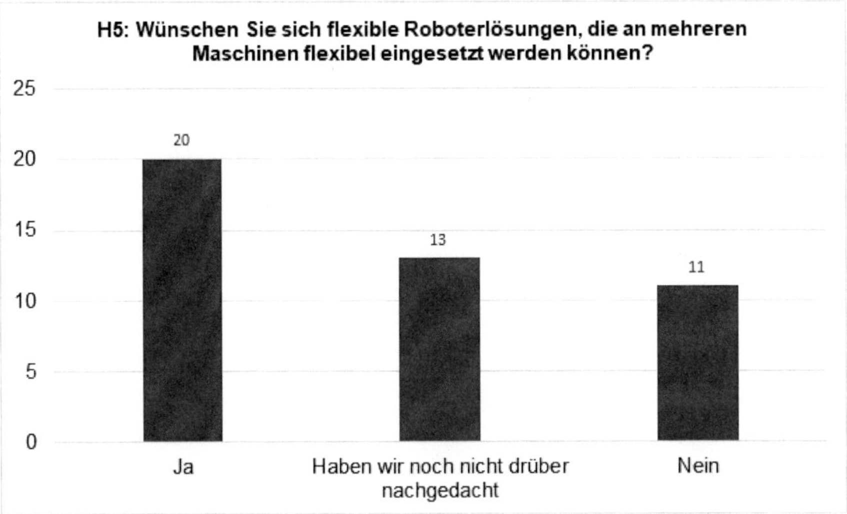
H5: Wünschen Sie sich flexible Roboterlösungen, die an mehreren Maschinen flexibel eingesetzt werden können?
25
20
15
10
5
0
20
13
11
Ja
Haben wir noch nicht drüber nachgedacht
Nein

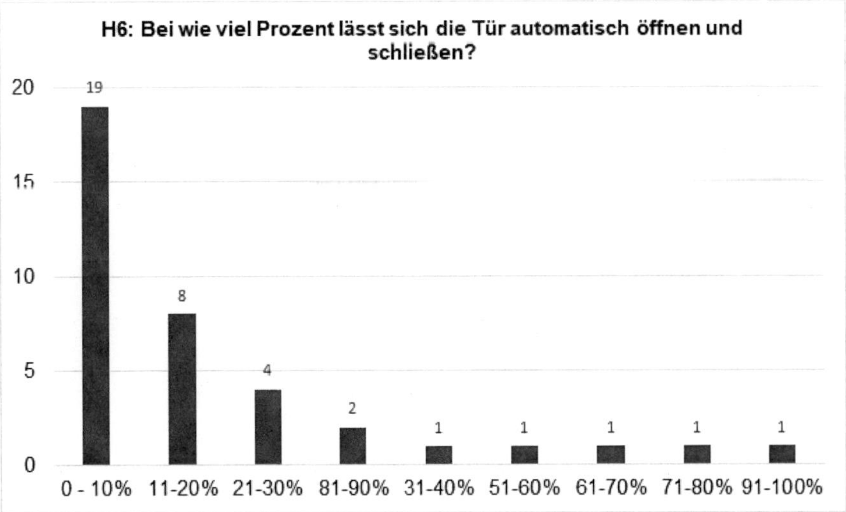
H6: Bei wie viel Prozent lässt sich die Tür automatisch öffnen und schließen?
20
15
10
5
0
19
8
4
2
1
1
1
1
1
0 - 10%
11-20%
21-30%
81-90%
31-40%
51-60%
61-70%
71-80%
91-100%

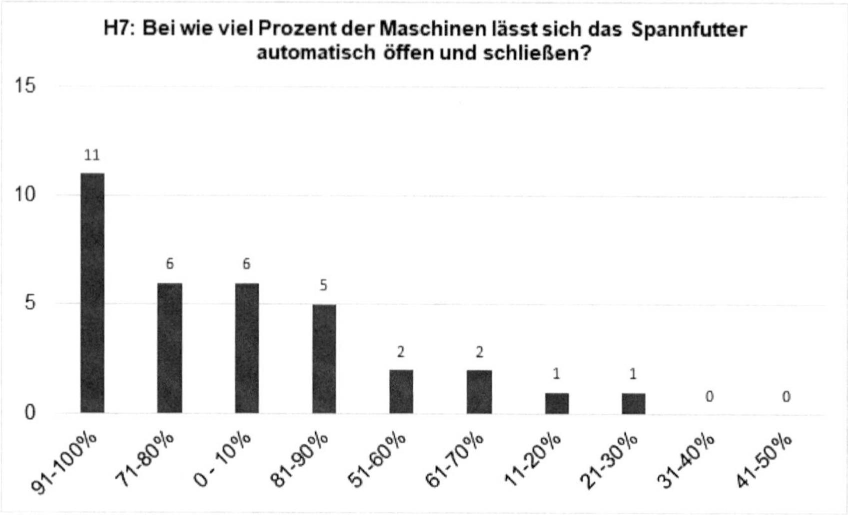
H7: Bei wie viel Prozent der Maschinen lässt sich das Spannfutter automatisch öffen und schließen?
15
10
5
0
11
6
6
5
2
2
1
1
0
0
91-100%
71-80%
0 - 10%
81-90%
51-60%
61-70%
11-20%
21-30%
31-40%
41-50%

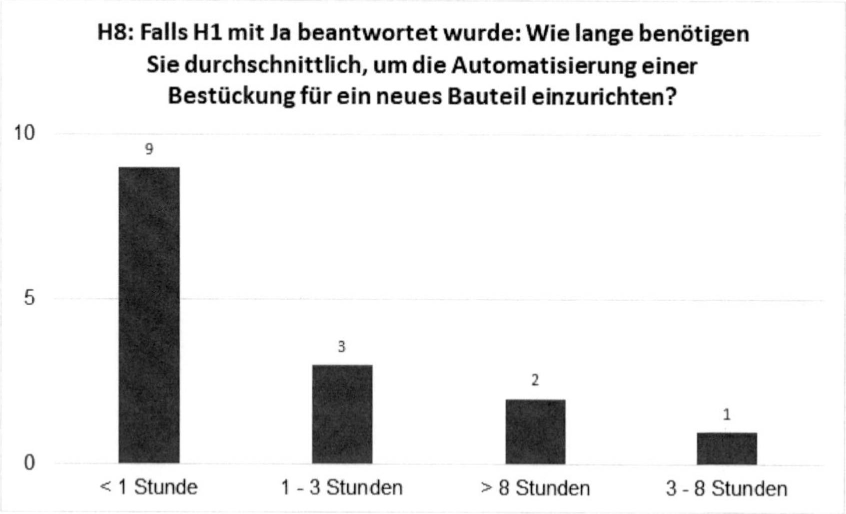
H8: Falls H1 mit Ja beantwortet wurde: Wie lange benötigen Sie durchschnittlich, um die Automatisierung einer Bestückung für ein neues Bauteil einzurichten?
10
5
0
9
3
2
1
< 1 Stunde
1 - 3 Stunden
> 8 Stunden
3 - 8 Stunden

B CPSMT

CPSMT

Die in Kapitel 5 konzeptionierte Referenzarchitektur für die temporäre Automatisierung baut auf die ISO Norm 23704 auf, in welcher der Aufbau eines Cyber-Physically Controlled Smart Machine Tool System (CPSMT) erläutert wird. Nachfolgend wird der strukturelle Aufbau davon dargestellt.

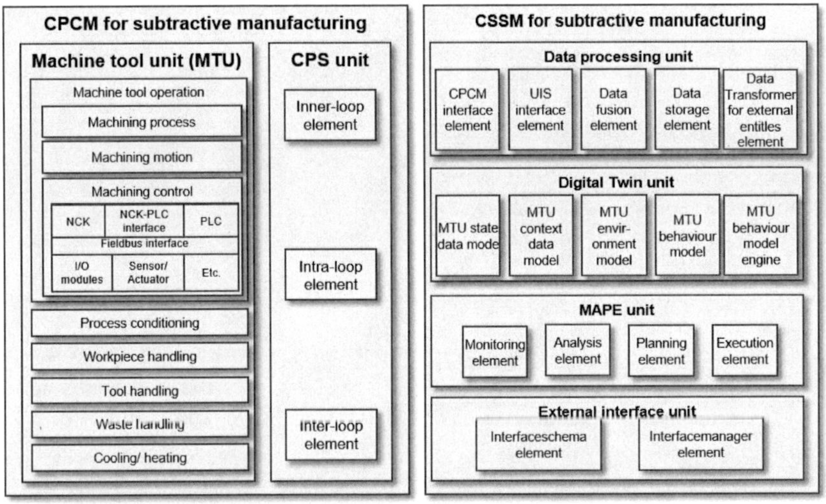

Bild 10.1: Aufbau eines Cyber-Physically Controlled Smart Machine Tool System (CPSMT) nach ISO 23704

Design of a Cyber-Physically Controlled Smart Machine Tool System (CPSMT) according to ISO 23704

C XML-Datei für den Austausch

XML file for the exchange

In **Bild 10.2** ist der Aufbau der XML-Datei, welche für den Austausch zwischen dem CAM-System und FlexARobOS verwendet wird, dargestellt. Unter dem Punkt 1 lassen sich Informationen zu der Maschine, in diesem Fall der HF3500, finden. Punkt 2 beschreibt die Eigenschaft des Werkstücks, beispielsweise das Material. Unter Punkt 3 sind die Aufspannungen des Werkstücks in der Maschine gelistet. Jede Aufspannung besteht aus einem Namen, einer Transformationsmatrix und einer Liste von Features. Dabei stellt jedes Feature eine Bearbeitungsoperation auf der Maschine dar. Zu jedem Feature existieren allgemeine Informationen zum Werkstück zu diesem Bearbeitungszeitpunkt, z. B. Gewicht und Schwerpunkt, vgl. Punkt 4. In Punkt 5 ist dargestellt, wie die abgeleiteten Greifpunkte übertragen werden.

```xml
<?xml version= "1.0"?>
<Root>
    <Machine_Properties>
        <Machine_Name>HF3500</Machine_Name>
        <Machine_Coordinate_System>
            <Machine_Transformation_Matrix D11="1" D12="-0" D13="0" D14="0" D21="-0" D22="1" D23="-0" D24="0" D31="0" D32
                ="0" D33="1" D34="0" D41="-74.956636250424808" D42="135.84379355209526" D43="-777.75000000000023" D44="1"/>
        </Machine_Coordinate_System>
    </Machine_Properties>
    <Workpiece_Properties>
        <Workpiece_Material>110</Workpiece_Material>
        <Workpiece_Coordinate_System>
            <Workpiece_Transformation_Matrix D11="1" D12="-0" D13="0" D14="0" D21="-0" D22="1" D23="-0" D24="0" D31="3
                .4694469519536142e-18" D32="-1.3877787807814457e-17" D33="1" D34="0" D41="-25.956636250424872" D42="86
                .843793552095505" D43="-932.75000000000023" D44="1"/>
        </Workpiece_Coordinate_System>
    </Workpiece_Properties>
    <Clampings>
        <Clamping>
            <Site_Name>Top</Site_Name>
            <Site_Coordinate_System>
                <Site_Transformation_Matrix D11="1" D12="0" D13="0" D14="0" D21="0" D22="1" D23="0" D24="0" D31="0" D32="0"
                    D33="1" D34="0" D41="-25.956636250424875" D42="86.843793552095519" D43="-932.75000000000011" D44="1"/>
            </Site_Coordinate_System>
            <Features>
                <Features>
                    <Feature>
                        <Feature_Name>Fräs-Feature</Feature_Name>
                        <CAD_Signature>MillFace</CAD_Signature>
                        <Center_Of_Gravity X="1.55441255" Y="0.51525554" Z="75.05545645"></Center_Of_Gravity>
                        <Weight>1205</Weight>
                        <Grasp_Positions>
                            <Position StartPositionX="-48.972" StartPositionY="-35" StartPositionZ="-48.5"
                            StartNormalX="0" StartNormalY="-1" StartNormalZ="0"
                            EndPositionX ="-48.972" EndPositionY="0" EndPositionZ="-48.5"
                            EndNormalX="0" EndNormalY="1" EndNormalZ="0" />
                            ...
                        </Grasp_Positions>
                        ...
                    </Feature>
            </Features>
        </Clamping>
        <Clamping>...</Clamping>
    </Clampings>
</Root>
```

Bild 10.2: XML-Datei als Austauschformat zwischen CAM-System und FlexARobOS

XML file as exchange format between CAM system and FlexARobOS

D Benchmarking Algorithmen

Benchmarking algorithms

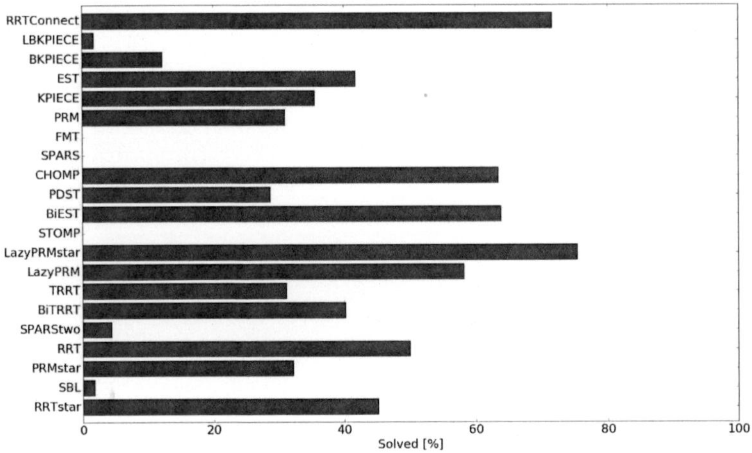

Bild 10.3: Wahrscheinlichkeit mit denen die Algorithmen innerhalb von 0,1 s eine Lösung bestimmen konnten

Probability with which the algorithms were able to determine a solution within 0.1 s

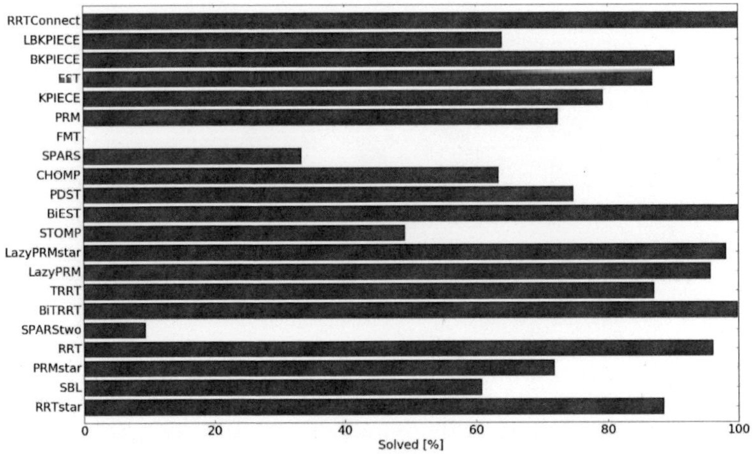

Bild 10.4: Wahrscheinlichkeit mit denen die Algorithmen innerhalb von 1 s eine Lösung bestimmen konnten

Probability with which the algorithms were able to determine a solution within 1 s

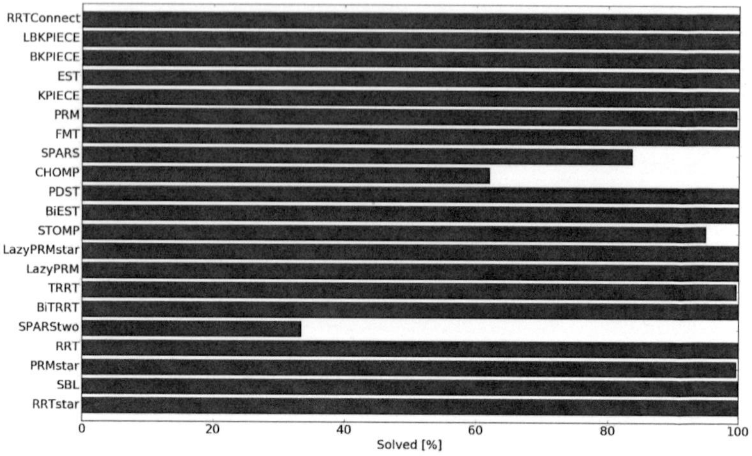

Bild 10.5: Wahrscheinlichkeit mit denen die Algorithmen innerhalb von 10 s eine Lösung bestimmen konnten

Probability with which the algorithms were able to determine a solution within 10 s

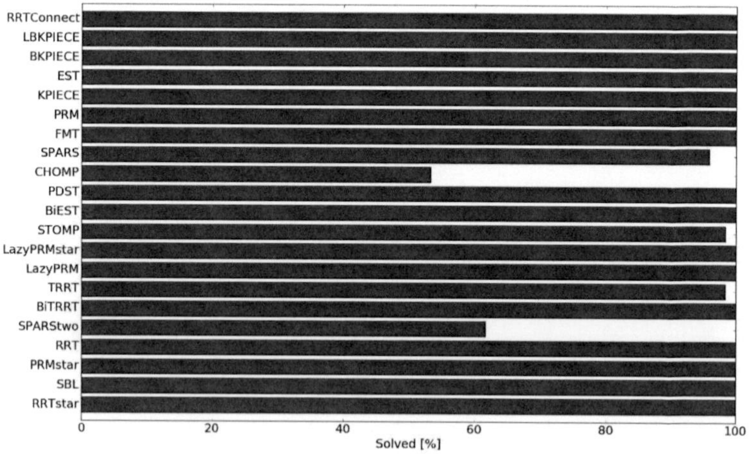

Bild 10.6: Wahrscheinlichkeit mit denen die Algorithmen innerhalb von 30 s eine Lösung bestimmen konnten

Probability with which the algorithms were able to determine a solution within 30 s

E Anwendungsszenario – Manuelle Beschickung

Application scenario – Manual feeding

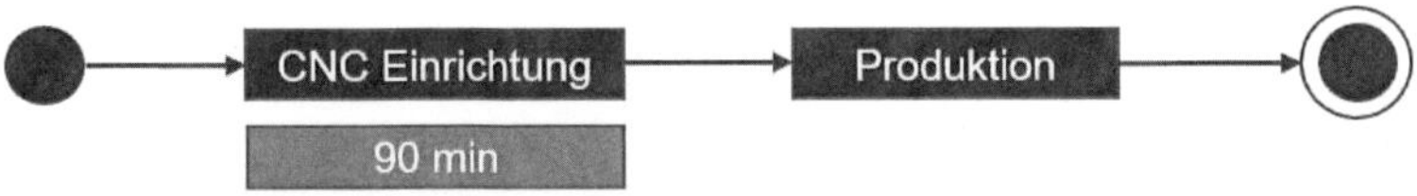

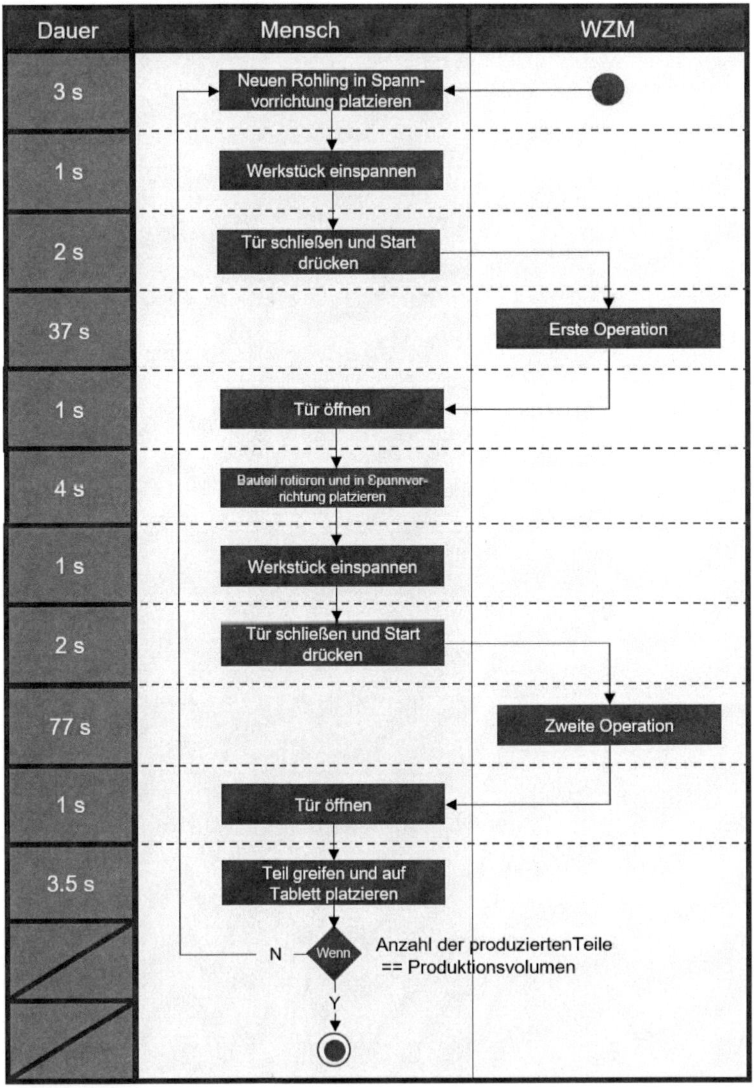

Bild 10.7: Anwendungsszenario – Manuelle Beschickung

Application scenario - Manual feeding

F Anwendungsszenario – Automatisierte Beschickung
Application scenario – Automatic feeding

Aufbauend auf die manuelle Beschickung zeigt **Bild 10.8** die übergeordnete Prozess-teuerung und **Bild 10.9** die detaillierte Prozessansicht für einen Produktionsschritt.

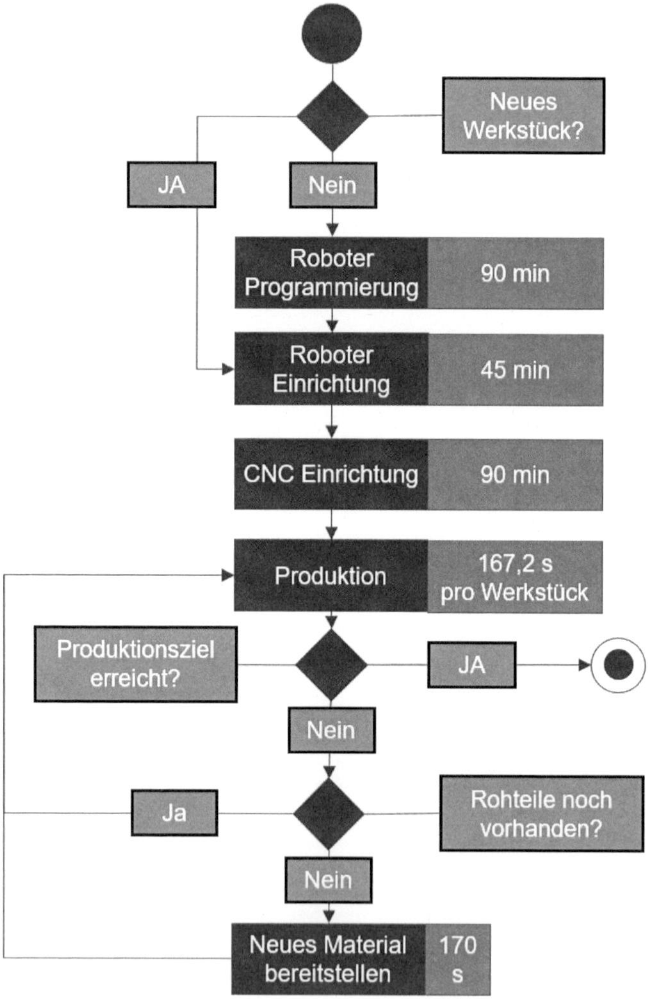

Bild 10.8: Anwendungsszenario – Automatisierte Beschickung
Application scenario – Automatic feeding

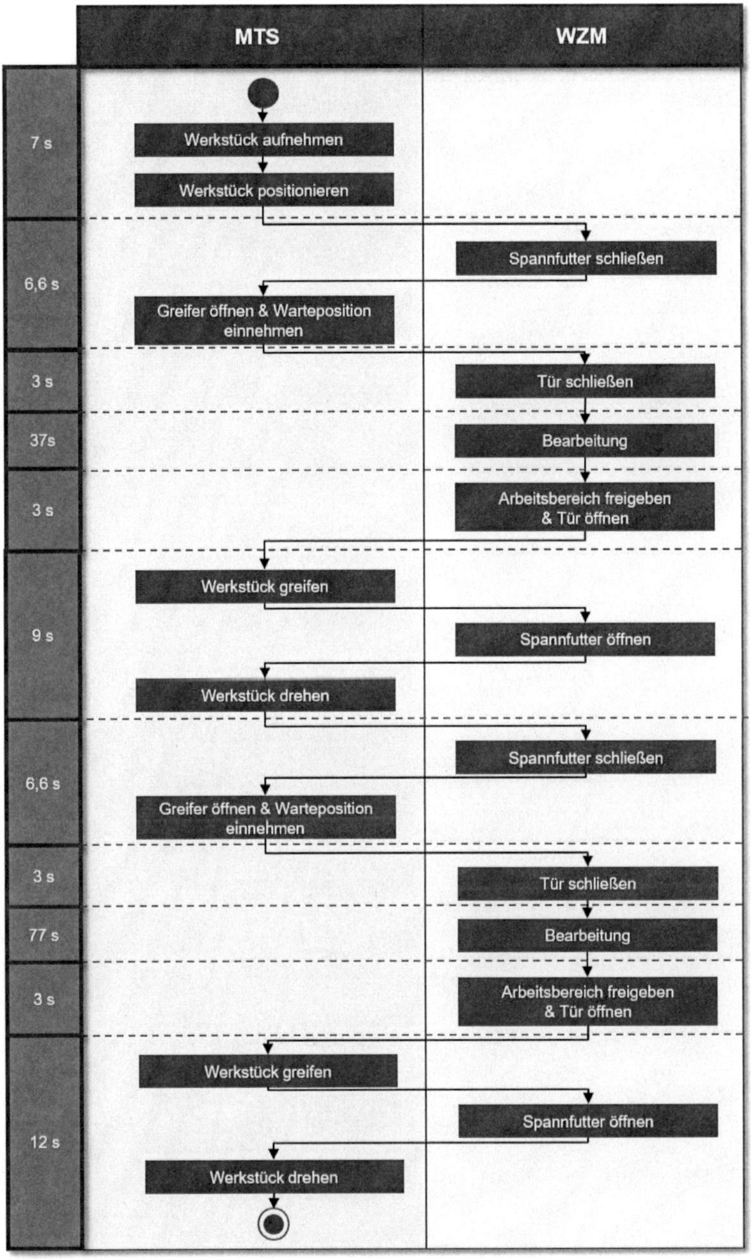

Bild 10.9: Prozessablauf – Automatisierte Beschickung

Process– Automatic feeding

In der Reihe **Ergebnisse aus der Produktionstechnik** zuletzt erschienen:

Blanke, Philipp:
Temporäre Automatisierung von Werkzeugmaschinen
ISBN: 978-3-98555-314-3
Erscheinungsdatum: 24.11.2025

Beckschulte, Sebastian:
Gestaltungsmodell zur Systematisierung der Fehlerdatenerfassung im manuellen Montageprozess
ISBN: 978-3-98555-311-2
Erscheinungsdatum: 17.11.2025

Zalfen, Moritz:
Einfluss der Dehnrate auf die Zahnfußtragfähigkeit schnelllaufender Zahnradgetriebe
ISBN: 978-3-98555-308-2
Erscheinungsdatum: 03.11.2025

Lossie, Karl:
Decision Model for Performance-Driven Prioritization of Operational Decisions on the Manufacturing Shop Floor
ISBN: 978-3-98555-305-1
Erscheinungsdatum: 29.09.2025

Klee, Lukas:
Auslegung des Druckprozesses beim Binder Jetting zur Herstellung von Verzahnungen mit hoher Zahnfußtragfähigkeit
ISBN: 978-3-98555-299-3
Erscheinungsdatum: 02.09.2025

Slawik, Viktor:
Datenbasierte Analyse vernetzter natürlich sprachlicher Anforderungen in der Produktentwicklung
ISBN: 978-3-98555-313-6
Erscheinungsdatum: 24.11.2025

de Oliveira Löhrer, Patrícia:
Influence of Material Removal Mechanisms on Thermo-Mechanical Loads in Continuous Generating Gear Grinding
ISBN: 978-3-98555-309-9
Erscheinungsdatum: 17.11.2025

Schäfer, Niklas:
Regelbasierte Planungsautomatisierung für die Digitale Fabrik
ISBN: 978-3-98555-304-4
Erscheinungsdatum: 29.09.2025

Trisjono, Julian Andreas:
Methodik zur Einführung datengetriebener Geschäftsmodelle im Werkzeugbau
ISBN: 978-3-98555-298-6
Erscheinungsdatum: 02.09.2025

Lee, Tae Hun:
Messung und Modellierung der thermo-elastischen Abweichungen von fünfachsigen Werkzeugmaschinen
ISBN: 978-3-98555-294-8
Erscheinungsdatum: 12.08.2025

Edition Wissenschaft
Apprimus

Schollemann, Alexander:
Strategische Ausrichtung nachhaltiger Produktionsnetzwerke
ISBN: 978-3-98555-293-1
Erscheinungsdatum: 15.07.2025

Spindler, Sarah:
Multi-Source Energy Harvesting for Wireless IIoT Sensors
ISBN: 978-3-98555-285-6
Erscheinungsdatum: 02.06.2025

Mendl-Heinisch, Michael:
Bewertung technischer Produktänderungen mittels prädiktiver Datenanalyse
ISBN: 978-3-98555-267-2
Erscheinungsdatum: 24.03.2025

Lauf, Hendrik:
Identifizierung von Innovationspotenzialen durch die semantische Modellierung des Produktumfelds
ISBN: 978-3-98555-251-1
Erscheinungsdatum: 24.02.2025

Sohnius, Felix:
Integriertes Qualitäts- und Nachhaltigkeitsmanagement im Aachener Qualitätsmanagement Modell
ISBN: 978-3-98555-257-3
Erscheinungsdatum: 03.02.2025

Küpper, Ugur:
Data-driven Model for Process Evaluation in Wire EDM
ISBN: 978-3-98555-260-3
Erscheinungsdatum: 27.01.2025

Welschof, Lukas:
Ermüdungsfestigkeit drahtfunkenerodierter Nickelbasiswerkstoffe für Triebwerksanwendungen
ISBN: 978-3-98555-287-0
Erscheinungsdatum: 10.06.2025

Chhor, Jimmy:
Cyclic Procedure Model for the Continuous Optimization of Digital Business Processes
ISBN: 978-3-98555-271-9
Erscheinungsdatum: 24.03.2025

Pullen, Thomas Wilhelm:
Überwachung des Verschleißzustandes von Bohrwerkzeugen mithilfe von Körperschallsignalen
ISBN: 978-3-98555-268-9
Erscheinungsdatum: 04.03.2025

Adlon, Katharina:
Montageplanung für Verlagerungen unter Berücksichtigung kulturbedingter Unterschiede
ISBN: 978-3-98555-256-6
Erscheinungsdatum: 03.02.2025

Kunze, Rouwen Elia:
Low Coherence Interferometry for Depth Monitoring in Water Jet Guided Laser Micro Machining
ISBN: 978-3-98555-247-4
Erscheinungsdatum: 27.01.2025

Haase, Bernd:
Datenbasierte Werkzeuglebenszykluskostenanalyse
ISBN: 978-3-98555-255-9
Erscheinungsdatum: 20.01.2025

Edition Wissenschaft
Apprimus

Kolibri 360 GmbH
Ferdinand-Jühlke-Straße 7
99095 Erfurt, Deutschland
produktsicherheit@kolibri360.de